逆三角関数表

x	-1	$-\dfrac{\sqrt{3}}{2}$	$-\dfrac{1}{\sqrt{2}}$	$-\dfrac{1}{2}$	0	$\dfrac{1}{2}$	$\dfrac{1}{\sqrt{2}}$	$\dfrac{\sqrt{3}}{2}$	1
$\sin^{-1} x$	$-\dfrac{\pi}{2}$	$-\dfrac{\pi}{3}$	$-\dfrac{\pi}{4}$	$-\dfrac{\pi}{6}$	0	$\dfrac{\pi}{6}$	$\dfrac{\pi}{4}$	$\dfrac{\pi}{3}$	$\dfrac{\pi}{2}$
$\cos^{-1} x$	π	$\dfrac{5}{6}\pi$	$\dfrac{3}{4}\pi$	$\dfrac{2}{3}\pi$	$\dfrac{\pi}{2}$	$\dfrac{\pi}{3}$	$\dfrac{\pi}{4}$	$\dfrac{\pi}{6}$	0

x	$-\infty$	$-\sqrt{3}$	-1	$-\dfrac{1}{\sqrt{3}}$	0	$\dfrac{1}{\sqrt{3}}$	1	$\sqrt{3}$	∞
$\tan^{-1} x$	$-\dfrac{\pi}{2}$	$-\dfrac{\pi}{3}$	$-\dfrac{\pi}{4}$	$-\dfrac{\pi}{6}$	0	$\dfrac{\pi}{6}$	$\dfrac{\pi}{4}$	$\dfrac{\pi}{3}$	$\dfrac{\pi}{2}$

微 分

$\{kf(x)\}' = kf'(x)$ （k は定数）　(p. 15)

$\{f(x)+g(x)\}' = f'(x)+g'(x)$　(p. 15)

$\{f(x)g(x)\}' = f'(x)g(x)+f(x)g'(x)$　(p. 16)

$\left\{\dfrac{f(x)}{g(x)}\right\}' = \dfrac{f'(x)g(x)-f(x)g'(x)}{g(x)^2}$　(p. 17)

$\left\{\dfrac{1}{g(x)}\right\}' = -\dfrac{g'(x)}{g(x)^2}$　(p. 17)

$\{f(g(x))\}' = f'(g(x))g'(x)$　(p. 18)

$(c)' = 0$ （c は定数），　$(x)' = 1$　(p. 12)

$(x^n)' = nx^{n-1}$　(p. 12)

$(e^x)' = e^x$,　$(a^x)' = a^x \log a$　(p. 25)

$(\sinh x)' = \cosh x$,　$(\cosh x)' = \sinh x$　(p. 27)

$(\log x)' = \dfrac{1}{x}$,　$(\log_a x)' = \dfrac{1}{x \log a}$　(p. 31)

$(\log |x|)' = \dfrac{1}{x}$　(p. 31)

$(\sin x)' = \cos x$,　$(\cos x)' = -\sin x$　(p. 41)

$(\tan x)' = \left(\dfrac{\sin x}{\cos x}\right)' = \sec^2 x$　(p. 41),

$(\cot x)' = \left(\dfrac{1}{\tan x}\right)' = \left(\dfrac{\cos x}{\sin x}\right)'$
$= -\operatorname{cosec}^2 x$　(p. 41)

$(\sin^{-1} x)' = \dfrac{1}{\sqrt{1-x^2}}$　(p. 51)

$(\cos^{-1} x)' = -\dfrac{1}{\sqrt{1-x^2}}$　(p. 51)

$(\tan^{-1} x)' = \dfrac{1}{x^2+1}$　(p. 51)

逆関数 $y = f^{-1}(x)$ は関数 $x = f(y)$ を用いて
$\{f^{-1}(x)\}' = \dfrac{1}{\{f(y)\}'}$　(p. 51)

$F(x,y) = 0$ ならば $\dfrac{dy}{dx} = -\dfrac{F_x}{F_y}$　(p. 56)

$x = f(t),\ y = g(t)$ ならば $\dfrac{dy}{dx} = \dfrac{y_t}{x_t}$　(p. 57)

ギリシア文字

大小字	小文字	読み方	大小字	小文字	読み方	大小字	小文字	読み方
A	α	アルファ	I	ι	イオタ	P	ρ	ロー
B	β	ベータ	K	κ	カッパ	Σ	σ	シグマ
Γ	γ	ガンマ	Λ	λ	ラムダ	T	τ	タウ
Δ	δ	デルタ	M	μ	ミュー	Υ	υ	ユプシロン
E	ε	エプシロン	N	ν	ニュー	Φ	$\varphi\ \phi$	ファイ
Z	ζ	ゼータ	Ξ	ξ	クシー	X	χ	カイ
H	η	エータ	O	o	オミクロン	Ψ	ψ	プサイ
Θ	$\theta\ \vartheta$	シータ	Π	π	パイ	Ω	ω	オメガ

計算力が身に付く 微分積分

佐野公朗 著

学術図書出版社

まえがき

　本書は微分積分の基礎から簡単な応用までをできるだけわかり易く書いた初学者用の教科書です．

　ここでは理論的な厳密さよりも計算技術とその応用について習得することを主な目的としています．そのために新しい概念を導入するときはなるべく具体例を付けて，理解を助けるように努めました．また，例題と問題を対応させて，実例を通じて計算の方法が身に付けられるように工夫しました．その他，読者の参考となるようにいくつかの基本的な関数について，解説を載せてあります．詳しくは拙著『計算力が身に付く 数学基礎』をご覧下さい．予備知識としてはおよそ中学卒業程度を想定しています．

　このような説明のやり方を採用したのは，もはや従来の方法が学生にとって苦痛そのものでしかないからです．これまでの「定義・定理・証明」式の説明を理解するにはかなりの計算力と論理力そして記号に対する熟練が必要です．しかもこれらの能力を鍛えるために費やされる，時間や労力や犠牲は多大なものがあります．本書ではこのような負担をできるだけ軽くして，わかり易い解説を目指すように心掛けました．

　本書で学習される方は，まず説明を読みそれから例題に進み，それを終えたら対応する問を解いて下さい．もしも解答の方法がわからないときは，例題に戻りもう一度そこにある計算のやり方を見直して下さい．このようにして一通り問を解き終えてまだ余裕のある方は，練習問題に挑戦して下さい．各節の問題の解答は各節末に記載してあります．

　本書の内容を説明します．第Ⅰ章§1では微積分の準備として関数と極限の基礎について書いてあります．§2から§8ではいろいろな関数とその微分について説明してあります．§9，§10では関数の極限について詳しく取り上げています．§11，§12では微分の応用として関数の増減，曲線の凸凹，曲線の接線や法線，関数の展開などについて扱っています．第Ⅱ章§13から§18ではいろいろな関数の不定積分について，§19から§21ではいろいろな関数の定積分について書いてあります．§22から§24では積分の応用として図形の面積，体積，表面積などについて取り上げています．

　本書をまとめるにあたり，多くの著書を参考にさせていただいたことをここに感謝します．学術図書出版社の発田孝夫氏には，作成にあたって多大なお世話になり深く謝意を表します．また，八戸工業大学の尾﨑康弘名誉教授には様々なご助言を頂き，ここで厚く御礼を申し上げます．

2004年10月

著者

もくじ

I — 微　分

§1　関数と極限
- 1.1　関　数 …… 2
- 1.2　定義域と区間 …… 3
- 1.3　極限と連続 …… 5
- 練習問題 1 …… 8

§2　微分係数，n 次関数の微分
- 2.1　微分係数 …… 9
- 2.2　指数の計算 …… 10
- 2.3　n 次関数の微分 …… 12
- 練習問題 2 …… 13

§3　関数の四則と合成関数の微分
- 3.1　関数の定数倍と和や差の微分 …… 15
- 3.2　関数の積の微分 …… 16
- 3.3　関数の商の微分 …… 17
- 3.4　合成関数の微分 …… 18
- 練習問題 3 …… 19

§4　指数関数の微分
- 4.1　無理数 e …… 21
- 4.2　指数法則 …… 21
- 4.3　指数関数 …… 23
- 4.4　指数関数の微分 …… 25
- 練習問題 4 …… 26

§5　対数関数の微分
- 5.1　対　数 …… 28
- 5.2　対数法則 …… 29
- 5.3　対数関数 …… 30
- 5.4　対数関数の微分 …… 31
- 5.5　対数微分法 …… 31
- 練習問題 5 …… 35

§6 三角関数の微分
- 6.1 弧度（ラジアン）と一般角 ……………………………… 37
- 6.2 三 角 関 数 ……………………………………………… 38
- 6.3 三角関数の微分 ………………………………………… 41
- 練習問題 6 ……………………………………………… 43

§7 逆三角関数の微分
- 7.1 逆 関 数 ………………………………………………… 45
- 7.2 逆 三 角 関 数 …………………………………………… 46
- 7.3 逆三角関数と主値 ……………………………………… 48
- 7.4 逆三角関数の微分 ……………………………………… 50
- 練習問題 7 ……………………………………………… 53

§8 陰関数と媒介変数の微分，高次の微分
- 8.1 陰関数の微分 …………………………………………… 55
- 8.2 媒介変数で表された関数の微分 ……………………… 57
- 8.3 高 次 の 微 分 …………………………………………… 58
- 練習問題 8 ……………………………………………… 59

§9 関数の極限
- 9.1 関数の極限（有限の場合） ……………………………… 62
- 9.2 関数の極限（無限の場合） ……………………………… 64
- 9.3 右極限と左極限 ………………………………………… 65
- 練習問題 9 ……………………………………………… 68

§10 不定形の極限
- 10.1 不定形とロピタルの定理 ……………………………… 69
- 10.2 その他の不定形 ………………………………………… 72
- 練習問題 10 ……………………………………………… 73

§11 関数の増減，曲線の凹凸
- 11.1 関数の増減と極大，極小 ……………………………… 75
- 11.2 曲 線 の 凹 凸 …………………………………………… 79
- 練習問題 11 ……………………………………………… 81

§12 接線と法線，関数の展開
- 12.1 接 線 と 法 線 …………………………………………… 84
- 12.2 関 数 の 展 開 …………………………………………… 86
- 練習問題 12 ……………………………………………… 88

II —— 積　　分

§13　不定積分，n 次関数と分数関数の積分
- 13.1　不　定　積　分 …………………………………………92
- 13.2　n 次関数の積分…………………………………………93
- 13.3　関数の定数倍と和や差の積分……………………………95
- 13.4　分 数 関 数 の 積 分 …………………………………………96
- 　　　練 習 問 題 13………………………………………………97

§14　いろいろな関数の積分
- 14.1　指 数 関 数 の 積 分 …………………………………………99
- 14.2　三 角 関 数 の 積 分 …………………………………………100
- 14.3　分数関数と無理関数の積分………………………………103
- 　　　練 習 問 題 14………………………………………………105

§15　置　換　積　分
- 15.1　置　換　積　分………………………………………………107
- 15.2　その他の置換積分…………………………………………109
- 　　　練 習 問 題 15………………………………………………110

§16　微分を含む式と無理関数の積分，部分積分
- 16.1　微分を含む式の積分………………………………………112
- 16.2　無 理 関 数 の 積 分 …………………………………………113
- 16.3　部　分　積　分………………………………………………114
- 　　　練 習 問 題 16………………………………………………116

§17　有 理 関 数 の 積 分
- 17.1　分母が 1 次式の積の場合の積分 ………………………118
- 17.2　分母が 1 次式と 2 次式の積の場合の積分 ……………119
- 17.3　分母が (1 次式)^n を含む場合の積分 …………………121
- 17.4　分母が (2 次式)^n を含む場合の積分 …………………122
- 　　　練 習 問 題 17………………………………………………123

§18　いろいろな関数の有理式の積分
- 18.1　無理関数の有理式の積分…………………………………125
- 18.2　指数関数の有理式の積分…………………………………128
- 18.3　三角関数の有理式の積分…………………………………129
- 　　　練 習 問 題 18………………………………………………129

§19　定積分，n次関数と分数関数の定積分
- 19.1　定　積　分 ……………………………………………… 132
- 19.2　n次関数の定積分 ………………………………………… 133
- 19.3　関数の定数倍と和や差の定積分，その他の公式 ……… 134
- 19.4　分数関数の定積分 ………………………………………… 136
- 練習問題 19 ……………………………………………………… 137

§20　いろいろな関数の定積分
- 20.1　指数関数と三角関数の定積分 …………………………… 139
- 20.2　分数関数の定積分 ………………………………………… 140
- 20.3　無理関数の定積分 ………………………………………… 141
- 練習問題 20 ……………………………………………………… 143

§21　置換積分，部分積分，広義積分
- 21.1　置　換　積　分 ………………………………………… 145
- 21.2　部　分　積　分 ………………………………………… 148
- 21.3　広　義　積　分 ………………………………………… 149
- 練習問題 21 ……………………………………………………… 151

§22　図　形　の　面　積
- 22.1　定積分と面積 ……………………………………………… 154
- 22.2　曲線と図形の面積 ………………………………………… 155
- 22.3　2曲線と図形の面積 ……………………………………… 156
- 練習問題 22 ……………………………………………………… 158

§23　図形の面積と曲線の長さ
- 23.1　媒介変数と図形の面積 …………………………………… 160
- 23.2　平面曲線の長さ …………………………………………… 162
- 練習問題 23 ……………………………………………………… 164

§24　立体の体積と表面積
- 24.1　立体の体積 ………………………………………………… 165
- 24.2　回転体の体積 ……………………………………………… 166
- 24.3　回転面の表面積 …………………………………………… 167
- 練習問題 24 ……………………………………………………… 169

索　引 …………………………………………………………… 171
記号索引 ………………………………………………………… 172

I

微分

§1 関数と極限

世の中には関係しながら変化する数量がある．たとえば時間と距離，年齢と身長や体重，値段と販売量などである．これらの変化の様子を調べる道具が関数である．ここでは関数を考え，極限を導入する．

1.1 関数

関数とは何かを考える．

変数によって表された式（方程式）を**関数**という．たとえば関数 $y = x^2+1$ のように変数 y が変数 x の式で $y = f(x)$ と表されるならば，x を**独立変数**（変数），y を**従属変数**（関数）という．変数以外の文字や数字を**定数**という．対応する変数 x と y の数値を並べると**表**になり，点の座標 (x, y) として平面上に並べると**グラフ**になる．

例1 関数の式と表とグラフをかく．

(1) 関数の式
$$y = x^2+1 = f(x)$$
従属変数 ↗   ↖ 独立変数

(2) 関数の表

表 1.1 $y = x^2+1$ の値

x	⋯	-2	-1	0	1	2	⋯
y	⋯	5	2	1	2	5	⋯

(3) 関数のグラフ

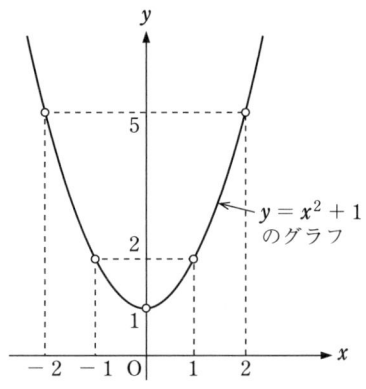

図 1.1 $y = x^2+1$ のグラフ．

関数を扱う上で基本的な計算は変数に数値や式を代入することである．

例題 1.1 関数 $f(x) = x^2+1$ のとき，$f(0)$, $f(1)$, $f(2)$, $f\left(\dfrac{1}{2}\right)$, $f\left(\dfrac{1}{x}\right)$, $f(x+1)$, $f(x+h)-f(x)$, $f(f(x))$ を求めよ．

解 関数 $f(x) = x^2+1$ の変数 x に数値や式を代入する．

$$f(0) = 0^2+1 = 1, \quad f(1) = 1^2+1 = 2, \quad f(2) = 2^2+1 = 5$$

$$f\left(\frac{1}{2}\right) = \left(\frac{1}{2}\right)^2+1 = \frac{5}{4}, \quad f\left(\frac{1}{x}\right) = \left(\frac{1}{x}\right)^2+1 = \frac{1}{x^2}+1$$

$$f(x+1) = (x+1)^2+1 = x^2+2x+2$$

$$f(x+h)-f(x) = (x+h)^2+1-(x^2+1)$$

$$= x^2+2hx+h^2+1-x^2-1 = 2hx+h^2$$
$$f(f(x)) = f(x^2+1) = (x^2+1)^2+1 = x^4+2x^2+2$$

問 1.1 $f(1)$, $f\left(\dfrac{1}{x}\right)$, $f(x+1)$, $f(x+h)-f(x)$, $f(f(x))$ を求めよ．

(1) $f(x) = 2x+1$ (2) $f(x) = \dfrac{1}{x-2}$

(3) $f(x) = \sqrt{x+1}$ (4) $f(x) = \dfrac{1}{\sqrt{x+3}}$

注意 式 $f(x+1)$ や $f(x+h)$ で変数 x と 1 や h を離さない．関数 $f(x) = x^2+1$ では次のように書く．

(1) $f(x+1) = (x+1)^2+1$ ○ $f(x+1) = x^2+1+1$ ✗
(2) $f(x+h) = (x+h)^2+1$ ○ $f(x+h) = x^2+h+1$ ✗

● 関数の分類

関数にもいろいろな種類がある．主な関数の分類をここに書く．

$$\text{関数}\begin{cases}\text{実関数}\begin{cases}\text{代数関数}\begin{cases}\text{有理関数}\begin{cases}n\text{次関数}\\(\text{多項式})\end{cases}\begin{cases}\text{定数関数}\quad y=a\\1\text{次関数}\quad y=ax+b\\2\text{次関数}\quad y=ax^2+bx+c\\\text{高次関数}\quad y=ax^3+bx^2+cx+d,\cdots\end{cases}\\\text{分数関数}\quad y=\dfrac{ax+b}{cx+d},\ y=\dfrac{ax^2+bx+c}{dx^2+ex+f},\cdots\end{cases}\\\text{無理関数}\quad y=\sqrt{ax+b},\ y=\sqrt{ax^2+bx+c},\cdots\end{cases}\\\text{超越関数}\quad y=a^x,\ y=\log_a x,\ y=\sin x,\ y=\sin^{-1}x,\cdots\end{cases}\\\text{複素関数}\quad y=2x+i,\ y=x^2+ix+3,\ y=e^{ix},\cdots\end{cases}$$

1.2 定義域と区間

区間を導入して関数の各変数の動く範囲を表す．

2 つの実数 $a, b\,(a<b)$ にはさまれた範囲を**区間**という．端点 a, b を両方とも含むならば閉区間，どちらも含まないならば開区間という．端点を片方だけ含むならば右(左)半開区間という．

例 2 いろいろな区間を見ていく．

(1) $a \leqq x \leqq b$ 閉区間
(2) $a < x < b$ 開区間
(3) $a \leqq x < b$ 右半開区間
(4) $a < x \leqq b$ 左半開区間

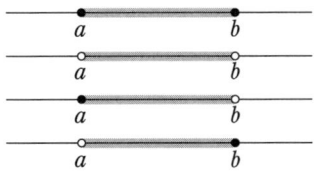

図 1.2 いろいろな区間．●は区間に含まれる．○は区間に含まれない．

片側または両側が無限に延びている場合も区間として表す．このときは数直線の右端を$(+)\infty$，左端を$-\infty$と書き，**無限大**という．

例 3 いろいろな無限区間を見ていく．

(1)　$a \leqq x$　　　　または　　$a \leqq x < \infty$

(2)　$a < x$　　　　または　　$a < x < \infty$

(3)　$x \leqq b$　　　　または　　$-\infty < x \leqq b$

(4)　$x < b$　　　　または　　$-\infty < x < b$

(5)　$-\infty < x < \infty$　すべての実数（数直線）

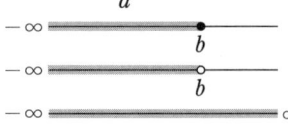

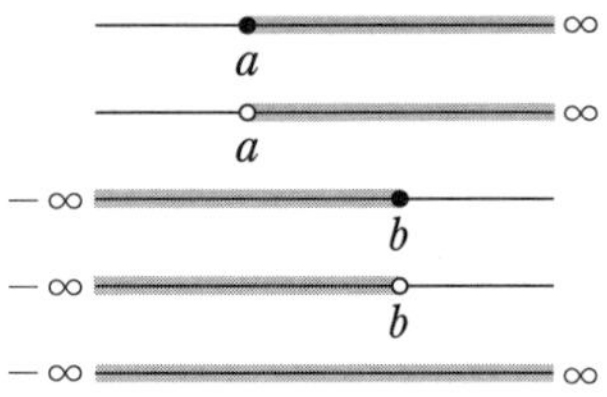

図 **1.3**　いろいろな無限区間．

● **定義域と値域**

関数の独立変数と従属変数を調べる．

関数 $y = f(x)$ で独立変数 x の動く範囲を**定義域**，従属変数 y の動く範囲を**値域**という．

例 4 いろいろな関数の定義域と値域を調べる．

(1)　$y = x^2 + 1$

　　定義域　　$-\infty < x < \infty$

　　値域　　　$1 \leqq y$

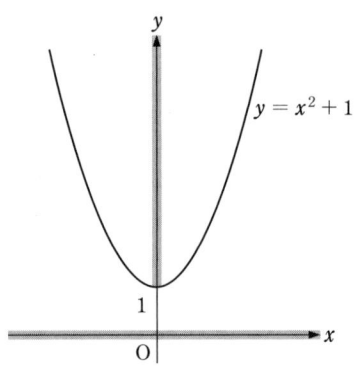

図 **1.4**　$y = x^2 + 1$ の定義域と値域．

(2)　$y = \dfrac{x}{x-1}$

　　定義域　　$x \neq 1$

　　値域　　　$y \neq 1$

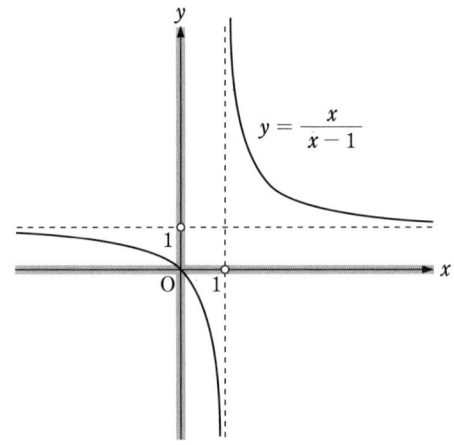

図 **1.5**　$y = \dfrac{x}{x-1}$ の定義域と値域．

(3) $y = \sqrt{x+2}$

定義域　$x \geqq -2$

値域　　$y \geqq 0$

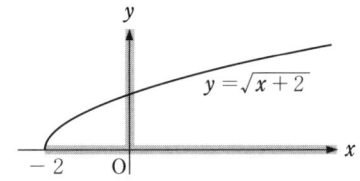

図 1.6　$y = \sqrt{x+2}$ の定義域と値域.

(4) $y = \dfrac{1}{\sqrt{x}}$

定義域　$x > 0$

値域　　$y > 0$

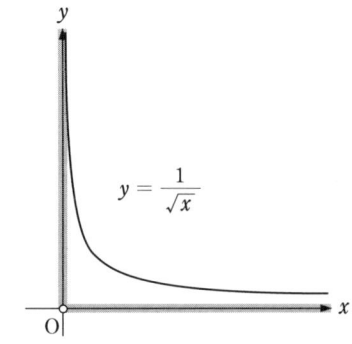

図 1.7　$y = \dfrac{1}{\sqrt{x}}$ の定義域と値域.

1.3　極限と連続

変数をある数値に近づけて関数の変化の様子を調べる.

例 5　関数で変数をある数値に近づける.
$$y = x^2 + 1$$
変数 x を 1 に近づけると，関数 x^2+1 は 2 に近づく.

表 1.2　$y = x^2+1$ で x を 1 に近づける.

x	x^2+1
0.900	1.810
0.990	1.980
0.999	1.998
⋮	⋮
1	2
⋮	⋮
1.001	2.002
1.010	2.020
1.100	2.210

● 極限の意味と記号

一般の関数で極限を考える.

関数 $y = f(x)$ で変数 x を数値 a に近づけると ($x \to a$), 関数 $f(x)$ が数値 b (**極限値**) に近づく ($f(x) \to b$) ならば**収束**するという. 次のように書く.
$$\lim_{x \to a} f(x) = b$$
特に $x \to a$ のとき, 極限値が代入 $f(a)$ になるならば関数 $f(x)$ は点 $x = a$ で**連続**という. 次のように書く.
$$\lim_{x \to a} f(x) = f(a)$$

点 $x = a$ で連続でない（不連続）ならば**不連続点**という．

> 例6　いろいろな関数で極限を求める．

(1)　$y = x^2 + 1$

$$\lim_{x \to 1}(x^2+1) = 1+1 = 2$$

$x \to 1$ のとき極限値が代入になるので，点 $x = 1$ で連続である．

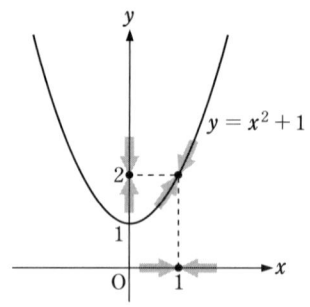

図 1.8　$y = x^2 + 1$ と極限 $x \to 1$．

(2)　$y = \dfrac{x^2-1}{x-1} = x+1 \quad (x \neq 1)$

$$\lim_{x \to 1}\dfrac{x^2-1}{x-1} = \lim_{x \to 1}(x+1)$$
$$= 1+1 = 2$$

$x \to 1$ のとき極限値が代入にならないので，点 $x = 1$ で不連続である．

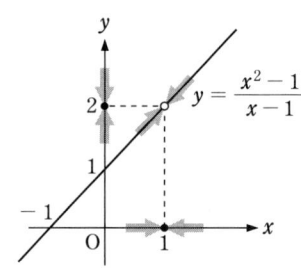

図 1.9　$y = \dfrac{x^2-1}{x-1}$ と極限 $x \to 1$．

(3)　$y = \dfrac{1}{(x-1)^2}$

$$\lim_{x \to 1}\dfrac{1}{(x-1)^2} = \infty$$

$x \to 1$ のとき極限値が代入にならないので，点 $x = 1$ で不連続である．

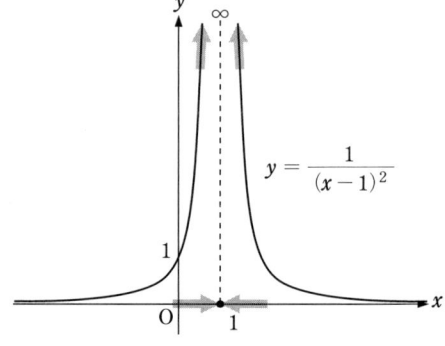

図 1.10　$y = \dfrac{1}{(x-1)^2}$ と極限 $x \to 1$．

注意　分母が 0 ならば連続でない．

例7 いろいろな関数で連続と不連続点を調べる．

(1) $y = x^2+1$, $y = x^3-3x+1$
$y = x^n$ （$n \geq 0$）
$-\infty < x < \infty$ で連続．
不連続点はなし．

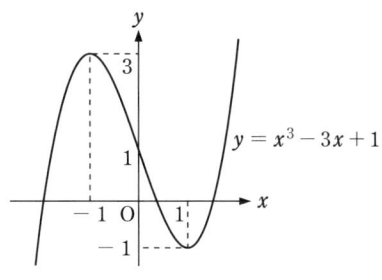

図 1.11　$y = x^3-3x+1$ と連続．

(2) $y = \dfrac{x}{x-1}$
$x \neq 1$ で連続．
$x = 1$ は不連続点．

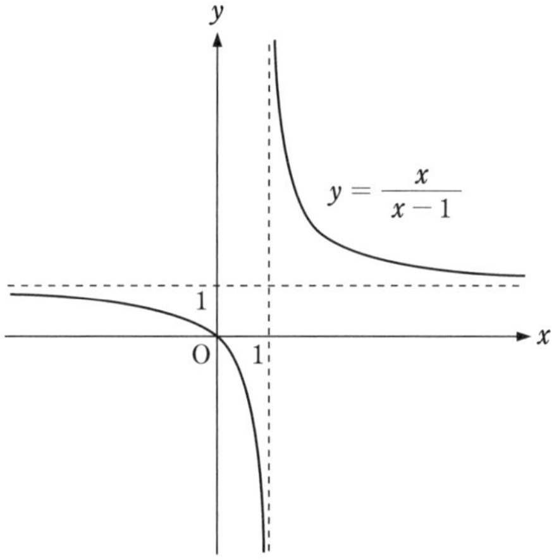

図 1.12　$y = \dfrac{x}{x-1}$ と連続．

(3) $y = \sqrt{x+2}$
$x \geq -2$ で連続．

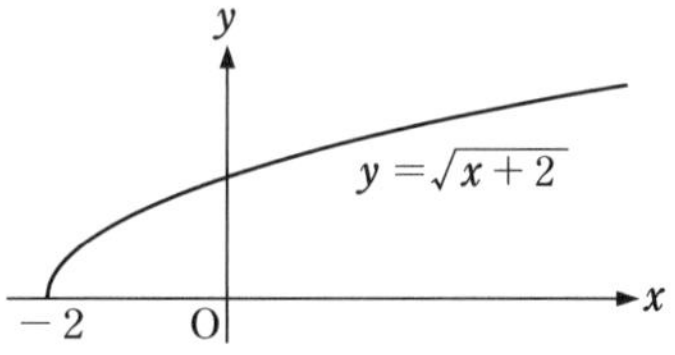

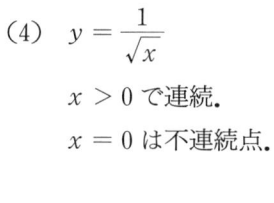

図 1.13　$y = \sqrt{x+2}$ と連続．

(4) $y = \dfrac{1}{\sqrt{x}}$
$x > 0$ で連続．
$x = 0$ は不連続点．

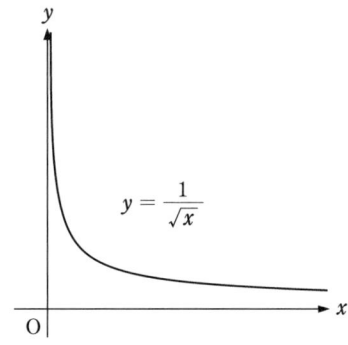

図 1.14　$y = \dfrac{1}{\sqrt{x}}$ と連続．

練習問題 1

1. $f(1)$, $f\left(\dfrac{1}{x}\right)$, $f(x+1)$, $f(x+h)-f(x)$, $f(f(x))$ を求めよ.

(1) $f(x) = x^2 + x$ (2) $f(x) = x - \dfrac{1}{x}$ (3) $f(x) = \dfrac{x}{x+1}$

(4) $f(x) = \sqrt{x^2+1}$ (5) $f(x) = \dfrac{1}{\sqrt{2x^2-1}}$ (6) $f(x) = \dfrac{1}{\sqrt{x}+1}$

解答

問 1.1 (1) 3, $\dfrac{2}{x}+1$, $2x+3$, $2h$, $4x+3$

(2) -1, $\dfrac{1}{\dfrac{1}{x}-2} = \dfrac{x}{1-2x}$, $\dfrac{1}{x-1}$, $\dfrac{1}{x+h-2}-\dfrac{1}{x-2}$, $\dfrac{1}{\dfrac{1}{x-2}-2} = \dfrac{x-2}{5-2x}$

(3) $\sqrt{2}$, $\sqrt{\dfrac{1}{x}+1}$, $\sqrt{x+2}$, $\sqrt{x+h+1}-\sqrt{x+1}$, $\sqrt{\sqrt{x+1}+1}$

(4) $\dfrac{1}{2}$, $\dfrac{1}{\sqrt{\dfrac{1}{x}+3}} = \dfrac{\sqrt{x}}{\sqrt{1+3x}}$, $\dfrac{1}{\sqrt{x+4}}$, $\dfrac{1}{\sqrt{x+h+3}}-\dfrac{1}{\sqrt{x+3}}$,

$\dfrac{1}{\sqrt{\dfrac{1}{\sqrt{x+3}}+3}} = \dfrac{\sqrt[4]{x+3}}{\sqrt{1+3\sqrt{x+3}}}$

練習問題 1

1. (1) 2, $\dfrac{1}{x^2}+\dfrac{1}{x}$, x^2+3x+2, $2hx+h^2+h$, $x^4+2x^3+2x^2+x$

(2) 0, $\dfrac{1}{x}-x$, $x+1-\dfrac{1}{x+1}$, $h+\dfrac{1}{x}-\dfrac{1}{x+h}$, $x-\dfrac{1}{x}-\dfrac{x}{x^2-1}$

(3) $\dfrac{1}{2}$, $\dfrac{1}{1+x}$, $\dfrac{x+1}{x+2}$, $\dfrac{x+h}{x+h+1}-\dfrac{x}{x+1}$, $\dfrac{x}{2x+1}$

(4) $\sqrt{2}$, $\sqrt{\dfrac{1}{x^2}+1}$, $\sqrt{x^2+2x+2}$, $\sqrt{x^2+2hx+h^2+1}-\sqrt{x^2+1}$, $\sqrt{x^2+2}$

(5) 1, $\dfrac{1}{\sqrt{\dfrac{2}{x^2}-1}} = \dfrac{|x|}{\sqrt{2-x^2}}$, $\dfrac{1}{\sqrt{2x^2+4x+1}}$, $\dfrac{1}{\sqrt{2x^2+4hx+2h^2-1}}-\dfrac{1}{\sqrt{2x^2-1}}$,

$\dfrac{1}{\sqrt{\dfrac{2}{2x^2-1}-1}} = \sqrt{\dfrac{2x^2-1}{3-2x^2}}$

(6) $\dfrac{1}{2}$, $\dfrac{1}{\sqrt{\dfrac{1}{x}}+1} = \dfrac{\sqrt{x}}{1+\sqrt{x}}$, $\dfrac{1}{\sqrt{x+1}+1}$, $\dfrac{1}{\sqrt{x+h}+1}-\dfrac{1}{\sqrt{x}+1}$,

$\dfrac{1}{\sqrt{\dfrac{1}{\sqrt{x}+1}}+1} = \dfrac{\sqrt{\sqrt{x}+1}}{1+\sqrt{\sqrt{x}+1}}$

§2 微分係数，n 次関数の微分

いろいろな関数で変化の様子を調べるために，ここでは極限を用いて微分を導入する．そして n 次関数を微分する．

2.1 微分係数

曲線に接線を引いてその傾きを調べる．

例 1 曲線で接線の傾きを求める．

曲線 $y = x^2$ 上の点 $A(1,1)$ で接線 T の傾きを計算する．曲線上で点 A の近くに点 P をとると，線分 AP の傾きは

$$\frac{PQ}{AQ} = \frac{(1+h)^2 - 1^2}{h}$$

ここで点 P を点 A に近づけると（$P \to A$ または $h \to 0$），線分 AP の傾きは接線 T の傾きに近づくので，点 A で接線 T の傾きは

$$\lim_{h \to 0} \frac{(1+h)^2 - 1^2}{h} = \lim_{h \to 0} \frac{1 + 2h + h^2 - 1}{h}$$
$$= \lim_{h \to 0} \frac{2h + h^2}{h} = \lim_{h \to 0} (2 + h) = 2$$

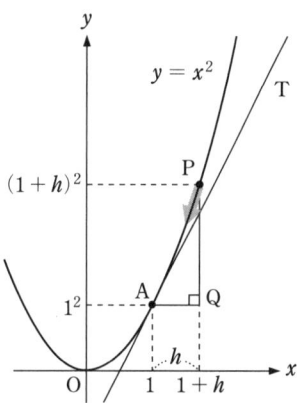

図 2.1 曲線 $y = x^2$ 上の点 A で接線 T の傾き．

● 微分の意味と記号

一般の曲線で接線の傾きを求める．

曲線 $y = f(x)$ 上の点 $A(x, f(x))$ で接線 T の傾き（**微分係数**）は $\varDelta x = h$，$\varDelta y = f(x+h) - f(x)$ とすると

$$\lim_{h \to 0} \frac{f(x+h) - f(x)}{h} = \lim_{\varDelta x \to 0} \frac{\varDelta y}{\varDelta x}$$

これを次のように書いて**導関数**という．

$$\frac{dy}{dx} = y' = f'(x)$$

$\varDelta x, \varDelta y$ を増分，dx, dy を微分という．導関数を求めることを**微分する**という．

点 A で拡大すると曲線も接線と同じ直線に見えてくる．点 P が点 A に近づくと線分 AP の傾き $\frac{\varDelta y}{\varDelta x}$ が接線 T の傾き $\frac{dy}{dx}$ に近づく．

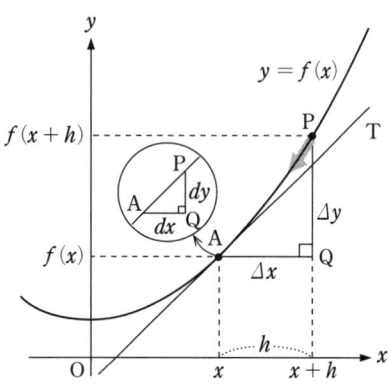

図 2.2 曲線 $y = f(x)$ 上の点 A で接線 T の傾き．

例 2 極限 $\lim_{h \to 0}$ を用いて微分する.

(1) $f(x) = 4$

ならば $f(x+h) = 4$ より

$$(4)' = \lim_{h \to 0} \frac{4-4}{h} = \lim_{h \to 0} \frac{0}{h} = 0$$

(2) $f(x) = x$

ならば $f(x+h) = x+h$ より

$$(x)' = \lim_{h \to 0} \frac{x+h-x}{h} = \lim_{h \to 0} \frac{h}{h} = 1$$

(3) $f(x) = x^2$

ならば $f(x+h) = (x+h)^2$ より

$$(x^2)' = \lim_{h \to 0} \frac{(x+h)^2 - x^2}{h} = \lim_{h \to 0} \frac{x^2 + 2hx + h^2 - x^2}{h} = \lim_{h \to 0} \frac{2hx + h^2}{h}$$
$$= \lim_{h \to 0} (2x + h) = 2x$$

(4) $f(x) = x^3$

ならば $f(x+h) = (x+h)^3$ より

$$(x^3)' = \lim_{h \to 0} \frac{(x+h)^3 - x^3}{h} = \lim_{h \to 0} \frac{x^3 + 3hx^2 + 3h^2 x + h^3 - x^3}{h}$$
$$= \lim_{h \to 0} \frac{3hx^2 + 3h^2 x + h^3}{h} = \lim_{h \to 0} (3x^2 + 3hx + h^2) = 3x^2$$

2.2 指 数 の 計 算

n 次関数を微分する準備として指数について調べる.

指数を負の数や分数に広げると,逆数や根号が現れる.

> **公式 2.1 0と負と分数の指数**
>
> (1) $a \neq 0$ のとき $a^0 = 1, \ \dfrac{1}{a^n} = a^{-n}$
>
> (2) $a > 0$ のとき $\sqrt[n]{a} = a^{\frac{1}{n}}, \ \sqrt[n]{a^m} = \sqrt[n]{a}^m = a^{\frac{m}{n}}$

例 3 0 や負の指数と分数の指数の意味を考える.

(1) a を掛けると指数が増え,a で割ると減る.これより 0 や負の指数を導入する.

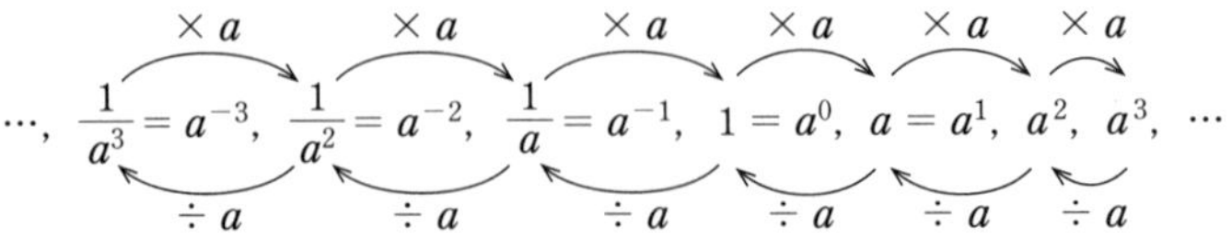

$$\cdots, \ \frac{1}{a^3} = a^{-3}, \ \frac{1}{a^2} = a^{-2}, \ \frac{1}{a} = a^{-1}, \ 1 = a^0, \ a = a^1, \ a^2, \ a^3, \cdots$$

図 2.3 0 と負の指数.

(2) 2乗すると指数が2倍になり，平方根を求めると $\frac{1}{2}$ 倍になる．これより分数の指数を導入する．

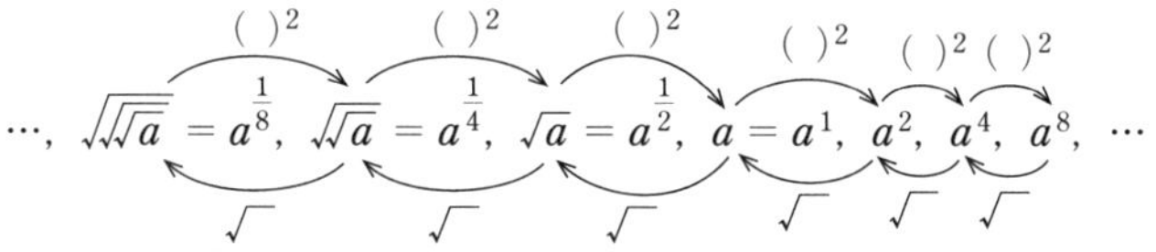

$$\cdots, \sqrt{\sqrt{\sqrt{a}}} = a^{\frac{1}{8}}, \sqrt{\sqrt{a}} = a^{\frac{1}{4}}, \sqrt{a} = a^{\frac{1}{2}}, a = a^1, a^2, a^4, a^8, \cdots$$

図 2.4 分数の指数．

[注意] $\sqrt{a} = a^{\frac{1}{2}} = \sqrt[2]{a}$, $\sqrt{\sqrt{a}} = a^{\frac{1}{4}} = \sqrt[4]{a}$, $\sqrt{\sqrt{\sqrt{a}}} = a^{\frac{1}{8}} = \sqrt[8]{a}$ が成り立つ．

指数の計算では指数法則を用いる．

公式 2.2 指数法則

(1) $a^p a^q = a^{p+q}$ (2) $\dfrac{a^p}{a^q} = a^{p-q}$ (3) $(a^p)^q = a^{pq}$

(4) $(ab)^p = a^p b^p$ (5) $\left(\dfrac{a}{b}\right)^p = \dfrac{a^p}{b^p} = a^p b^{-p}$

例 4 いろいろな指数を計算する．

(1) 公式 2.1 (1) より
$$x^0 = 1, \ \frac{1}{x} = x^{-1}, \ \frac{1}{x^2} = x^{-2}, \ \frac{1}{x^3} = x^{-3}$$

(2) 公式 2.1 (2) より
$$\sqrt{x} = \sqrt[2]{x} = x^{\frac{1}{2}}, \ \sqrt[3]{x} = x^{\frac{1}{3}}, \ \sqrt{x^3} = \sqrt{x}^3 = x^{\frac{3}{2}}, \ \sqrt[3]{x^2} = \sqrt[3]{x}^2 = x^{\frac{2}{3}}$$

(3) 公式 2.1 (1), (2) より
$$\frac{1}{\sqrt{x}} = \frac{1}{x^{\frac{1}{2}}} = x^{-\frac{1}{2}}, \ \frac{1}{\sqrt[3]{x}} = \frac{1}{x^{\frac{1}{3}}} = x^{-\frac{1}{3}}, \ \frac{1}{\sqrt{x}^3} = \frac{1}{x^{\frac{3}{2}}} = x^{-\frac{3}{2}}$$

$$\frac{1}{\sqrt[3]{x}^2} = \frac{1}{x^{\frac{2}{3}}} = x^{-\frac{2}{3}}$$

(4) 公式 2.2 (1)〜(3) より
$$x^3 x^4 = x^7, \ x^2 \sqrt{x} = x^2 x^{\frac{1}{2}} = x^{\frac{5}{2}}, \ \frac{\sqrt{x}^3}{x^2} = x^{\frac{3}{2}} x^{-2} = x^{-\frac{1}{2}}$$

$$\frac{1}{x\sqrt{x}} = x^{-1} x^{-\frac{1}{2}} = x^{-\frac{3}{2}}, \ (x^2)^3 = x^6, \ \sqrt{\sqrt[3]{x}} = (x^{\frac{1}{3}})^{\frac{1}{2}} = x^{\frac{1}{6}}$$

(5) 公式 2.2 (4), (5) より
$$(2x)^3 = 2^3 x^3 = 8x^3, \ \sqrt{3x} = (3x)^{\frac{1}{2}} = 3^{\frac{1}{2}} x^{\frac{1}{2}} = \sqrt{3}\, x^{\frac{1}{2}}$$

$$\sqrt{\frac{x^3}{2}} = \left(\frac{x^3}{2}\right)^{\frac{1}{2}} = \frac{x^{\frac{3}{2}}}{2^{\frac{1}{2}}} = \frac{x^{\frac{3}{2}}}{\sqrt{2}}$$

[注意] 指数法則は正しく使う．
$$a^6 \neq a^2 \times a^3 = a^5, \ a^3 \neq \frac{a^6}{a^2} = a^4$$

2.3 n 次関数の微分

n 次関数を微分する．

例 2 より n 次関数 $y = x^n$ の微分の公式がわかる．

公式 2.3 定数 c と n 次関数の微分
(1) $(c)' = 0$ (2) $(x)' = 1$ (3) $(x^n)' = nx^{n-1}$

[解説] (1) では定数関数を微分すると 0 になる．(2) では 1 次関数 x を微分すると 1 になる．(3) では n 次関数 x^n を微分すると $(n-1)$ 次関数 nx^{n-1} になる．これを用いると
$$(1)' = (x^0)' = 0x^{-1} = 0, \ (x)' = (x^1)' = 1x^0 = 1$$

例題 2.1 定数か x^n に変形してから，公式 2.3 を用いて微分せよ．
(1) $y = 4$ (2) $y = x^2$ (3) $y = x^3$ (4) $y = x^4$
(5) $y = \dfrac{1}{x^2}$ (6) $y = \dfrac{1}{x^3}$ (7) $y = \sqrt{x}$ (8) $y = \sqrt[3]{x^2}$
(9) $y = \dfrac{1}{\sqrt[3]{x}}$ (10) $y = x^3 x^4$ (11) $y = \dfrac{\sqrt{x^3}}{x^2}$
(12) $y = \sqrt{\sqrt[3]{x}}$

[解] 公式 2.1, 2.2 を用いて指数 n を計算してから微分する．

(1) $y' = (4)' = 0$

(2) $y' = (x^2)' = 2x$

(3) $y' = (x^3)' = 3x^2$

(4) $y' = (x^4)' = 4x^3$

(5) $y = \dfrac{1}{x^2} = x^{-2}, \qquad y' = (x^{-2})' = -2x^{-3} = -\dfrac{2}{x^3}$

(6) $y = \dfrac{1}{x^3} = x^{-3}, \qquad y' = (x^{-3})' = -3x^{-4} = -\dfrac{3}{x^4}$

(7) $y = \sqrt{x} = x^{\frac{1}{2}}, \qquad y' = (x^{\frac{1}{2}})' = \dfrac{1}{2}x^{-\frac{1}{2}} = \dfrac{1}{2\sqrt{x}}$

(8) $y = \sqrt[3]{x^2} = x^{\frac{2}{3}}, \qquad y' = (x^{\frac{2}{3}})' = \dfrac{2}{3}x^{-\frac{1}{3}} = \dfrac{2}{3\sqrt[3]{x}}$

(9) $y = \dfrac{1}{\sqrt[3]{x}} = \dfrac{1}{x^{\frac{1}{3}}} = x^{-\frac{1}{3}},\qquad y' = (x^{-\frac{1}{3}})' = -\dfrac{1}{3}x^{-\frac{4}{3}} = -\dfrac{1}{3\sqrt[3]{x^4}}$

(10) $y = x^3 x^4 = x^7,\qquad y' = (x^7)' = 7x^6$

(11) $y = \dfrac{\sqrt{x}^3}{x^2} = x^{\frac{3}{2}}x^{-2} = x^{-\frac{1}{2}},\quad y' = (x^{-\frac{1}{2}})' = -\dfrac{1}{2}x^{-\frac{3}{2}} = -\dfrac{1}{2\sqrt{x}^3}$

(12) $y = \sqrt{\sqrt[3]{x}} = (x^{\frac{1}{3}})^{\frac{1}{2}} = x^{\frac{1}{6}},\quad y' = (x^{\frac{1}{6}})' = \dfrac{1}{6}x^{-\frac{5}{6}} = \dfrac{1}{6\sqrt[6]{x^5}}$

問 2.1 x^n に変形してから，公式 2.3 を用いて微分せよ．

(1) $y = x^2 x^3$ (2) $y = \dfrac{x^8}{x^2}$ (3) $y = \dfrac{1}{x^4}$ (4) $y = \sqrt{x}^7$

(5) $y = \dfrac{1}{\sqrt[3]{x}^4}$ (6) $y = x\sqrt{x}$ (7) $y = \dfrac{x^2}{\sqrt[4]{x}^5}$

(8) $y = \dfrac{1}{x\sqrt[3]{x}^2}$ (9) $y = \dfrac{1}{\sqrt{x}\sqrt[3]{x}}$ (10) $y = \sqrt[4]{\sqrt{x^9}}$

練習問題 2

1. 極限 $\lim\limits_{h \to 0}$ を用いて微分せよ．

(1) $f(x) = x^2 - 1$ (2) $f(x) = x(x-1)$

(3) $f(x) = \dfrac{1}{x+1}$ (4) $f(x) = (x+3)^2$

2. x^n に変形してから，公式 2.3 を用いて微分せよ．

(1) $y = \dfrac{\sqrt{x}^3}{\sqrt[4]{x}}$ (2) $y = \sqrt[3]{\dfrac{x^7}{x^2}}$ (3) $y = (x^2\sqrt{x})^3$

(4) $y = \left(\dfrac{\sqrt[3]{x}^2}{x}\right)^2$ (5) $y = \sqrt{x\sqrt[3]{x}}$ (6) $y = \sqrt[3]{x}\sqrt[4]{x}$

(7) $y = \sqrt{\dfrac{x}{\sqrt{x}^3}}$ (8) $y = \sqrt[4]{\dfrac{\sqrt{x}}{\sqrt[3]{x}}}$ (9) $y = \dfrac{x}{\sqrt[3]{x}\sqrt[4]{x}}$

(10) $y = \dfrac{\sqrt[3]{x}}{\sqrt{x}\sqrt[4]{x}}$ (11) $y = \dfrac{\sqrt[3]{x}\sqrt[4]{x}}{\sqrt{x}\sqrt[6]{x}}$ (12) $y = \sqrt[5]{\dfrac{x\sqrt[4]{x}}{\sqrt{x}\sqrt[3]{x}}}$

解答

問 2.1 (1) $5x^4$　　(2) $6x^5$　　(3) $-\dfrac{4}{x^5}$　　(4) $\dfrac{7}{2}\sqrt{x^5}$

(5) $-\dfrac{4}{3\sqrt[3]{x^7}}$　　(6) $\dfrac{3}{2}\sqrt{x}$　　(7) $\dfrac{3}{4\sqrt[4]{x}}$　　(8) $-\dfrac{5}{3\sqrt[3]{x^8}}$

(9) $-\dfrac{5}{6\sqrt[6]{x^{11}}}$　　(10) $\dfrac{9}{8}\sqrt[8]{x}$

練習問題 2

1. (1) $2x$　　(2) $2x-1$　　(3) $-\dfrac{1}{(x+1)^2}$　　(4) $2x+6$

2. (1) $\dfrac{5}{4}\sqrt[4]{x}$　　(2) $\dfrac{5}{3}\sqrt[3]{x^2}$　　(3) $\dfrac{15}{2}\sqrt{x^{13}}$　　(4) $-\dfrac{2}{3\sqrt[3]{x^5}}$

(5) $\dfrac{2}{3\sqrt[3]{x}}$　　(6) $\dfrac{1}{4\sqrt[4]{x^3}}$　　(7) $-\dfrac{1}{4\sqrt[4]{x^5}}$　　(8) $\dfrac{1}{24\sqrt[24]{x^{23}}}$

(9) $\dfrac{5}{12\sqrt[12]{x^7}}$　　(10) $-\dfrac{5}{12\sqrt[12]{x^{17}}}$　　(11) $-\dfrac{1}{12\sqrt[12]{x^{13}}}$　　(12) $\dfrac{1}{12\sqrt[12]{x^{11}}}$

§3 関数の四則と合成関数の微分

いろいろな関数を組み合わせると新しい関数ができる．ここではそれらを微分するために関数の和，差，積，商と合成関数を微分する．

3.1 関数の定数倍と和や差の微分

関数に定数を掛けたり，関数をたしたり，引いたりして微分すると，次が成り立つ．

公式 3.1 関数の定数倍と和の微分
(1) $\{kf(x)\}' = kf'(x)$ （k は定数）
(2) $\{f(x)+g(x)\}' = f'(x)+g'(x)$

[解説] (1) では定数を外に出し，(2) では関数の和を分けて微分する．

例題 3.1 公式 3.1 を用いて微分せよ．

(1) $y = x^4+4x^2+\dfrac{5}{x^3}$ 　　(2) $y = (2x)^3-\sqrt{3x}+\sqrt{\dfrac{x^3}{2}}$

(3) $y = x\left(x^2+x+\dfrac{1}{x^2}\right)$ 　　(4) $y = \dfrac{3x^2-4+\sqrt{x}}{6x}$

[解] 公式 2.1, 2.2 を用いて各項を x^n の式にしてから，公式 2.3 により微分する．

(1) $y = x^4+4x^2+\dfrac{5}{x^3} = x^4+4x^2+5x^{-3}$

$y' = (x^4)'+4(x^2)'+5(x^{-3})' = 4x^3+8x-15x^{-4} = 4x^3+8x-\dfrac{15}{x^4}$

(2) $y = (2x)^3-\sqrt{3x}+\sqrt{\dfrac{x^3}{2}} = 2^3x^3-(3x)^{\frac{1}{2}}+\left(\dfrac{x^3}{2}\right)^{\frac{1}{2}} = 8x^3-\sqrt{3}\,x^{\frac{1}{2}}+\dfrac{1}{\sqrt{2}}x^{\frac{3}{2}}$

$y' = 8(x^3)'-\sqrt{3}\,(x^{\frac{1}{2}})'+\dfrac{1}{\sqrt{2}}(x^{\frac{3}{2}})' = 24x^2-\dfrac{\sqrt{3}}{2}x^{-\frac{1}{2}}+\dfrac{3}{2\sqrt{2}}x^{\frac{1}{2}}$

$= 24x^2-\dfrac{\sqrt{3}}{2\sqrt{x}}+\dfrac{3\sqrt{x}}{2\sqrt{2}}$

(3) $y = x\left(x^2+x+\dfrac{1}{x^2}\right) = x^3+x^2+x^{-1}$

$y' = (x^3)'+(x^2)'+(x^{-1})' = 3x^2+2x-x^{-2} = 3x^2+2x-\dfrac{1}{x^2}$

(4) $y = \dfrac{3x^2-4+\sqrt{x}}{6x} = \dfrac{3x^2}{6x} - \dfrac{4}{6x} + \dfrac{\sqrt{x}}{6x} = \dfrac{1}{2}x - \dfrac{2}{3}x^{-1} + \dfrac{1}{6}x^{-\frac{1}{2}}$

$y' = \dfrac{1}{2}(x)' - \dfrac{2}{3}(x^{-1})' + \dfrac{1}{6}(x^{-\frac{1}{2}})' = \dfrac{1}{2} + \dfrac{2}{3}x^{-2} - \dfrac{1}{12}x^{-\frac{3}{2}}$

$\quad = \dfrac{1}{2} + \dfrac{2}{3x^2} - \dfrac{1}{12\sqrt{x}^3}$

問 3.1 公式 3.1 を用いて微分せよ．

(1) $y = 4x^3 - \dfrac{2}{x} - \dfrac{3}{x^2}$ (2) $y = (3x)^2 + \sqrt{2x} - \sqrt{\dfrac{4}{x}}$

(3) $y = x^2\left(x^2 + 3 - \dfrac{1}{x^4}\right)$ (4) $y = \dfrac{3x^4 - 4x + 1}{2x}$

3.2 関数の積の微分

関数を掛けて微分すると，次が成り立つ．

> **公式 3.2 関数の積の微分**
> $$\{f(x)g(x)\}' = f'(x)g(x) + f(x)g'(x)$$

[解説] 関数の積では 1 つずつ順に微分してたし合わせる．

> **例題 3.2** 公式 3.2 を用いて微分せよ．
> (1) $y = (2x+1)(3x-4)$ (2) $y = \left(\dfrac{1}{x}+2\right)(\sqrt{x}-1)$

[解] 関数を 1 つずつ順に公式 2.3 により微分する．

(1) $y' = \{(2x+1)(3x-4)\}' = (2x+1)'(3x-4) + (2x+1)(3x-4)'$
$\quad = 2(3x-4) + (2x+1)3 = 6x - 8 + 6x + 3 = 12x - 5$

(2) $y = \left(\dfrac{1}{x}+2\right)(\sqrt{x}-1) = (x^{-1}+2)(x^{\frac{1}{2}}-1)$

$y' = \{(x^{-1}+2)(x^{\frac{1}{2}}-1)\}' = (x^{-1}+2)'(x^{\frac{1}{2}}-1) + (x^{-1}+2)(x^{\frac{1}{2}}-1)'$

$\quad = -x^{-2}(x^{\frac{1}{2}}-1) + (x^{-1}+2)\dfrac{1}{2}x^{-\frac{1}{2}} = -x^{-\frac{3}{2}} + x^{-2} + \dfrac{1}{2}x^{-\frac{3}{2}} + x^{-\frac{1}{2}}$

$\quad = \dfrac{1}{x^2} - \dfrac{1}{2\sqrt{x}^3} + \dfrac{1}{\sqrt{x}}$

問 3.2 公式 3.2 を用いて微分せよ．

(1) $y = (4x+3)(5x-2)$ (2) $y = (x^3+1)(x^2+x+1)$

(3) $y = \left(\dfrac{1}{x}-2\right)\left(x+\dfrac{3}{x}\right)$ (4) $y = (\sqrt{x}^3-1)\left(\dfrac{1}{\sqrt{x}}+2\right)$

[注意] 2 つの関数を同時に微分できない．正しくは例題 3.2 (1) を見よ．
$\quad \{(2x+1)(3x-4)\}' = (2x+1)'(3x-4)' = 6$ ✗

3.3 関数の商の微分

関数で割った商や分数を微分すると，次が成り立つ．

公式 3.3 関数の商や分数の微分

(1) $\left\{\dfrac{f(x)}{g(x)}\right\}' = \dfrac{f'(x)g(x) - f(x)g'(x)}{g(x)^2}$

(2) $\left\{\dfrac{1}{g(x)}\right\}' = -\dfrac{g'(x)}{g(x)^2}$

[解説] (1) では関数の商や分数の分母を2乗し，分子，分母の順に微分して引く．(2) ではさらに $(1)' = 0$ を用いる．

例題 3.3 公式 3.3 を用いて微分せよ．

(1) $y = \dfrac{3x-1}{5x+1}$ (2) $y = \dfrac{7}{4x-3}$

[解] 関数の商を分子，分母の順に公式 2.3 により微分する．

(1) $y' = \left(\dfrac{3x-1}{5x+1}\right)' = \dfrac{(3x-1)'(5x+1) - (3x-1)(5x+1)'}{(5x+1)^2}$

$= \dfrac{3(5x+1) - (3x-1)5}{(5x+1)^2} = \dfrac{15x+3-15x+5}{(5x+1)^2} = \dfrac{8}{(5x+1)^2}$

(2) $y' = \left(\dfrac{7}{4x-3}\right)' = -\dfrac{7(4x-3)'}{(4x-3)^2} = -\dfrac{28}{(4x-3)^2}$

問 3.3 公式 3.3 を用いて微分せよ．

(1) $y = \dfrac{2}{x^2-1}$ (2) $y = \dfrac{5x}{2x-3}$ (3) $y = \dfrac{2x+1}{3x+1}$

(4) $y = \dfrac{x-1}{x^2+1}$

[注意 1] 2つの関数を同時に微分できない．正しくは例題 3.3 (1) を見よ．

$$\left(\dfrac{3x-1}{5x+1}\right)' = \dfrac{(3x-1)'}{(5x+1)'} = \dfrac{3}{5} \quad \text{✗}$$

[注意 2] 分母が1つならば分子を分けて，次のように計算する．詳しくは例題 3.1 (4) を見よ．

$$\left(\dfrac{3x^2-4+\sqrt{x}}{6x}\right)' = \left(\dfrac{3x^2}{6x} - \dfrac{4}{6x} + \dfrac{\sqrt{x}}{6x}\right)' = \left(\dfrac{1}{2}x - \dfrac{2}{3}x^{-1} + \dfrac{1}{6}x^{-\frac{1}{2}}\right)'$$

$$= \dfrac{1}{2} + \dfrac{2}{3x^2} - \dfrac{1}{12\sqrt{x}^3}$$

また分母が定数のときは公式 3.1 (1) を用いる．

$$\left(\dfrac{x^2+1}{3}\right)' = \dfrac{1}{3}(x^2+1)' = \dfrac{2}{3}x$$

3.4 合成関数の微分

合成関数を導入して微分する．

関数 $y = f(x)$ の変数 x に関数 $y = g(x)$ を代入すると新しい関数 $y = f(g(x))$ ができる．これを**合成関数**という．

例1 合成関数を作る．

(1) 関数 $f(x) = x^4$ に関数 $g(x) = 3x+1$ を合成すれば $f(g(x)) = (3x+1)^4$

(2) 関数 $f(x) = \dfrac{1}{x^2}$ に関数 $g(x) = x^2+x$ を合成すれば $f(g(x)) = \dfrac{1}{(x^2+x)^2}$

(3) 関数 $f(x) = \sqrt{x}$ に関数 $g(x) = x^2-1$ を合成すれば $f(g(x)) = \sqrt{x^2-1}$

合成して作った関数を微分すると，次が成り立つ．

公式 3.4 合成関数の微分

合成関数 $y = f(g(x))$ で
$$y' = f'(g(x))\,g'(x)$$
外側の $f(\ )$ を微分　　内側の $g(x)$ を微分

または $u = g(x)$ とすると
$$\frac{dy}{dx} = \frac{dy}{du}\frac{du}{dx}$$

[解説] 合成関数では外側から内側へ1つずつ順に微分する．

例2 合成関数の微分
$$y = (3x+1)^4$$
$u = 3x+1$ とおくと $y = u^4$ となり，
$$\frac{dy}{dx} = \frac{dy}{du}\frac{du}{dx} = 4u^3(3x+1)' = 4(3x+1)^3 \cdot 3 = 12(3x+1)^3$$
　　　　　　　　　↑　　　　　↑
　　　　外側の u^4 を微分　内側の $3x+1$ を微分

例題 3.4 公式 3.4 を用いて微分せよ．

(1) $y = (3x+1)^4$ 　(2) $y = \dfrac{1}{(x^2+x)^2}$ 　(3) $y = \sqrt{x^2-1}$

[解] 合成関数を外側から1つずつ公式 2.3 により微分する．変数 u を用いないで計算する．

(1) $y' = \{(3x+1)^4\}' = 4(3x+1)^3(3x+1)' = 12(3x+1)^3$

(2) $y = \dfrac{1}{(x^2+x)^2} = (x^2+x)^{-2}$

$$y' = \{(x^2+x)^{-2}\}' = -2(x^2+x)^{-3}(x^2+x)' = -\frac{2(2x+1)}{(x^2+x)^3}$$

(3) $y = \sqrt{x^2-1} = (x^2-1)^{\frac{1}{2}}$

$$y' = \{(x^2-1)^{\frac{1}{2}}\}' = \frac{1}{2}(x^2-1)^{-\frac{1}{2}}(x^2-1)' = \frac{2x}{2\sqrt{x^2-1}} = \frac{x}{\sqrt{x^2-1}}$$

問 3.4 公式 3.4 を用いて微分せよ．

(1) $y = (2x-1)^5$ (2) $y = \dfrac{2}{(x^2-x+1)^3}$

(3) $y = \sqrt{x^3+2}$ (4) $y = \dfrac{4}{\sqrt{x^2+x+1}}$

[注意] 公式 3.4 では合成関数を外側から 1 つずつ，すべて微分する．次のようにしない．正しくは例題 3.4 (1) を見よ．

(1) $\{(3x+1)^4\}' = 4 \cdot 3^3$ ✗

  $(\quad)^4$ と $(3x+1)$ を 2 つ同時に微分している．

(2) $\{(3x+1)^4\}' = 4(3x+1)^3$ ✗

  $(\quad)^4$ だけを微分している．$(3x+1)$ を微分していない．

(3) $\{(3x+1)^4\}' = 3^4$ ✗

  $(\quad)^4$ を微分していない．$(3x+1)$ だけを微分している．

練 習 問 題 3

1. 公式 3.1～3.4 を用いて微分せよ．

(1) $y = \dfrac{2}{\sqrt{x^3}} + \dfrac{4}{\sqrt[3]{x}} - \dfrac{6}{\sqrt[4]{x}}$ (2) $y = \sqrt{x}\left(x^2 - \sqrt{x} + \dfrac{2}{x}\right)$

(3) $y = \dfrac{1}{x}\left(x^3 - 1 + \dfrac{1}{x^2}\right)$ (4) $y = \dfrac{x^2 - 2\sqrt{x^3} + 3x}{\sqrt{x}}$

(5) $y = (x^2+1)(3x+2)$ (6) $y = (x^2+x+1)(x^2-x+1)$

(7) $y = \left(\dfrac{1}{\sqrt[3]{x}} + 2\right)(\sqrt[3]{x} + 1)$ (8) $y = \left(\dfrac{1}{\sqrt{x}} + x\right)\left(\sqrt{x}^5 - \dfrac{1}{x\sqrt{x}}\right)$

(9) $y = \dfrac{4}{2x^3 + x^2 - 1}$ (10) $y = \dfrac{x^2 - x - 1}{x^2 + x - 1}$

(11) $y = \dfrac{\sqrt{x} - 1}{\sqrt{x} + 1}$ (12) $y = \dfrac{x^3 + 1}{x^2 + x + 1}$

(13) $y = (x^2 - 2x + 3)^4$ (14) $y = \dfrac{1}{(3x^4 - 2x^2 + 1)^2}$

(15) $y = \sqrt[3]{5x^2 + 3x + 1}$ (16) $y = \dfrac{5}{\sqrt{x^2 - x - 1}^3}$

練習問題 3 | 19

(17)　$y=(x-1)(x+1)^3$　　　(18)　$y=\dfrac{\sqrt{x+1}}{x-1}$

(19)　$y=\sqrt{3x+1}\sqrt{2x-1}$　　　(20)　$y=\sqrt{\dfrac{3x-1}{4x+1}}$

【解答】

問 3.1　(1)　$12x^2+\dfrac{2}{x^2}+\dfrac{6}{x^3}$　　(2)　$18x+\dfrac{1}{\sqrt{2x}}+\dfrac{1}{\sqrt{x}^3}$　　(3)　$4x^3+6x+\dfrac{2}{x^3}$

　　　(4)　$\dfrac{9}{2}x^2-\dfrac{1}{2x^2}$

問 3.2　(1)　$40x+7$　　(2)　$5x^4+4x^3+3x^2+2x+1$　　(3)　$\dfrac{6}{x^2}-\dfrac{6}{x^3}-2$

　　　(4)　$3\sqrt{x}+\dfrac{1}{2\sqrt{x}^3}+1$

問 3.3　(1)　$-\dfrac{4x}{(x^2-1)^2}$　　(2)　$-\dfrac{15}{(2x-3)^2}$　　(3)　$-\dfrac{1}{(3x+1)^2}$

　　　(4)　$\dfrac{-x^2+2x+1}{(x^2+1)^2}$

問 3.4　(1)　$10(2x-1)^4$　　(2)　$-\dfrac{6(2x-1)}{(x^2-x+1)^4}$　　(3)　$\dfrac{3x^2}{2\sqrt{x^3+2}}$

　　　(4)　$-\dfrac{2(2x+1)}{\sqrt{x^2+x+1}^3}$

練習問題 3

1. (1)　$-\dfrac{3}{\sqrt{x}^5}-\dfrac{4}{3\sqrt[3]{x}^4}+\dfrac{3}{2\sqrt[4]{x}^5}$　　(2)　$\dfrac{5}{2}\sqrt{x}^3-1-\dfrac{1}{\sqrt{x}^3}$

(3)　$2x+\dfrac{1}{x^2}-\dfrac{3}{x^4}$　　(4)　$\dfrac{3}{2}\sqrt{x}-2+\dfrac{3}{2\sqrt{x}}$　　(5)　$9x^2+4x+3$

(6)　$4x^3+2x$　　(7)　$\dfrac{2}{3\sqrt[3]{x^2}}-\dfrac{1}{3\sqrt[3]{x}^4}$　　(8)　$2x+\dfrac{7}{2}\sqrt{x}^5+\dfrac{2}{x^3}+\dfrac{1}{2\sqrt{x}^3}$

(9)　$-\dfrac{8(3x^2+x)}{(2x^3+x^2-1)^2}$　　(10)　$\dfrac{2(x^2+1)}{(x^2+x-1)^2}$　　(11)　$\dfrac{1}{\sqrt{x}(\sqrt{x}+1)^2}$

(12)　$\dfrac{x^4+2x^3+3x^2-2x-1}{(x^2+x+1)^2}$　　(13)　$8(x-1)(x^2-2x+3)^3$

(14)　$-\dfrac{8(3x^3-x)}{(3x^4-2x^2+1)^3}$　　(15)　$\dfrac{10x+3}{3\sqrt[3]{5x^2+3x+1}^2}$

(16)　$-\dfrac{15(2x-1)}{2\sqrt{x^2-x-1}^5}$　　(17)　$2(2x-1)(x+1)^2$

(18)　$-\dfrac{x+3}{2(x-1)^2\sqrt{x+1}}$　　(19)　$\dfrac{12x-1}{2\sqrt{3x+1}\sqrt{2x-1}}$

(20)　$\dfrac{7}{2\sqrt{3x-1}\sqrt{4x+1}^3}$

§4 指数関数の微分

指数を用いて関数を作る．ここでは無理数 e と指数の性質を調べる．そして指数関数を導入し，微分する．

4.1 無理数 e

数列の極限を用いて無理数 e を求める．

自然数や整数を変数とする関数を**数列**という．

例 1 数列で変数を大きくする．

変数 n を大きくすると，数列 $\dfrac{1}{n}$ は 0 に近づく．

$$1, \ \frac{1}{2}, \ \frac{1}{3}, \ \frac{1}{4}, \ \cdots, \ \frac{1}{n}, \ \cdots \ \to 0$$

表 4.1 数列 $\dfrac{1}{n}$ で n を大きくする．

n	$\dfrac{1}{n}$
1	1.000
10	0.100
100	0.010
1000	0.001
$\vdots$	$\vdots$
∞	0

● 数列の極限の意味と記号

一般の数列で極限を考える．

数列 a_n は次のように表す．

$$\underset{\text{第1項(初項)}}{a_1,} \ \underset{\text{第2項}}{a_2,} \ \underset{\text{第3項}}{a_3,} \ \underset{\text{第4項}}{a_4,} \ \cdots, \ \underset{\text{第}n\text{項(一般項)}}{a_n,} \ \cdots \to b$$

変数 n を大きくすると（$n \to \infty$），数列 a_n が数値 b（**極限値**）に近づく（$a_n \to b$）ならば**収束**するという．次のように書く．

$$\lim_{n\to\infty} a_n = b$$

例 2 数列の極限を用いて無理数 e を計算する．

数列 $\left(1+\dfrac{1}{n}\right)^n$ は次のようになる．

$$2, \ \frac{9}{4}, \ \frac{64}{27}, \ \frac{625}{256}, \ \cdots, \ \left(1+\frac{1}{n}\right)^n, \ \cdots \ \to e$$

$$\lim_{n\to\infty}\left(1+\frac{1}{n}\right)^n = 2.71828\cdots = e$$

表 4.2 数列 $\left(1+\dfrac{1}{n}\right)^n$ と極限 $n \to \infty$．

n	$\left(1+\dfrac{1}{n}\right)^n$
1	2.0000
100	2.7048
10000	2.7181
1000000	2.7182
$\vdots$	$\vdots$
∞	e

[注意] 無理数 e を**自然対数の底**という．

4.2 指数法則

指数とその性質を調べる．

まず**指数**と**底**を導入する．a の累乗（べき）を次のように書く．

$$a^p \leftarrow \text{指数}$$
$$\text{底} \nearrow$$

§2 でも触れた指数の性質をまとめておく．

公式 4.1　0 と負と分数の指数

(1)　$a \neq 0$ のとき　$a^0 = 1, \ \dfrac{1}{a^n} = a^{-n}$

(2)　$a > 0$ のとき　$\sqrt[n]{a} = a^{\frac{1}{n}}, \ \sqrt[n]{a^m} = \sqrt[n]{a}^m = a^{\frac{m}{n}}$

公式 4.2　指数法則

(1)　$a^p a^q = a^{p+q}$　　(2)　$\dfrac{a^p}{a^q} = a^{p-q}$　　(3)　$(a^p)^q = a^{pq}$

(4)　$(ab)^p = a^p b^p$　　(5)　$\left(\dfrac{a}{b}\right)^p = \dfrac{a^p}{b^p} = a^p b^{-p}$

例 3　いろいろな指数を計算する．

(1) 公式 4.1 (1) より
$$a^0 = 1, \ e^0 = 1, \ \frac{1}{a} = a^{-1}, \ \frac{1}{a^3} = a^{-3}$$

(2) 公式 4.1 (2) より
$$\sqrt{a} = \sqrt[2]{a} = a^{\frac{1}{2}}, \ \sqrt[3]{a^2} = \sqrt[3]{a}^2 = a^{\frac{2}{3}}$$

(3) 公式 4.1 (1), (2) より
$$\frac{1}{\sqrt{a^3}} = \frac{1}{\sqrt{a}^3} = a^{-\frac{3}{2}}, \ \frac{1}{\sqrt[3]{a^2}} = \frac{1}{\sqrt[3]{a}^2} = a^{-\frac{2}{3}}$$

(4) 公式 4.2 (1) より
$$a^2 a^3 = a^5, \ a\sqrt{a} = a^1 a^{\frac{1}{2}} = a^{\frac{3}{2}}$$

(5) 公式 4.2 (2) より
$$\frac{a^2}{a^4} = a^{-2}, \ \frac{\sqrt{a}}{a^2} = \frac{a^{\frac{1}{2}}}{a^2} = a^{-\frac{3}{2}}$$

(6) 公式 4.2 (3) より
$$(a^2)^3 = (a^3)^2 = a^6, \ \sqrt[3]{\sqrt{a}} = (a^{\frac{1}{2}})^{\frac{1}{3}} = a^{\frac{1}{6}}$$

(7) 公式 4.2 (4) より
$$(ab)^2 = a^2 b^2, \ \sqrt{ab} = (ab)^{\frac{1}{2}} = a^{\frac{1}{2}} b^{\frac{1}{2}}$$

(8) 公式 4.2 (5) より
$$\left(\frac{a}{b}\right)^3 = \frac{a^3}{b^3} = a^3 b^{-3}, \ \sqrt[3]{\frac{a}{b}} = \left(\frac{a}{b}\right)^{\frac{1}{3}} = \frac{a^{\frac{1}{3}}}{b^{\frac{1}{3}}} = a^{\frac{1}{3}} b^{-\frac{1}{3}}$$

注意　指数法則は正しく使う．
$$a^6 \neq a^2 \times a^3 = a^5, \ 2 \times 3^5 \neq 6^5 = 2^5 \times 3^5, \ (a+b)^{-1} \neq a^{-1} + b^{-1}$$
$$a^3 \neq \frac{a^6}{a^2} = a^4, \ \ \ \frac{6^4}{2} \neq 3^4 = \frac{6^4}{2^4}, \ \ \ \ \ (a+b)^{\frac{1}{2}} \neq a^{\frac{1}{2}} + b^{\frac{1}{2}}$$

4.3 指数関数

指数を変数とする関数を考える.

a を底とし指数 x を変数とする関数 a^x を**指数関数**という.
$$y = a^x \quad (a > 0,\ a \neq 1)$$

例 4 指数関数の表とグラフをかく.

(1) $y = 2^x$

表 4.3 2^x の値. 公式 4.1 を用いて計算する.

x	⋯	-3	-2	-1	0	1	2	3	⋯
2^x	⋯	2^{-3}	2^{-2}	2^{-1}	2^0	2^1	2^2	2^3	⋯
y	⋯	$\dfrac{1}{8}$	$\dfrac{1}{4}$	$\dfrac{1}{2}$	1	2	4	8	⋯

漸近線は x 軸.

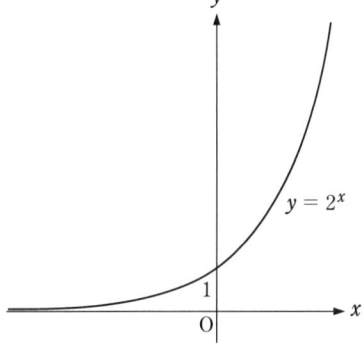

図 4.1 $y = 2^x$ のグラフ.

(2) $y = \left(\dfrac{1}{2}\right)^x = 2^{-x}$

表 4.4 $\left(\dfrac{1}{2}\right)^x$ の値. 公式 4.1 を用いて計算する.

x	⋯	-3	-2	-1	0	1	2	3	⋯
$\left(\dfrac{1}{2}\right)^x$	⋯	$\left(\dfrac{1}{2}\right)^{-3}$	$\left(\dfrac{1}{2}\right)^{-2}$	$\left(\dfrac{1}{2}\right)^{-1}$	$\left(\dfrac{1}{2}\right)^0$	$\left(\dfrac{1}{2}\right)^1$	$\left(\dfrac{1}{2}\right)^2$	$\left(\dfrac{1}{2}\right)^3$	⋯
y	⋯	8	4	2	1	$\dfrac{1}{2}$	$\dfrac{1}{4}$	$\dfrac{1}{8}$	⋯

漸近線は x 軸.

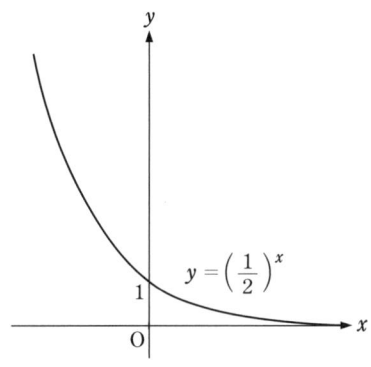

図 4.2 $y = \left(\dfrac{1}{2}\right)^x$ のグラフ.

指数関数の性質をまとめておく.

> **公式 4.3 指数関数の性質**
>
> 指数関数 $y = a^x$ について次が成り立つ.
>
> (1) $0 < a^x$, 連続関数である.
>
> (2) $1 < a$ ならば増加する. $\displaystyle\lim_{x \to -\infty} a^x = 0$
>
> (3) $0 < a < 1$ ならば減少する. $\displaystyle\lim_{x \to \infty} a^x = 0$
>
> (4) グラフは $(0, 1)$ を通り, x 軸が漸近線 (グラフが原点から離れると近付く直線) になる.

点 $(0,1)$ で接線の傾きが 1 である指数関数は底が $e = 2.71828\cdots$ になる．このとき次のように書く．
$$y = e^x = \exp x$$

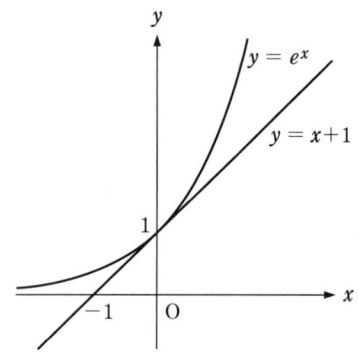

図 4.3 $y=e^x$ のグラフと接線．点 $(0,1)$ で接線は $y=x+1$ となる．

● 双曲線関数とオイラーの公式

指数関数から新しい関数を作る．

指数関数 e^x と e^{-x} を組み合わせると**双曲線関数**ができる．

公式 4.4 双曲線関数の関係

(1) $\sinh x = \dfrac{e^x - e^{-x}}{2}$ (2) $\cosh x = \dfrac{e^x + e^{-x}}{2}$

(3) $\tanh x = \dfrac{\sinh x}{\cosh x} = \dfrac{e^x - e^{-x}}{e^x + e^{-x}}$ (4) $\coth x = \dfrac{1}{\tanh x} = \dfrac{\cosh x}{\sinh x}$

(5) $\operatorname{sech} x = \dfrac{1}{\cosh x}$ (6) $\operatorname{cosech} x = \dfrac{1}{\sinh x}$

双曲線関数の主な公式をまとめておく．

公式 4.5 双曲線関数の性質

(1) $\sinh(-x) = -\sinh x$, (2) $\cosh(-x) = \cosh x$

(3) $\tanh(-x) = -\tanh x$ (4) $\cosh^2 x - \sinh^2 x = 1$

(5) $1 - \tanh^2 x = \operatorname{sech}^2 x$ (6) $\coth^2 x - 1 = \operatorname{cosech}^2 x$

(7) $\sinh(x+y) = \sinh x \cosh y + \cosh x \sinh y$

(8) $\cosh(x+y) = \cosh x \cosh y + \sinh x \sinh y$

[注意] 双曲線関数の指数は $(\sinh x)^2 = \sinh^2 x$，$(\cosh x)^3 = \cosh^3 x$ などと書く．

指数関数 e^x で虚数の指数 e^{ix} を考えると**オイラーの公式**が成り立つ．

公式 4.6 オイラーの公式

$$e^{ix} = \cos x + i \sin x \quad (i \text{ は虚数単位})$$

4.4 指数関数の微分

指数関数を微分すると，次が成り立つ．

公式 4.7 指数関数の微分
(1) $(e^x)' = e^x$ (2) $(a^x)' = a^x \log a$

[解説] 指数関数を微分すると式の形が変わらない．ただし，底が a ならば $\log a$ を書く．$\log a$ は e を底とする a の対数で §5 で詳しく取り上げるが，ここでは単なる記号として扱う．

例題 4.1 e^{ax} や a^x に変形してから，公式 3.4, 4.7 を用いて微分せよ．
(1) $y = e^{2x} e^{3x}$ (2) $y = \dfrac{e^x}{e^{3x}}$ (3) $y = \sqrt{e^x}$
(4) $y = 2^{3x}$

[解] 公式 4.1, 4.2 を用いて指数を計算してから微分する．

(1) $y = e^{2x} e^{3x} = e^{2x+3x} = e^{5x}, \quad y' = (e^{5x})' = e^{5x}(5x)' = 5e^{5x}$

(2) $y = \dfrac{e^x}{e^{3x}} = e^{x-3x} = e^{-2x}, \quad y' = (e^{-2x})' = e^{-2x}(-2x)' = -2e^{-2x}$

(3) $y = \sqrt{e^x} = (e^x)^{\frac{1}{2}} = e^{\frac{x}{2}}, \quad y' = (e^{\frac{x}{2}})' = e^{\frac{x}{2}}\left(\dfrac{x}{2}\right)' = \dfrac{1}{2} e^{\frac{x}{2}}$

(4) $y = 2^{3x} = 8^x, \quad y' = (8^x)' = 8^x \log 8$

問 4.1 e^{ax} や a^x に変形してから，公式 3.4, 4.7 を用いて微分せよ．
(1) $y = e^{2x} e^{4x}$ (2) $y = \dfrac{1}{e^{3x}}$ (3) $y = \dfrac{e^x}{e^{5x}}$
(4) $y = \sqrt{e^{8x}}$ (5) $y = \dfrac{1}{\sqrt[3]{e^{6x}}}$ (6) $y = e^{3x}\sqrt{e^{5x}}$
(7) $y = \dfrac{e^x}{\sqrt{e^{3x}}}$ (8) $y = \dfrac{1}{e^{2x}\sqrt{e^x}}$ (9) $y = \dfrac{1}{2^{5x}}$
(10) $y = \dfrac{3^x}{\sqrt{3^x}}$

[注意] 公式 2.3 と 4.7 を混同しない．
$(x^n)' = nx^{n-1}, \quad (e^x)' \neq xe^{x-1}$

例題 4.2 公式 3.1〜3.4, 4.7 を用いて微分せよ．
(1) $y = x^2 e^x$ (2) $y = \dfrac{e^x}{x-1}$ (3) $y = e^{x^2+1}$
(4) $y = (e^x + 1)^4$

解 まず公式 3.1〜3.4 を用いてから公式 4.7 により微分する．

(1) 公式 3.2 より
$$y' = (x^2 e^x)' = (x^2)' e^x + x^2 (e^x)' = 2xe^x + x^2 e^x = (2x+x^2)e^x$$

(2) 公式 3.3 より
$$y' = \left(\frac{e^x}{x-1}\right)' = \frac{(e^x)'(x-1) - e^x(x-1)'}{(x-1)^2}$$
$$= \frac{e^x(x-1) - e^x}{(x-1)^2} = \frac{(x-2)e^x}{(x-1)^2}$$

(3) 公式 3.4 より
$$y' = (e^{x^2+1})' = e^{x^2+1}(x^2+1)' = 2xe^{x^2+1}$$

(4) 公式 3.4 より
$$y' = \{(e^x+1)^4\}' = 4(e^x+1)^3(e^x+1)' = 4e^x(e^x+1)^3$$

問 4.2 公式 3.1〜3.4, 4.7 を用いて微分せよ．

(1) $y = (3x-1)e^{2x}$ (2) $y = e^{-x}(e^{4x}+1)$

(3) $y = \dfrac{e^{-x}+1}{x}$ (4) $y = \dfrac{x+2}{e^{3x}+1}$ (5) $y = e^{\frac{1}{x}}$

(6) $y = \dfrac{1}{e^{x^2-x}}$ (7) $y = \dfrac{1}{(e^{-3x}+2)^6}$ (8) $y = \sqrt{e^{2x}+5}$

注意 公式 4.1, 4.2 を用いると公式 3.2 や 3.3 を使わずにすむ．

(1) $y = (x+1)\sqrt{x+1} = (x+1)^{\frac{3}{2}}$
$$y' = \{(x+1)^{\frac{3}{2}}\}' = \frac{3}{2}(x+1)^{\frac{1}{2}}(x+1)' = \frac{3}{2}\sqrt{x+1}$$

(2) $y = \dfrac{1}{e^{x+1}} = e^{-x-1},\ y' = (e^{-x-1})' = e^{-x-1}(-x-1)' = -e^{-x-1}$

(3) $y = \dfrac{1}{\sqrt{e^x}} = e^{-\frac{x}{2}},\ y' = (e^{-\frac{x}{2}})' = e^{-\frac{x}{2}}\left(-\dfrac{x}{2}\right)' = -\dfrac{1}{2}e^{-\frac{x}{2}}$

練習問題 4

1. 公式 3.1〜3.4, 4.7 を用いて微分せよ．

(1) $y = (x^2+x)(e^{3x}+1)$ (2) $y = (e^x+2)(e^{2x}-1)$

(3) $y = \dfrac{e^{4x}+1}{x-2}$ (4) $y = \dfrac{x^2}{e^{-x}+1}$ (5) $y = \dfrac{e^{2x}-1}{e^x}$

(6) $y = \dfrac{e^{2x}+1}{e^x+1}$ (7) $y = (2^x+1)(3^x-1)$

(8) $y = \dfrac{1}{2^x+3^x}$ (9) $y = \sqrt[3]{e^{x^2}}$ (10) $y = \dfrac{1}{e^{\sqrt{x}}}$

(11)　$y = (e^x - e^{-x})^3$　　(12)　$y = \dfrac{1}{\sqrt{4^x}}$　　(13)　$y = \sqrt{xe^{2x}}$

(14)　$y = (e^x - 1)\sqrt{e^{-x} + 1}$　　(15)　$y = \sqrt{e^{2x} + 1}\sqrt{e^{2x} - 1}$

(16)　$y = \sqrt{\dfrac{e^x - 1}{e^x + 1}}$　　(17)　$y = e^{ix}$　　(18)　$y = \sinh x$

(19)　$y = \cosh x$　　(20)　$y = \tanh x$

解答

問 4.1　(1)　$6e^{6x}$　　(2)　$-3e^{-3x}$　　(3)　$-4e^{-4x}$　　(4)　$4e^{4x}$

(5)　$-2e^{-2x}$　　(6)　$\dfrac{11}{2}e^{\frac{11}{2}x}$　　(7)　$-\dfrac{1}{2}e^{-\frac{1}{2}x}$　　(8)　$-\dfrac{5}{2}e^{-\frac{5}{2}x}$

(9)　$2^{-5x}\log 2^{-5} = \left(\dfrac{1}{32}\right)^x \log \dfrac{1}{32}$　　(10)　$3^{\frac{x}{2}}\log 3^{\frac{1}{2}} = \sqrt{3^x}\log\sqrt{3}$

問 4.2　(1)　$(6x+1)e^{2x}$　　(2)　$3e^{3x} - e^{-x}$　　(3)　$-\dfrac{(x+1)e^{-x}+1}{x^2}$

(4)　$\dfrac{1-(3x+5)e^{3x}}{(e^{3x}+1)^2}$　　(5)　$-\dfrac{e^{\frac{1}{x}}}{x^2}$　　(6)　$(-2x+1)e^{-x^2+x}$

(7)　$\dfrac{18e^{-3x}}{(e^{-3x}+2)^7}$　　(8)　$\dfrac{e^{2x}}{\sqrt{e^{2x}+5}}$

練習問題 4

1.　(1)　$(3x^2+5x+1)e^{3x}+2x+1$　　(2)　$3e^{3x}+4e^{2x}-e^x$

(3)　$\dfrac{(4x-9)e^{4x}-1}{(x-2)^2}$　　(4)　$\dfrac{(x^2+2x)e^{-x}+2x}{(e^{-x}+1)^2}$　　(5)　e^x+e^{-x}

(6)　$\dfrac{e^{3x}+2e^{2x}-e^x}{(e^x+1)^2}$

(7)　$6^x\log 6 - 2^x\log 2 + 3^x\log 3$　$(\log 2 + \log 3 = \log 6)$

(8)　$-\dfrac{2^x\log 2 + 3^x\log 3}{(2^x+3^x)^2}$　　(9)　$\dfrac{2}{3}xe^{\frac{x^2}{3}}$　　(10)　$-\dfrac{e^{-\sqrt{x}}}{2\sqrt{x}}$

(11)　$3(e^x-e^{-x})^2(e^x+e^{-x})$　　(12)　$2^{-x}\log 2^{-1} = \left(\dfrac{1}{2}\right)^x\log\dfrac{1}{2}$

(13)　$\dfrac{1+2x}{2\sqrt{x}}e^x$　　(14)　$\dfrac{1+2e^x+e^{-x}}{2\sqrt{e^{-x}+1}}$

(15)　$\dfrac{2e^{4x}}{\sqrt{e^{2x}+1}\sqrt{e^{2x}-1}}$　　(16)　$\dfrac{e^x}{\sqrt{e^x-1}\sqrt{e^x+1}^3}$

(17)　ie^{ix}　　(18)　$\cosh x$　　(19)　$\sinh x$

(20)　$\dfrac{4}{(e^x+e^{-x})^2} = \dfrac{1}{\cosh^2 x}$

§5 対数関数の微分

指数から新しく対数を作る．ここでは対数の性質を調べる．そして対数関数を導入し，微分する．

5.1 対　数

対数とは何か考える．まず指数と対数の関係から見ていく．

指数の計算では底 a の肩に指数 x を載せて累乗 $a^x = y$ の値を求める．
$$x \longrightarrow a^x = y \quad (a > 0,\ a \neq 1)$$
これとは反対に対数の計算では正の数 y を累乗 a^x に変形して肩の指数 x を求める．
$$y = a^x \longrightarrow x$$

例 1 正の数 y を累乗 2^x に変形して指数 x を求める．

表 5.1 正の数 y と指数 x.

y	$\cdots$	$\frac{1}{16}$	$\frac{1}{8}$	$\frac{1}{4}$	$\frac{1}{2}$	1	2	4	8	16	$\cdots$
2^x	$\cdots$	2^{-4}	2^{-3}	2^{-2}	2^{-1}	2^0	2^1	2^2	2^3	2^4	$\cdots$
x	$\cdots$	-4	-3	-2	-1	0	1	2	3	4	$\cdots$

● **対数の意味と記号**

対数を表す記号を導入する．

正の数（真数）y に対して $y = a^x\,(a > 0,\ a \neq 1)$ となる指数 x を $\log_a y$ と表し，a を**底**とする y の**対数**という．すなわち，次のように書く．
$$y = a^x \quad \text{ならば} \quad \log_a y = \log_a a^x = x$$
底↗ ↖真数

例 2 対数の記号を用いて正の数から 2 を底とする対数を計算する．

(1) $\log_2 16 = \log_2 2^4 = 4$ 　　(2) $\log_2 8 = \log_2 2^3 = 3$

(3) $\log_2 4 = \log_2 2^2 = 2$ 　　(4) $\log_2 2 = \log_2 2^1 = 1$

(5) $\log_2 1 = \log_2 2^0 = 0$ 　　(6) $\log_2 \frac{1}{2} = \log_2 2^{-1} = -1$

(7) $\log_2 \frac{1}{4} = \log_2 2^{-2} = -2$ 　　(8) $\log_2 \frac{1}{8} = \log_2 2^{-3} = -3$

(9) $\log_2 \frac{1}{16} = \log_2 2^{-4} = -4$

底が $e = 2.71\cdots$ ならば底を略す．これを自然対数といい，微積分で用い

る．e を**自然対数の底**という．次のように書く．
$$\log_e x = \log x = \ln x$$

[注意] 底が 10 のときに底を略すこともある．これを**常用対数**といい，数値計算で用いる．次のように書く．
$$\log_{10} x = \log x = \mathrm{lc}\, x$$

5.2 対数法則

対数の性質を調べる．

指数から作った対数では指数法則に対応する次の公式が成り立つ．

公式 5.1 対数法則

(1) $\log_a 1 = 0$ (2) $\log_a a = 1$

(3) $\log_a bc = \log_a b + \log_a c$ (4) $\log_a \dfrac{b}{c} = \log_a b - \log_a c$

(5) $\log_a b^c = c \log_a b$ (6) $\log_a b = \dfrac{\log_c b}{\log_c a}$

(7) $\log_a a^b = b$ (8) $a^{c \log_a b} = b^c$

例3 いろいろな対数を計算する．ただし，底 e は略す．

(1) 公式 5.1 (1) より
$$\log_2 1 = 0, \quad \log 1 = 0$$

(2) 公式 5.1 (2) より
$$\log_2 2 = 1, \quad \log e = 1$$

(3) 公式 5.1 (3) より
$$\log abc = \log a + \log b + \log c$$

(4) 公式 5.1 (3), (4) より
$$\log \frac{ab}{c} = \log a + \log b - \log c$$

(5) 公式 5.1 (5) より
$$\log a^5 = 5 \log a, \quad \log \frac{1}{\sqrt{a}} = \log a^{-\frac{1}{2}} = -\frac{1}{2} \log a$$

(6) 公式 5.1 (6) より
$$\log_2 a = \frac{\log a}{\log 2}, \quad \log_2 3 = \frac{\log_{10} 3}{\log_{10} 2}$$

(7) 公式 5.1 (7) より
$$\log_2 2^6 = 6, \quad \log e^a = a \log e = a$$

(8) 公式 5.1 (8) より
$$2^{\log_2 8} = 2^3 = 8, \quad e^{-\log a} = e^{\log a^{-1}} = a^{-1} = \frac{1}{a}$$

[注意] 対数法則は正しく使う．

(1) $\log_a (b+c) \neq \log_a b + \log_a c = \log_a bc$

(2) $\log_a (b-c) \neq \log_a b - \log_a c = \log_a \dfrac{b}{c}$

(3) $(\log_a b)(\log_a c) \neq \log_a bc = \log_a b + \log_a c$

(4) $\dfrac{\log_a b}{\log_a c} \neq \log_a \dfrac{b}{c} = \log_a b - \log_a c$

5.3 対数関数

対数によって表された関数を考える．

a を底とする対数 $\log_a x$ によって表された関数を**対数関数**という．

$$y = \log_a x \quad (a>0,\ a \neq 1,\ x>0)$$

[注意] $x<0$ ならば $\log_a |x|$ とする．

例 4 対数関数の表とグラフをかく．

(1) $y = \log_2 x \quad (x>0)$

表 5.2 $\log_2 x$ の値．x を 2^y に変形して計算する．

x	$\cdots$	$\dfrac{1}{8}$	$\dfrac{1}{4}$	$\dfrac{1}{2}$	1	2	4	8	$\cdots$
2^y	$\cdots$	2^{-3}	2^{-2}	2^{-1}	2^0	2^1	2^2	2^3	$\cdots$
y	$\cdots$	-3	-2	-1	0	1	2	3	$\cdots$

$y = 2^x$ のグラフと直線 $y=x$ に関して対称になる．漸近線は y 軸．

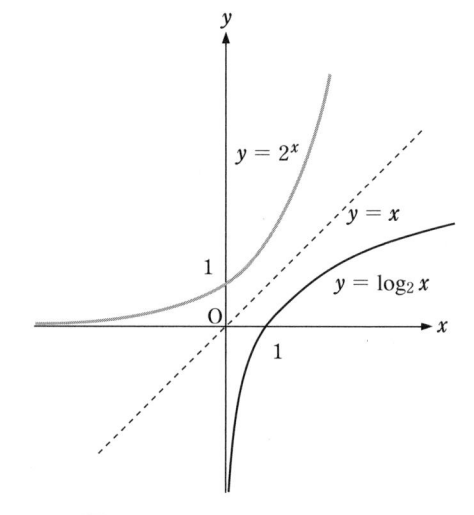

図 5.1 $y = \log_2 x$ のグラフ．

(2) $y = \log_{\frac{1}{2}} x \quad (x>0)$

表 5.3 $\log_{\frac{1}{2}} x$ の値．x を $\left(\dfrac{1}{2}\right)^y$ に変形して計算する．

x	$\cdots$	$\dfrac{1}{8}$	$\dfrac{1}{4}$	$\dfrac{1}{2}$	1	2	4	8	$\cdots$
$\left(\dfrac{1}{2}\right)^y$	$\cdots$	$\left(\dfrac{1}{2}\right)^3$	$\left(\dfrac{1}{2}\right)^2$	$\left(\dfrac{1}{2}\right)^1$	$\left(\dfrac{1}{2}\right)^0$	$\left(\dfrac{1}{2}\right)^{-1}$	$\left(\dfrac{1}{2}\right)^{-2}$	$\left(\dfrac{1}{2}\right)^{-3}$	$\cdots$
y	$\cdots$	3	2	1	0	-1	-2	-3	$\cdots$

$y = \left(\dfrac{1}{2}\right)^x$ のグラフと直線 $y=x$ に関して対称になる．

漸近線は y 軸．

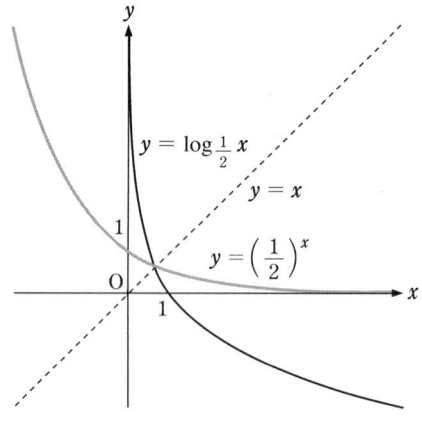

図 5.2 $y = \log_{\frac{1}{2}} x$ のグラフ．

対数関数の性質をまとめておく．ただし，$x \to +0$ とは $x > 0$ として（右から）x を 0 に近づけることを表す．

公式 5.2 対数関数の性質

対数関数 $y = \log_a x$ について次が成り立つ．
(1) $0 < x$，連続関数である．
(2) $1 < a$ ならば増加する．$\lim_{x \to +0} \log_a x = -\infty$
(3) $0 < a < 1$ ならば減少する．$\lim_{x \to +0} \log_a x = \infty$
(4) グラフは $(1, 0)$ を通り，y 軸が漸近線になる．
(5) $y = \log_a x$ と $y = a^x$ のグラフは直線 $y = x$ に関して対称になる．

点 $(1, 0)$ で接線の傾きが 1 である対数関数は底が $e = 2.71828\cdots$ になる．このとき底を略して次のように書く．
$$y = \log x = \ln x$$

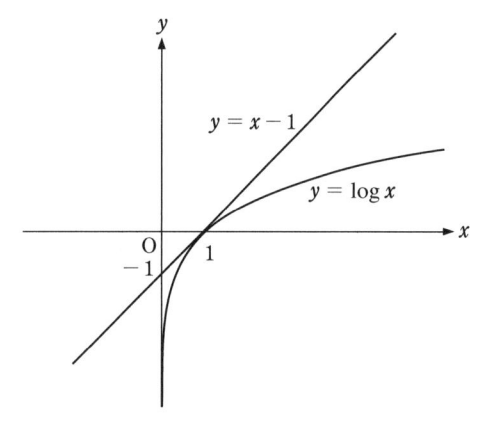

図 5.3 $y = \log x$ のグラフと接線．点 $(1, 0)$ で接線は $y = x - 1$ となる．

5.4 対数関数の微分

対数関数を微分すると，次が成り立つ．

公式 5.3 対数関数の微分

(1) $(\log x)' = \dfrac{1}{x}$ (2) $(\log_a x)' = \dfrac{1}{x \log a}$

[解説] 対数関数を微分すると分数関数 $\dfrac{1}{x}$ になる．底が a ならば対数 $\log a$ を分母に書く．

[注意1] 公式 5.1 (6) よりたとえば次が成り立つ．
$$\log_2 x = \frac{\log x}{\log 2} \ (\text{底は } e) \quad \text{なので} \quad (\log_2 x)' = \frac{(\log x)'}{\log 2} = \frac{1}{x \log 2}$$

注意2 $\log|x|$ や $\log_a|x|$ については次が成り立つ．

(1) $(\log|x|)' = \dfrac{1}{x}$ (2) $(\log_a|x|)' = \dfrac{1}{x\log a}$

例題 5.1 $\log(x+b)$ や $\log_a(x+b)$ の式にしてから，公式 3.4, 5.3 を用いて微分せよ．

(1) $y = \log(x+1)(x+2)$ (2) $y = \log\dfrac{x-1}{x-2}$

(3) $y = \log\sqrt{x-3}^5$ (4) $y = \log_2 7x$

解 公式 5.1 を用いて対数を計算してから微分する．

(1) $y = \log(x+1)(x+2) = \log(x+1) + \log(x+2)$

$y' = \{\log(x+1)\}' + \{\log(x+2)\}' = \dfrac{(x+1)'}{x+1} + \dfrac{(x+2)'}{x+2}$

$\quad = \dfrac{1}{x+1} + \dfrac{1}{x+2}$

(2) $y = \log\dfrac{x-1}{x-2} = \log(x-1) - \log(x-2)$

$y' = \{\log(x-1)\}' - \{\log(x-2)\}' = \dfrac{(x-1)'}{x-1} - \dfrac{(x-2)'}{x-2}$

$\quad = \dfrac{1}{x-1} - \dfrac{1}{x-2}$

(3) $y = \log\sqrt{x-3}^5 = \log(x-3)^{\frac{5}{2}} = \dfrac{5}{2}\log(x-3)$

$y' = \dfrac{5}{2}\{\log(x-3)\}' = \dfrac{5}{2}\dfrac{(x-3)'}{x-3} = \dfrac{5}{2(x-3)}$

(4) $y = \log_2 7x = \log_2 7 + \log_2 x$

$y' = (\log_2 7)' + (\log_2 x)' = 0 + \dfrac{1}{x\log 2} = \dfrac{1}{x\log 2}$

問 5.1 $\log(x+b)$ や $\log_a(x+b)$ の式にしてから，公式 3.4, 5.3 を用いて微分せよ．

(1) $y = \log 3(x-1)$ (2) $y = \log\dfrac{x+2}{4}$

(3) $y = \log\dfrac{6}{x+3}$ (4) $y = \log(x-4)(x+5)$

(5) $y = \log\dfrac{x+7}{x-6}$ (6) $y = \log(x+4)^7$

(7) $y = \log\sqrt[3]{x-5}^4$ (8) $y = \log\dfrac{1}{\sqrt{x+6}^3}$

(9) $y = \log_2\dfrac{5}{x-7}$ (10) $y = \log_3\sqrt{x-8}$

例題 5.2 公式 3.1〜3.4, 5.3 を用いて微分せよ．

(1) $y = x^3 \log x$ (2) $y = \dfrac{\log x}{x+1}$ (3) $y = \log(x^2+1)$

(4) $y = (\log x + 1)^4$

解 まず公式 3.1〜3.4 を用いてから公式 5.3 により微分する．

(1) 公式 3.2 より
$$y' = (x^3 \log x)' = (x^3)' \log x + x^3 (\log x)' = 3x^2 \log x + x^3 \dfrac{1}{x}$$
$$= 3x^2 \log x + x^2$$

(2) 公式 3.3 より
$$y' = \left(\dfrac{\log x}{x+1}\right)' = \dfrac{(\log x)'(x+1) - (\log x)(x+1)'}{(x+1)^2}$$
$$= \dfrac{\dfrac{1}{x}(x+1) - \log x}{(x+1)^2} = \dfrac{x+1 - x\log x}{x(x+1)^2}$$

(3) 公式 3.4 より
$$y' = \{\log(x^2+1)\}' = \dfrac{(x^2+1)'}{x^2+1} = \dfrac{2x}{x^2+1}$$

(4) 公式 3.4 より
$$y' = \{(\log x + 1)^4\}' = 4(\log x + 1)^3(\log x + 1)' = \dfrac{4(\log x + 1)^3}{x}$$

問 5.2 公式 3.1〜3.4, 5.3 を用いて微分せよ．

(1) $y = (x-1)\log(x+1)$ (2) $y = (\log x + 1)\log x$

(3) $y = \dfrac{\log x - 1}{x}$ (4) $y = \dfrac{x-1}{\log x + 1}$

(5) $y = \log(x^4 + x^2 - 1)$ (6) $y = \log(\sqrt{x} - 3)$

(7) $y = \dfrac{1}{(\log x - 5)^2}$ (8) $y = \sqrt{\log x + 2}$

5.5 対数微分法

積や商や指数の式で表された関数は，公式 5.1 により分解して微分する．

例 5 公式 5.1 を用いて微分する．
$$y = \log \sqrt{\dfrac{(x+1)^2(x^2+1)^3}{(x^3-1)^4}} = \log \left\{\dfrac{(x+1)^2(x^2+1)^3}{(x^3-1)^4}\right\}^{\frac{1}{2}}$$
$$= \log(x+1) + \dfrac{3}{2}\log(x^2+1) - 2\log(x^3-1)$$
$$y' = \{\log(x+1)\}' + \dfrac{3}{2}\{\log(x^2+1)\}' - 2\{\log(x^3-1)\}'$$

$$= \frac{(x+1)'}{x+1} + \frac{3}{2}\frac{(x^2+1)'}{x^2+1} - 2\frac{(x^3-1)'}{x^3-1} = \frac{1}{x+1} + \frac{3x}{x^2+1} - \frac{6x^2}{x^3-1}$$ ∎

対数 (log) を含まない式でも対数を利用すれば微分の計算が易しくなる．このときは次の方法がある．

> **公式 5.4　対数微分法**
> $$y = f(x)^l g(x)^m h(x)^n$$
> のとき，両辺に log を書いて公式 5.1 により右辺を整理すると
> $$\log y = \log\{f(x)^l g(x)^m h(x)^n\}$$
> $$= l\log f(x) + m\log g(x) + n\log h(x)$$
> 公式 3.4，5.3 を用いて両辺を微分すると
> $$\frac{y'}{y} = l\frac{f'(x)}{f(x)} + m\frac{g'(x)}{g(x)} + n\frac{h'(x)}{h(x)}$$
> $$y' = f(x)^l g(x)^m h(x)^n \left\{ l\frac{f'(x)}{f(x)} + m\frac{g'(x)}{g(x)} + n\frac{h'(x)}{h(x)} \right\}$$

[解説] log を書き，公式 5.1 により積や商や指数を分解して微分する．

例 6　公式 5.4 を用いて微分する．
$$y = \sqrt{\frac{(x+1)^2(x^2+1)^3}{(x^3-1)^4}}$$

両辺に log を書いて公式 5.1 により右辺を整理すると，例 5 より
$$\log y = \log\sqrt{\frac{(x+1)^2(x^2+1)^3}{(x^3-1)^4}} = \log\left\{\frac{(x+1)^2(x^2+1)^3}{(x^3-1)^4}\right\}^{\frac{1}{2}}$$
$$= \log(x+1) + \frac{3}{2}\log(x^2+1) - 2\log(x^3-1)$$

公式 3.4，5.3 を用いて両辺を微分すると
$$\frac{y'}{y} = \{\log(x+1)\}' + \frac{3}{2}\{\log(x^2+1)\}' - 2\{\log(x^3-1)\}'$$
$$= \frac{(x+1)'}{x+1} + \frac{3}{2}\frac{(x^2+1)'}{x^2+1} - 2\frac{(x^3-1)'}{x^3-1}$$
$$= \frac{1}{x+1} + \frac{3x}{x^2+1} - \frac{6x^2}{x^3-1}$$
$$y' = \sqrt{\frac{(x+1)^2(x^2+1)^3}{(x^3-1)^4}}\left(\frac{1}{x+1} + \frac{3x}{x^2+1} - \frac{6x^2}{x^3-1}\right)$$ ∎

練習問題 5

1. 公式 3.1〜3.4, 5.3 を用いて微分せよ．

(1) $y = (x^2 - x) \log (x-1)$

(2) $y = (\log x + 3)(\log x - 2)$

(3) $y = \dfrac{x^2+2}{\log x}$

(4) $y = \dfrac{\log x - 2}{\log x + 2}$

(5) $y = \log \left(x + \dfrac{1}{x}\right)$

(6) $y = \log (x + \sqrt{x^2 - 1})$

(7) $y = (\log x)^2$

(8) $y = \dfrac{1}{\sqrt{\log x - 1}}$

(9) $y = \sqrt{\log x + 2} \sqrt{\log x - 2}$

(10) $y = \sqrt{\dfrac{\log x - 1}{\log x + 1}}$

(11) $y = \log (x^2 + 1)^2 \sqrt{x+1}$

(12) $y = \log \sqrt{\dfrac{x+1}{(x-1)(x+2)}}$

(13) $y = \log \dfrac{(x+1)^3 (x^2+1)^4}{(x-2)^2}$

(14) $y = \log (x+1)^x$

(15) $y = \log \sqrt{x}^{\sqrt{x}}$

(16) $y = \log_x (x-1)$

2. 公式 5.4 を用いて微分せよ．

(1) $y = (x+2)^3 (x^2+1)^2 \sqrt{x+1}$

(2) $y = \sqrt{\dfrac{x-3}{(x^2+4)(x-5)}}$

(3) $y = \dfrac{(x^2+1)^5}{(x-1)^4 (x-2)^3}$

(4) $y = \dfrac{\sqrt{x+1} \sqrt[3]{x^2+1}}{\sqrt[4]{x^3 - x + 1}}$

(5) $y = \dfrac{1}{x^x}$

(6) $y = \sqrt{x^x}$

解答

問 5.1 (1) $\dfrac{1}{x-1}$ (2) $\dfrac{1}{x+2}$ (3) $-\dfrac{1}{x+3}$

(4) $\dfrac{1}{x-4} + \dfrac{1}{x+5}$ (5) $\dfrac{1}{x+7} - \dfrac{1}{x-6}$ (6) $\dfrac{7}{x+4}$

(7) $\dfrac{4}{3(x-5)}$ (8) $-\dfrac{3}{2(x+6)}$ (9) $-\dfrac{1}{(x-7)\log 2}$

(10) $\dfrac{1}{2(x-8)\log 3}$

問 5.2 (1) $\log (x+1) + \dfrac{x-1}{x+1}$ (2) $\dfrac{2\log x + 1}{x}$ (3) $\dfrac{2 - \log x}{x^2}$

(4) $\dfrac{x \log x + 1}{x(\log x + 1)^2}$ (5) $\dfrac{4x^3 + 2x}{x^4 + x^2 - 1}$ (6) $\dfrac{1}{2\sqrt{x}(\sqrt{x} - 3)}$

(7) $-\dfrac{2}{x(\log x - 5)^3}$ (8) $\dfrac{1}{2x\sqrt{\log x + 2}}$

練習問題 5

1. (1) $(2x-1)\log(x-1)+x$ (2) $\dfrac{2\log x+1}{x}$

(3) $\dfrac{2x^2\log x-x^2-2}{x(\log x)^2}$ (4) $\dfrac{4}{x(\log x+2)^2}$

(5) $\dfrac{x^2-1}{x(x^2+1)}$ (6) $\dfrac{1}{\sqrt{x^2-1}}$

(7) $\dfrac{2\log x}{x}$ (8) $-\dfrac{1}{2x\sqrt{\log x-1}^3}$

(9) $\dfrac{\log x}{x\sqrt{\log x+2}\sqrt{\log x-2}}$ (10) $\dfrac{1}{x\sqrt{\log x-1}\sqrt{\log x+1}^3}$

(11) $\dfrac{4x}{x^2+1}+\dfrac{1}{2(x+1)}$ (12) $\dfrac{1}{2}\left(\dfrac{1}{x+1}-\dfrac{1}{x-1}-\dfrac{1}{x+2}\right)$

(13) $\dfrac{3}{x+1}+\dfrac{8x}{x^2+1}-\dfrac{2}{x-2}$ (14) $\log(x+1)+\dfrac{x}{x+1}$

(15) $\dfrac{\log x+2}{4\sqrt{x}}$ (16) $\dfrac{x\log x-(x-1)\log(x-1)}{x(x-1)(\log x)^2}$

2. (1) $(x+2)^3(x^2+1)^2\sqrt{x+1}\left\{\dfrac{3}{x+2}+\dfrac{4x}{x^2+1}+\dfrac{1}{2(x+1)}\right\}$

(2) $\sqrt{\dfrac{x-3}{(x^2+4)(x-5)}}\left\{\dfrac{1}{2(x-3)}-\dfrac{x}{x^2+4}-\dfrac{1}{2(x-5)}\right\}$

(3) $\dfrac{(x^2+1)^5}{(x-1)^4(x-2)^3}\left(\dfrac{10x}{x^2+1}-\dfrac{4}{x-1}-\dfrac{3}{x-2}\right)$

(4) $\dfrac{\sqrt{x+1}\sqrt[3]{x^2+1}}{\sqrt[4]{x^3-x+1}}\left\{\dfrac{1}{2(x+1)}+\dfrac{2x}{3(x^2+1)}-\dfrac{3x^2-1}{4(x^3-x+1)}\right\}$

(5) $-\dfrac{\log x+1}{x^x}$ (6) $\dfrac{1}{2}\sqrt{x^x}(\log x+1)$

§6 三角関数の微分

円の中心角と直角三角形から関数を作る．ここでは三角関数を導入して性質を調べ，微分する．

6.1 弧度（ラジアン）と一般角

1周を360°とする角の測り方とは別の方法を導入する．

単位円（半径1の円）周上の1点をPとし，点A$(1,0)$から円周に沿って反時計回り（左回り）に測った弧 $\overset{\frown}{AP}$ の長さで角 θ を表す．単位円周の長さは $2\pi \times$ 半径 $= 2\pi \times 1 = 2\pi$ なので次が成り立つ．

$$360° = 2\pi, \quad 180° = \pi, \quad 90° = \frac{\pi}{2},$$

$$60° = \frac{\pi}{3}, \quad 45° = \frac{\pi}{4}, \quad 30° = \frac{\pi}{6}$$

すなわち1周 $= 360° = 2\pi$ あるいは半周 $= 180° = \pi$ をもとにして測った角である．単位をつけて 2π **ラジアン**(rad) または 2π **弧度**ともいうが，普通は略して単に 2π という．さらに負の角（時計回りに測った角，右回りに測った角）や1周（$360° = 2\pi$）よりも大きな角を考える．これらを**一般角**という．

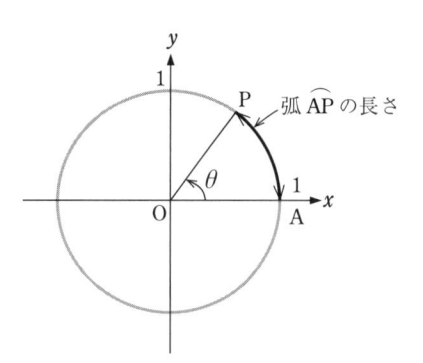

図 **6.1** 単位円の弧の長さと弧度．

例1 度と弧度の関係を示す．

表 **6.1** 度と弧度の関係．

度	0°	30°	45°	60°	90°	120°	135°	150°	180°
弧度	0	$\frac{\pi}{6}$	$\frac{\pi}{4}$	$\frac{\pi}{3}$	$\frac{\pi}{2}$	$\frac{2}{3}\pi$	$\frac{3}{4}\pi$	$\frac{5}{6}\pi$	π
度	180°	210°	225°	240°	270°	300°	315°	330°	360°
弧度	π	$\frac{7}{6}\pi$	$\frac{5}{4}\pi$	$\frac{4}{3}\pi$	$\frac{3}{2}\pi$	$\frac{5}{3}\pi$	$\frac{7}{4}\pi$	$\frac{11}{6}\pi$	2π

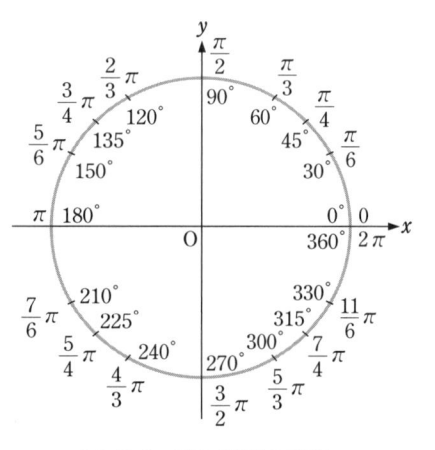

図 **6.2** 度と弧度の関係．

6.2 三角関数

円と直角三角形を使って三角関数を導入する．

半径 r の円周上の 1 点を $P(a,b)$ とし，$\angle AOP = \theta$ とする．直角三角形 OPQ で角 θ と辺の比（三角比）から 6 種類の**三角関数**を作る．

公式 6.1　三角関数の関係

(1) $\sin\theta = \dfrac{b}{r}$

(2) $\cos\theta = \dfrac{a}{r}$

(3) $\tan\theta = \dfrac{b}{a} = \dfrac{\sin\theta}{\cos\theta}$

(4) $\cot\theta = \dfrac{1}{\tan\theta} = \dfrac{\cos\theta}{\sin\theta}$

(5) $\sec\theta = \dfrac{1}{\cos\theta}$

(6) $\operatorname{cosec}\theta = \dfrac{1}{\sin\theta}$

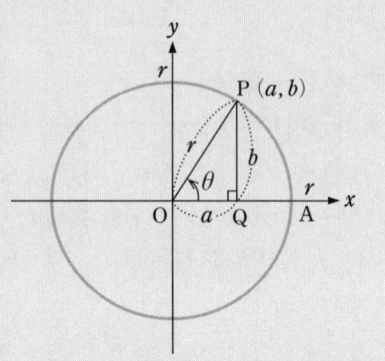

図 6.3　円内の直角三角形と三角関数．

[注意1] 直角三角形の辺の比と三角関数の関係は sin の s, cos の c, tan の t の書き順によって覚える（図 6.4）．

[注意2] 三角関数では指数を次のように書く．

$$(\sin\theta)^2 = \sin^2\theta, \quad (\cos\theta)^3 = \cos^3\theta, \quad (\tan\theta)^4 = \tan^4\theta$$

ただし，負の指数は使わない．

$$\dfrac{1}{\sin\theta} \neq \sin^{-1}\theta, \quad \dfrac{1}{\cos^2\theta} \neq \cos^{-2}\theta, \quad \dfrac{1}{\tan^3\theta} \neq \tan^{-3}\theta$$

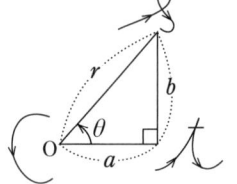

図 6.4　直角三角形の辺の比と三角関数．

負の角とピタゴラスの定理から得られる公式をまとめておく．

公式 6.2　負の角とピタゴラスの定理

(1) $\sin(-\theta) = -\sin\theta$　　(2) $\cos(-\theta) = \cos\theta$

(3) $\tan(-\theta) = -\tan\theta$　　(4) $\cos^2\theta + \sin^2\theta = 1$

(5) $1 + \tan^2\theta = \sec^2\theta$　　(6) $\cot^2\theta + 1 = \operatorname{cosec}^2\theta$

例 2 三角関数の表とグラフをかく．

$$y = \sin x, \quad y = \cos x, \quad y = \tan x$$

表 6.2 三角関数の値．直角三角形を用いて計算する．ただし，第 2, 3, 4 象限では三角形の底辺や高さを負の数で表す．

x 角	0	$\frac{\pi}{6}$	$\frac{\pi}{4}$	$\frac{\pi}{3}$	$\frac{\pi}{2}$	$\frac{2}{3}\pi$	$\frac{3}{4}\pi$	$\frac{5}{6}\pi$	π	$\frac{7}{6}\pi$	$\frac{5}{4}\pi$	$\frac{4}{3}\pi$	$\frac{3}{2}\pi$	$\frac{5}{3}\pi$	$\frac{7}{4}\pi$	$\frac{11}{6}\pi$	2π
$\sin x$ 高さ/斜辺	0	$\frac{1}{2}$	$\frac{1}{\sqrt{2}}$	$\frac{\sqrt{3}}{2}$	1	$\frac{\sqrt{3}}{2}$	$\frac{1}{\sqrt{2}}$	$\frac{1}{2}$	0	$-\frac{1}{2}$	$-\frac{1}{\sqrt{2}}$	$-\frac{\sqrt{3}}{2}$	-1	$-\frac{\sqrt{3}}{2}$	$-\frac{1}{\sqrt{2}}$	$-\frac{1}{2}$	0
$\cos x$ 底辺/斜辺	1	$\frac{\sqrt{3}}{2}$	$\frac{1}{\sqrt{2}}$	$\frac{1}{2}$	0	$-\frac{1}{2}$	$-\frac{1}{\sqrt{2}}$	$-\frac{\sqrt{3}}{2}$	-1	$-\frac{\sqrt{3}}{2}$	$-\frac{1}{\sqrt{2}}$	$-\frac{1}{2}$	0	$\frac{1}{2}$	$\frac{1}{\sqrt{2}}$	$\frac{\sqrt{3}}{2}$	1
$\tan x$ 高さ/底辺	0	$\frac{1}{\sqrt{3}}$	1	$\sqrt{3}$	$\pm\infty$	$-\sqrt{3}$	-1	$-\frac{1}{\sqrt{3}}$	0	$\frac{1}{\sqrt{3}}$	1	$\sqrt{3}$	$\pm\infty$	$-\sqrt{3}$	-1	$-\frac{1}{\sqrt{3}}$	0

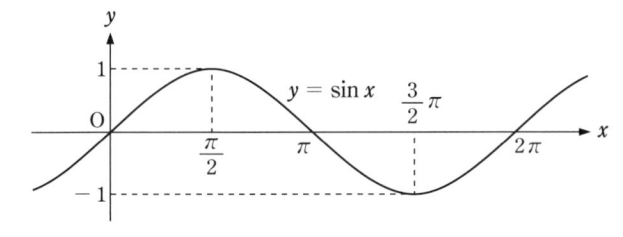

図 6.5 $y = \sin x$ のグラフ．

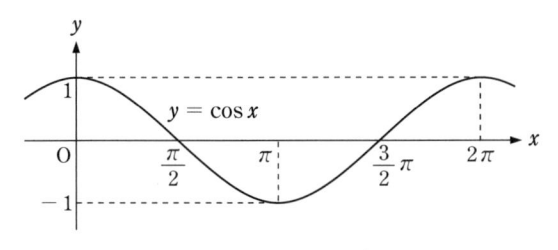

図 6.6 $y = \cos x$ のグラフ．

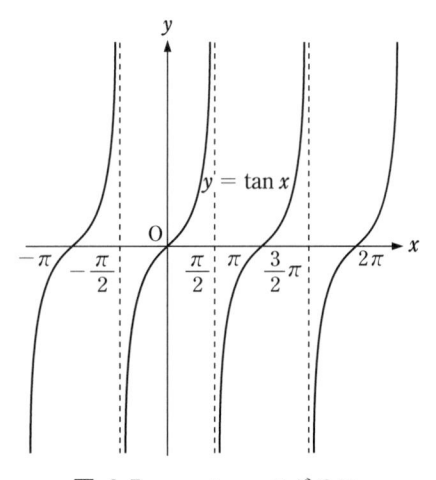

図 6.7 $y = \tan x$ のグラフ．

三角関数の性質をまとめておく．

> **公式 6.3 三角関数の性質**
> 三角関数 $y=\sin x$, $y=\cos x$, $y=\tan x$ について次が成り立つ．
> (1) $-1 \leqq \sin x \leqq 1$, $-1 \leqq \cos x \leqq 1$, $-\infty < \tan x < \infty$.
> (2) $\sin x$ と $\cos x$ は連続関数である．$\tan x$ は $x \neq \pm\dfrac{\pi}{2}$, $\pm\dfrac{3}{2}\pi$, $\pm\dfrac{5}{2}\pi$, … で連続である．
> (3) $\sin x$ と $\cos x$ は周期 2π, $\tan x$ は周期 π になる．すなわち
> $$\sin(x+2\pi)=\sin x,\quad \cos(x+2\pi)=\cos x,\quad \tan(x+\pi)=\tan x$$
> (4) $y=\tan x$ のグラフでは直線 $x=\pm\dfrac{\pi}{2}$, $\pm\dfrac{3}{2}\pi$, $\pm\dfrac{5}{2}\pi$, … が漸近線になる．

● 加法定理

三角関数の加法定理とそれから導かれる公式を挙げる．

> **公式 6.4 加法定理**
> (1) $\sin(\alpha+\beta)=\sin\alpha\cos\beta+\cos\alpha\sin\beta$
> (2) $\cos(\alpha+\beta)=\cos\alpha\cos\beta-\sin\alpha\sin\beta$

> **公式 6.5 加法定理から導かれる公式**
> （Ⅰ） 積和公式
> (1) $\sin\alpha\cos\beta=\dfrac{1}{2}\{\sin(\alpha+\beta)+\sin(\alpha-\beta)\}$
> (2) $\cos\alpha\cos\beta=\dfrac{1}{2}\{\cos(\alpha+\beta)+\cos(\alpha-\beta)\}$
> (3) $\sin\alpha\sin\beta=\dfrac{1}{2}\{\cos(\alpha-\beta)-\cos(\alpha+\beta)\}$
>
> （Ⅱ） 倍角公式
> (1) $\sin 2\alpha = 2\sin\alpha\cos\alpha$
> (2) $\cos 2\alpha = \cos^2\alpha - \sin^2\alpha = 1-2\sin^2\alpha = 2\cos^2\alpha - 1$
>
> （Ⅲ） 半角公式
> (1) $\sin^2\alpha = \dfrac{1}{2}(1-\cos 2\alpha)$
> (2) $\cos^2\alpha = \dfrac{1}{2}(1+\cos 2\alpha)$

6.3 三角関数の微分

三角関数を微分すると，次が成り立つ．

公式 6.6 三角関数の微分
(1) $(\sin x)' = \cos x$　　(2) $(\cos x)' = -\sin x$

(3) $(\tan x)' = \left(\dfrac{\sin x}{\cos x}\right)' = \sec^2 x = \dfrac{1}{\cos^2 x}$

(4) $(\cot x)' = \left(\dfrac{1}{\tan x}\right)' = \left(\dfrac{\cos x}{\sin x}\right)' = -\operatorname{cosec}^2 x = -\dfrac{1}{\sin^2 x}$

[解説] 三角関数を微分すると $\sin x$ と $\cos x$ は入れ代わる．他の三角関数は $\sin x$ と $\cos x$ の式で表せる．

例題 6.1 $\sin ax$ や $\cos ax$ などの式にしてから，公式 3.4, 6.6 を用いて微分せよ．

(1) $y = \dfrac{1}{\operatorname{cosec} 2x}$　　(2) $y = \dfrac{1}{\sec 3x}$　　(3) $y = \dfrac{\sin 4x}{\cos 4x}$

(4) $y = \dfrac{\cos 5x}{\sin 5x}$

[解] 公式 6.1 を用いて三角関数を計算してから微分する．

(1) $y = \dfrac{1}{\operatorname{cosec} 2x} = \sin 2x, \quad y' = (\sin 2x)' = (\cos 2x)(2x)' = 2\cos 2x$

(2) $y = \dfrac{1}{\sec 3x} = \cos 3x, \quad y' = (\cos 3x)' = (-\sin 3x)(3x)' = -3\sin 3x$

(3) $y = \dfrac{\sin 4x}{\cos 4x} = \tan 4x, \quad y' = (\tan 4x)' = (\sec^2 4x)(4x)' = 4\sec^2 4x$

(4) $y = \dfrac{\cos 5x}{\sin 5x} = \cot 5x$

$y' = (\cot 5x)' = (-\operatorname{cosec}^2 5x)(5x)' = -5\operatorname{cosec}^2 5x$

問 6.1 $\sin ax$ や $\cos ax$ などの式にしてから，公式 3.4, 6.6 を用いて微分せよ．

(1) $y = \tan 2x \cos 2x$　　(2) $y = \cot \dfrac{x}{2} \sin \dfrac{x}{2}$

(3) $y = \sin^2 3x \operatorname{cosec} 3x$　　(4) $y = \sec \dfrac{x}{3} \cos^2 \dfrac{x}{3}$

(5) $y = \tan^2 \dfrac{x}{4} \cot \dfrac{x}{4}$　　(6) $y = \dfrac{\tan 4x}{\sec 4x}$

(7) $y = \dfrac{\cot 5x}{\operatorname{cosec} 5x}$　　(8) $y = \dfrac{\sec \dfrac{x}{5}}{\operatorname{cosec} \dfrac{x}{5}}$

(9) $y = \dfrac{1}{\sin 6x \sec 6x}$ (10) $y = \dfrac{1}{\operatorname{cosec}^2 7x} + \dfrac{1}{\sec^2 7x}$

例題 6.2 公式 3.1〜3.4, 6.6 を用いて微分せよ.

(1) $y = x^4 \cos x$ (2) $y = \dfrac{\sin x}{x-1}$ (3) $y = \tan(x^2+3)$

(4) $y = (\sin x - 2)^4$ (5) $y = \log(\tan x)$

解 まず公式 3.1〜3.4 を用いてから公式 6.6 により微分する.

(1) 公式 3.2 より
$$y' = (x^4 \cos x)' = (x^4)' \cos x + x^4 (\cos x)' = 4x^3 \cos x - x^4 \sin x$$

(2) 公式 3.3 より
$$y' = \left(\dfrac{\sin x}{x-1}\right)' = \dfrac{(\sin x)'(x-1) - \sin x (x-1)'}{(x-1)^2} = \dfrac{(x-1)\cos x - \sin x}{(x-1)^2}$$

(3) 公式 3.4 より
$$y' = \{\tan(x^2+3)\}' = \sec^2(x^2+3)(x^2+3)' = 2x \sec^2(x^2+3)$$

(4) 公式 3.4 より
$$y' = \{(\sin x - 2)^4\}' = 4(\sin x - 2)^3 (\sin x - 2)' = 4(\sin x - 2)^3 \cos x$$

(5) 公式 3.4, 5.3 より
$$y' = \{\log(\tan x)\}' = \dfrac{(\tan x)'}{\tan x} = \dfrac{\sec^2 x}{\tan x}$$

問 6.2 公式 3.1〜3.4, 6.6 を用いて微分せよ.

(1) $y = (3x+1) \sin 2x$ (2) $y = \cos 6x \tan \dfrac{x}{2}$

(3) $y = \dfrac{\cos 4x}{x+1}$ (4) $y = \dfrac{x^2}{\tan x}$

(5) $y = \sin(x^2+x-1)$ (6) $y = \tan(\sqrt{x}-1)$

(7) $y = \dfrac{1}{(\cos 3x + 1)^2}$ (8) $y = \sqrt{\tan x + \cot x}$

(9) $y = e^{\cos x}$ (10) $y = \sin(\log x)$

注意 他の三角関数は $\sin x$ や $\cos x$ の式に直して微分する.

(1) $(\sec x)' = \left(\dfrac{1}{\cos x}\right)' = -\dfrac{(\cos x)'}{\cos^2 x} = \dfrac{\sin x}{\cos^2 x}$

(2) $(\operatorname{cosec} x)' = \left(\dfrac{1}{\sin x}\right)' = -\dfrac{(\sin x)'}{\sin^2 x} = -\dfrac{\cos x}{\sin^2 x}$

練習問題 6

1. 公式 3.1〜3.4，6.6 を用いて微分せよ．

(1) $y = (x^2-x)\cos 2x$ (2) $y = (x^2+1)\cot \dfrac{x}{3}$

(3) $y = \sin 4x \cos 5x$ (4) $y = \tan 2x \cot 3x$

(5) $y = \dfrac{\tan 3x}{x}$ (6) $y = \dfrac{\sin 2x}{\sqrt{x-1}}$ (7) $y = \dfrac{1+x}{1+\cos x}$

(8) $y = \dfrac{x}{\sin x - \cos x}$ (9) $y = \dfrac{1-\cos x}{1+\cos x}$

(10) $y = \dfrac{1+\cos x}{1-\sin x}$ (11) $y = \cos(x^3+x)$

(12) $y = \cot\left(x+\dfrac{1}{x}\right)$ (13) $y = \sin \dfrac{x}{x+1}$

(14) $y = \cos^2 4x$ (15) $y = \sqrt{\tan 3x}$

(16) $y = \sqrt{1-\cos x}$ (17) $y = \sqrt{\sin x \cos x}$

(18) $y = \sqrt{\dfrac{1+\sin x}{1-\sin x}}$ (19) $y = e^{\tan x}$ (20) $y = \sin e^x$

(21) $y = \log(\cos x)$ (22) $y = \tan(\log x)$

解答

問 6.1 (1) $2\cos 2x$ (2) $-\dfrac{1}{2}\sin \dfrac{x}{2}$ (3) $3\cos 3x$

(4) $-\dfrac{1}{3}\sin \dfrac{x}{3}$ (5) $\dfrac{1}{4}\sec^2 \dfrac{x}{4}$ (6) $4\cos 4x$

(7) $-5\sin 5x$ (8) $\dfrac{1}{5}\sec^2 \dfrac{x}{5}$ (9) $-6\operatorname{cosec}^2 6x$

(10) 0

問 6.2 (1) $3\sin 2x + 2(3x+1)\cos 2x$ (2) $-6\sin 6x \tan \dfrac{x}{2} + \dfrac{1}{2}\cos 6x \sec^2 \dfrac{x}{2}$

(3) $\dfrac{-4(x+1)\sin 4x - \cos 4x}{(x+1)^2}$ (4) $\dfrac{2x\tan x - x^2 \sec^2 x}{\tan^2 x}$

(5) $(2x+1)\cos(x^2+x-1)$ (6) $\dfrac{\sec^2(\sqrt{x}-1)}{2\sqrt{x}}$

(7) $\dfrac{6\sin 3x}{(\cos 3x+1)^3}$ (8) $\dfrac{\sec^2 x - \operatorname{cosec}^2 x}{2\sqrt{\tan x + \cot x}}$

(9) $-e^{\cos x}\sin x$ (10) $\dfrac{\cos(\log x)}{x}$

練習問題 6

1. (1) $(2x-1)\cos 2x - 2(x^2-x)\sin 2x$ (2) $2x\cot\dfrac{x}{3} - \dfrac{1}{3}(x^2+1)\operatorname{cosec}^2 \dfrac{x}{3}$

(3) $4\cos 4x \cos 5x - 5\sin 4x \sin 5x$

(4) $2\sec^2 2x \cot 3x - 3\tan 2x \operatorname{cosec}^2 3x$

(5) $\dfrac{3x\sec^2 3x - \tan 3x}{x^2}$

(6) $\dfrac{4(x-1)\cos 2x - \sin 2x}{2\sqrt{x-1}^3}$

(7) $\dfrac{1+\cos x + (1+x)\sin x}{(1+\cos x)^2}$

(8) $\dfrac{\sin x - \cos x - x(\cos x + \sin x)}{(\sin x - \cos x)^2}$

(9) $\dfrac{2\sin x}{(1+\cos x)^2}$

(10) $\dfrac{1-\sin x + \cos x}{(1-\sin x)^2}$

(11) $-(3x^2+1)\sin(x^3+x)$

(12) $\left(\dfrac{1}{x^2}-1\right)\operatorname{cosec}^2\left(x+\dfrac{1}{x}\right)$

(13) $\dfrac{1}{(x+1)^2}\cos\dfrac{x}{x+1}$

(14) $-8\cos 4x \sin 4x$

(15) $\dfrac{3\sec^2 3x}{2\sqrt{\tan 3x}}$

(16) $\dfrac{\sin x}{2\sqrt{1-\cos x}}$

(17) $\dfrac{\cos^2 x - \sin^2 x}{2\sqrt{\sin x \cos x}}$

(18) $\dfrac{\cos x}{\sqrt{1+\sin x}\sqrt{1-\sin x}^3}$

(19) $e^{\tan x}\sec^2 x$

(20) $e^x \cos e^x$

(21) $-\dfrac{\sin x}{\cos x} = -\tan x$

(22) $\dfrac{\sec^2(\log x)}{x}$

§7 逆三角関数の微分

三角関数から新しく逆三角関数を作る．ここでは逆関数と逆三角関数を導入して性質を調べ，微分する．

7.1 逆関数

逆関数を導入して記号や性質を見ていく．

関数 $y = f(x)$ の独立変数 x と従属変数 y の役割を交換して $x = g(y)$ と書く．これを関数 $f(x)$ の**逆関数**といい，$x = f^{-1}(y)$ と表す．変数 x と y を交換して $y = f^{-1}(x)$ とも書く．

例1 関数から逆関数を作る．

(1) $y = f(x) = 2x + 2$

$2x = y - 2$

$x = f^{-1}(y) = \dfrac{1}{2}y - 1$

変数 x と y を交換して

$y = f^{-1}(x) = \dfrac{1}{2}x - 1$

関数 $y = 2x + 2$ のグラフと直線 $y = x$ に関して対称になる．

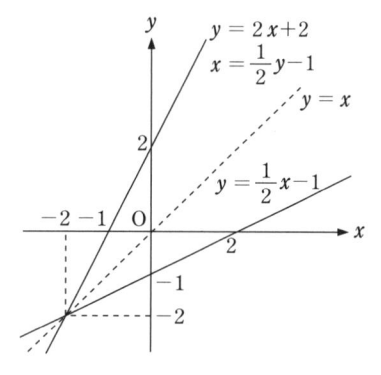

図 7.1 $y = 2x + 2$ とその逆関数のグラフ．

(2) $y = f(x) = x^2 \ (x \geqq 0)$

$x = f^{-1}(y) = \sqrt{y}$

変数 x と y を交換して

$y = f^{-1}(x) = \sqrt{x}$

関数 $y = x^2 \ (x \geqq 0)$ のグラフと直線 $y = x$ に関して対称になる．

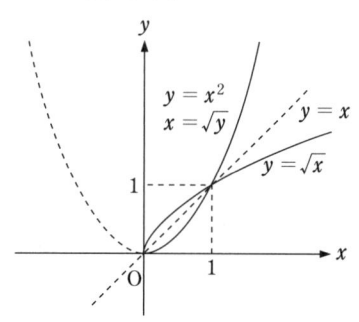

図 7.2 $y = x^2 \ (x \geqq 0)$ とその逆関数のグラフ．

[注意] 変数 x と y を交換するとグラフ上の点の x 座標と y 座標が入れかわる．そのため，関数と逆関数のグラフは直線 $y = x$ に関して対称になる．これより §5 の対数関数は指数関数の逆関数である．

7.2 逆三角関数

三角関数の逆関数とは何か考える．まず直角三角形で角と辺の比の関係から見ていく．

三角関数では直角三角形で角 x から辺の比 y を求める．

(1) $\quad x \longrightarrow \sin x = \dfrac{b}{r} = y$

(2) $\quad x \longrightarrow \cos x = \dfrac{a}{r} = y$

(3) $\quad x \longrightarrow \tan x = \dfrac{b}{a} = y$

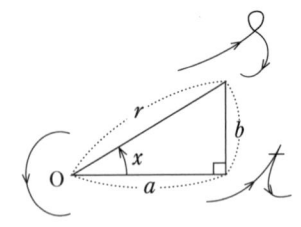

図 7.3 直角三角形の角 x と辺の比 $\dfrac{b}{r},\dfrac{a}{r},\dfrac{b}{a}$．

これとは反対に**逆三角関数**では直角三角形で辺の比 y から角 x を求める．

(1) $\quad y = \dfrac{b}{r} = \sin x \longrightarrow x$

(2) $\quad y = \dfrac{a}{r} = \cos x \longrightarrow x$

(3) $\quad y = \dfrac{b}{a} = \tan x \longrightarrow x$

例 2 直角三角形を用いて辺の比から角 x を求める．

(1) $\sin x = \dfrac{高さ}{斜辺} = \dfrac{1}{2} \quad \left(-\dfrac{\pi}{2} \leqq x \leqq \dfrac{\pi}{2}\right)$ ならば

  より $x = \dfrac{\pi}{6}$

(2) $\cos x = \dfrac{底辺}{斜辺} = \dfrac{1}{\sqrt{2}} \quad (0 \leqq x \leqq \pi)$ ならば

  より $x = \dfrac{\pi}{4}$

(3) $\tan x = \dfrac{高さ}{底辺} = \sqrt{3} \quad \left(-\dfrac{\pi}{2} < x < \dfrac{\pi}{2}\right)$ ならば

  より $x = \dfrac{\pi}{3}$

(4) $\sin x = \dfrac{高さ}{斜辺} = -\dfrac{1}{\sqrt{2}} \quad \left(-\dfrac{\pi}{2} \leqq x \leqq \dfrac{\pi}{2}\right)$ ならば

  より $x = -\dfrac{\pi}{4}$

● 逆三角関数の意味と記号

逆三角関数を表す記号を導入する．

直角三角形の底辺を a，高さを b，斜辺を r とする．

(1) 辺の比 $y = \dfrac{b}{r}$ ($-1 \leq y \leq 1$) に対して $y = \sin x$ となる角 x を $\sin^{-1} y$ または $\arcsin y$ と表す．すなわち

$$y = \sin x \quad \text{ならば} \quad \sin^{-1} y = \arcsin y = x$$

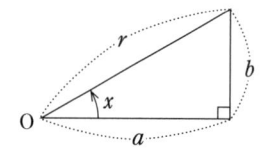

図 7.4 直角三角形の角 x と辺の比 $\dfrac{b}{r}, \dfrac{a}{r}, \dfrac{b}{a}$.

(2) 辺の比 $y = \dfrac{a}{r}$ ($-1 \leq y \leq 1$) に対して $y = \cos x$ となる角 x を $\cos^{-1} y$ または $\arccos y$ と表す．すなわち

$$y = \cos x \quad \text{ならば} \quad \cos^{-1} y = \arccos y = x$$

(3) 辺の比 $y = \dfrac{b}{a}$ ($-\infty < y < \infty$) に対して $y = \tan x$ となる角 x を $\tan^{-1} y$ または $\arctan y$ と表す．すなわち

$$y = \tan x \quad \text{ならば} \quad \tan^{-1} y = \arctan y = x$$

[注意] 三角関数と区別する．

$$\sin^{-1} x \neq \frac{1}{\sin x}, \quad \cos^{-1} x \neq \frac{1}{\cos x}, \quad \tan^{-1} x \neq \frac{1}{\tan x}$$

[例 3] 逆三角関数の記号を用いて表す．

(1) $\sin^{-1} \dfrac{1}{2} = \dfrac{\pi}{6}$ 　　(2) $\cos^{-1} \dfrac{1}{\sqrt{2}} = \dfrac{\pi}{4}$

(3) $\tan^{-1} \sqrt{3} = \dfrac{\pi}{3}$ 　　(4) $\sin^{-1} \left(-\dfrac{1}{\sqrt{2}}\right) = -\dfrac{\pi}{4}$

[注意] 実は角は 1 つに決まらない．

(1) $\dfrac{1}{2} = \sin \dfrac{\pi}{6} = \sin \dfrac{5}{6}\pi = \sin \dfrac{13}{6}\pi = \cdots$ より

$$\sin^{-1} \frac{1}{2} = \frac{\pi}{6}, \frac{5}{6}\pi, \frac{13}{6}\pi, \cdots \quad (\text{図 7.5})$$

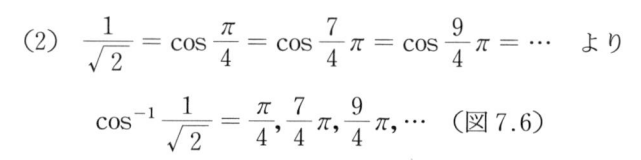

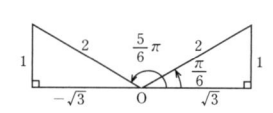

図 7.5 辺の比と角．

(2) $\dfrac{1}{\sqrt{2}} = \cos \dfrac{\pi}{4} = \cos \dfrac{7}{4}\pi = \cos \dfrac{9}{4}\pi = \cdots$ より

$$\cos^{-1} \frac{1}{\sqrt{2}} = \frac{\pi}{4}, \frac{7}{4}\pi, \frac{9}{4}\pi, \cdots \quad (\text{図 7.6})$$

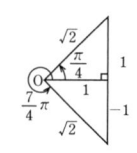

図 7.6 辺の比と角．

(3) $\sqrt{3} = \tan \dfrac{\pi}{3} = \tan \dfrac{4}{3}\pi = \tan \dfrac{7}{3}\pi = \cdots$ より

$$\tan^{-1} \sqrt{3} = \frac{\pi}{3}, \frac{4}{3}\pi, \frac{7}{3}\pi, \cdots \quad (\text{図 7.7})$$

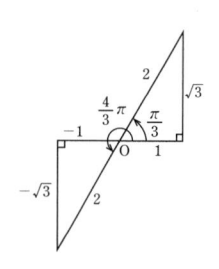

図 7.7 辺の比と角．

7.3 逆三角関数と主値

逆三角関数の主値を導入して性質を見ていく．

各関数の値（角）を制限して1つに決める．これを**主値**という．

(1) $y = \sin^{-1} x$

関数 $\sin^{-1} x$ の値（角）を $-\dfrac{\pi}{2} \leq \sin^{-1} x \leq \dfrac{\pi}{2}$ に制限して主値といい，$\mathrm{Sin}^{-1} x$ とも書く．

(2) $y = \cos^{-1} x$

関数 $\cos^{-1} x$ の値（角）を $0 \leq \cos^{-1} x \leq \pi$ に制限して主値といい，$\mathrm{Cos}^{-1} x$ とも書く．

(3) $y = \tan^{-1} x$

関数 $\tan^{-1} x$ の値（角）を $-\dfrac{\pi}{2} < \tan^{-1} x < \dfrac{\pi}{2}$ に制限して主値といい，$\mathrm{Tan}^{-1} x$ とも書く．

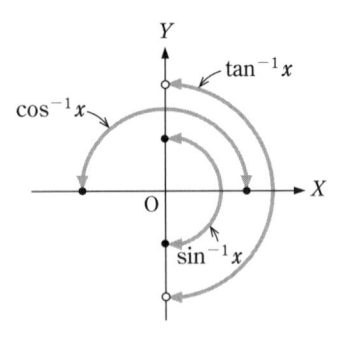

図 **7.8** 逆三角関数の主値の範囲．

例 4 逆三角関数の表とグラフをかく．

(1) $y = \sin^{-1} x$

表 **7.1** $\sin^{-1} x$ の値．直角三角形を用いて角を求める．ただし，第4象限では三角形の高さを負の数で表す．

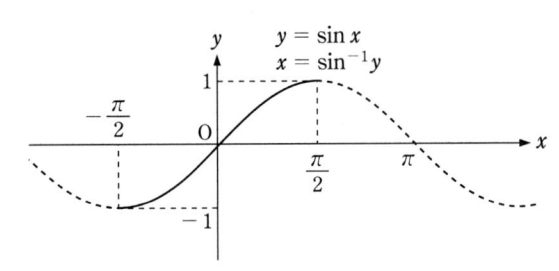

x 高さ/斜辺	-1	$-\dfrac{\sqrt{3}}{2}$	$-\dfrac{1}{\sqrt{2}}$	$-\dfrac{1}{2}$	0	$\dfrac{1}{2}$	$\dfrac{1}{\sqrt{2}}$	$\dfrac{\sqrt{3}}{2}$	1
三角形									
$\sin^{-1} x$ 角	$-\dfrac{\pi}{2}$	$-\dfrac{\pi}{3}$	$-\dfrac{\pi}{4}$	$-\dfrac{\pi}{6}$	0	$\dfrac{\pi}{6}$	$\dfrac{\pi}{4}$	$\dfrac{\pi}{3}$	$\dfrac{\pi}{2}$

図 **7.9** $y = \sin x$, $x = \sin^{-1} y$ のグラフ．破線は主値以外を表す．

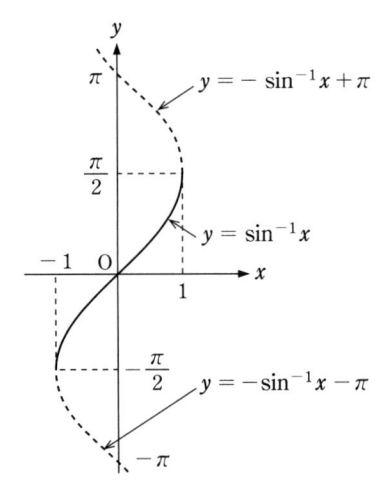

図 **7.10** $y = \sin^{-1} x$ のグラフ．破線は主値以外を表す．

(2) $y = \cos^{-1} x$

表 7.2 $\cos^{-1} x$ の値. 直角三角形を用いて角を求める.
ただし, 第2象限では三角形の底辺を負の数で表す.

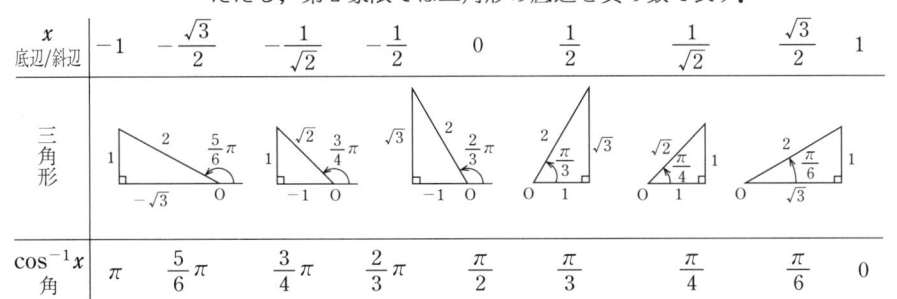

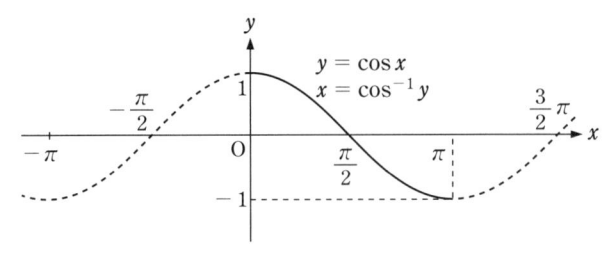

x 底辺/斜辺	-1	$-\dfrac{\sqrt{3}}{2}$	$-\dfrac{1}{\sqrt{2}}$	$-\dfrac{1}{2}$	0	$\dfrac{1}{2}$	$\dfrac{1}{\sqrt{2}}$	$\dfrac{\sqrt{3}}{2}$	1
三角形									
$\cos^{-1} x$ 角	π	$\dfrac{5}{6}\pi$	$\dfrac{3}{4}\pi$	$\dfrac{2}{3}\pi$	$\dfrac{\pi}{2}$	$\dfrac{\pi}{3}$	$\dfrac{\pi}{4}$	$\dfrac{\pi}{6}$	0

図 7.11 $y = \cos x$, $x = \cos^{-1} y$ のグラフ. 破線は主値以外を表す.

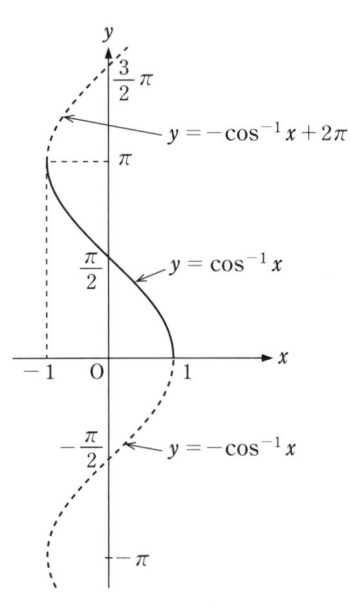

図 7.12 $y = \cos^{-1} x$ のグラフ. 破線は主値以外を表す.

(3) $y = \tan^{-1} x$

表 7.3 $\tan^{-1} x$ の値. 直角三角形を用いて角を求める.
ただし, 第4象限では三角形の高さを負の数で表す.

x 高さ/底辺	$-\infty$	$-\sqrt{3}$	-1	$-\dfrac{1}{\sqrt{3}}$	0	$\dfrac{1}{\sqrt{3}}$	1	$\sqrt{3}$	∞
三角形									
$\tan^{-1} x$ 角	$-\dfrac{\pi}{2}$	$-\dfrac{\pi}{3}$	$-\dfrac{\pi}{4}$	$-\dfrac{\pi}{6}$	0	$\dfrac{\pi}{6}$	$\dfrac{\pi}{4}$	$\dfrac{\pi}{3}$	$\dfrac{\pi}{2}$

7.3 逆三角関数と主値

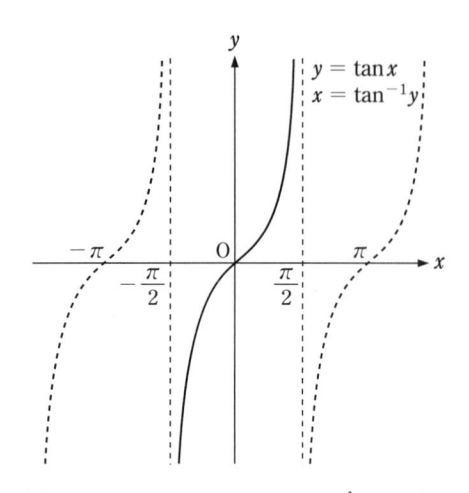

図 7.13 $y = \tan x$, $x = \tan^{-1} y$ のグラフ．破線は主値以外を表す．

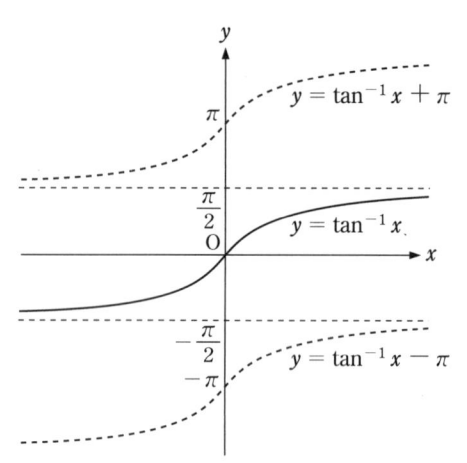

図 7.14 $y = \tan^{-1} x$ のグラフ．破線は主値以外を表す．

逆三角関数の性質をまとめておく．

公式 7.1 逆三角関数の性質

逆三角関数 $y = \sin^{-1} x$, $y = \cos^{-1} x$, $y = \tan^{-1} x$ について次が成り立つ．

(1) $\sin^{-1} x$ と $\cos^{-1} x$ では $-1 \leqq x \leqq 1$, $\tan^{-1} x$ では $-\infty < x < \infty$.

(2) 主値は $-\dfrac{\pi}{2} \leqq \sin^{-1} x \leqq \dfrac{\pi}{2}$, $0 \leqq \cos^{-1} x \leqq \pi$, $-\dfrac{\pi}{2} < \tan^{-1} x < \dfrac{\pi}{2}$. 連続関数である．

(3) $\sin^{-1} x$ と $\tan^{-1} x$ は増加する．$\cos^{-1} x$ は減少する．

(4) $y = \tan^{-1} x$ のグラフでは直線 $y = \pm \dfrac{\pi}{2}$ が漸近線になる．

(5) 主値以外は主値を用いて $y = (-1)^n \sin^{-1} x + n\pi$, $y = \pm \cos^{-1} x + 2n\pi$, $y = \tan^{-1} x + n\pi$ （n は整数）と表す．

公式 7.2 逆三角関数の関係

(1) $\cos^{-1} x = \dfrac{\pi}{2} - \sin^{-1} x$ 　　(2) $\sin^{-1}(-x) = -\sin^{-1} x$

(3) $\cos^{-1}(-x) = \pi - \cos^{-1} x$ 　　(4) $\tan^{-1}(-x) = -\tan^{-1} x$

7.4 逆三角関数の微分

逆関数と逆三角関数を微分すると，次が成り立つ．

公式 7.3　逆関数の微分

逆関数 $y = f^{-1}(x)$ は関数 $x = f(y)$ を用いて

$$\{f^{-1}(x)\}' = \frac{1}{\{f(y)\}'} \quad \text{または} \quad \frac{dy}{dx} = \frac{1}{\frac{dx}{dy}}$$

[解説]　逆関数 $y = f^{-1}(x)$ を微分するときは，変数 x を y で表した関数の式 $x = f(y)$ を微分する．このとき逆数の式が現れる．

例 5　公式 7.3 を用いて逆三角関数を微分する．

(1)　$y = \sin^{-1} x, \ x = \sin y$

$$y' = \frac{1}{(\sin y)'} = \frac{1}{\cos y}$$

公式 6.2 (4) より $\cos^2 y = 1 - \sin^2 y$ となるから，x の式に戻すと

$$y' = \frac{1}{\sqrt{1-\sin^2 y}} = \frac{1}{\sqrt{1-x^2}}$$

(2)　$y = \tan^{-1} x, \ x = \tan y$

$$y' = \frac{1}{(\tan y)'} = \frac{1}{\sec^2 y}$$

公式 6.2 (5) より $\sec^2 y = \tan^2 y + 1$ となるから，x の式に戻すと

$$y' = \frac{1}{\tan^2 y + 1} = \frac{1}{x^2 + 1}$$

これより次が成り立つ．

公式 7.4　逆三角関数の微分

(1)　$(\sin^{-1} x)' = \dfrac{1}{\sqrt{1-x^2}}$　　(2)　$(\cos^{-1} x)' = -\dfrac{1}{\sqrt{1-x^2}}$

(3)　$(\tan^{-1} x)' = \dfrac{1}{x^2+1}$

[解説]　逆三角関数を微分すると無理関数 $\sqrt{1-x^2}$ や 2 次関数 x^2+1 の逆数になる．

例題 7.1　公式 3.4, 7.4 を用いて微分せよ．

(1)　$y = \sin^{-1} \dfrac{x}{3}$　　(2)　$y = \cos^{-1} 2x$　　(3)　$y = \tan^{-1} \dfrac{x}{2}$

[解]　逆三角関数 $\sin^{-1} ax, \cos^{-1} ax, \tan^{-1} ax$ を微分する．

(1)　$y' = \left(\sin^{-1} \dfrac{x}{3}\right)' = \dfrac{1}{\sqrt{1-\left(\dfrac{x}{3}\right)^2}} \left(\dfrac{x}{3}\right)' = \dfrac{1}{3\sqrt{1-\dfrac{x^2}{9}}} = \dfrac{1}{\sqrt{9-x^2}}$

7.4　逆三角関数の微分

(2) $y' = (\cos^{-1} 2x)' = -\dfrac{(2x)'}{\sqrt{1-(2x)^2}} = -\dfrac{2}{\sqrt{1-4x^2}}$

(3) $y' = \left(\tan^{-1} \dfrac{x}{2}\right)' = \dfrac{1}{\left(\dfrac{x}{2}\right)^2 + 1}\left(\dfrac{x}{2}\right)' = \dfrac{1}{2\left(\dfrac{x^2}{4}+1\right)} = \dfrac{2}{x^2+4}$

> **問 7.1** 公式 3.4, 7.4 を用いて微分せよ．
>
> (1) $y = \sin^{-1} 4x$ (2) $y = \cos^{-1} \dfrac{x}{5}$ (3) $y = \tan^{-1} 3x$
>
> (4) $y = \tan^{-1} \dfrac{2}{3}x$

> **例題 7.2** 公式 3.1〜3.4, 7.4 を用いて微分せよ．
>
> (1) $y = x^5 \sin^{-1} x$ (2) $y = \dfrac{\tan^{-1} x}{x}$
>
> (3) $y = \tan^{-1}(x^4+1)$ (4) $y = (\sin^{-1} x + 2)^3$ (5) $y = e^{\tan^{-1} x}$

解 まず公式 3.1〜3.4 を用いてから公式 7.4 により微分する．

(1) 公式 3.2 より
$$y' = (x^5 \sin^{-1} x)' = (x^5)' \sin^{-1} x + x^5 (\sin^{-1} x)'$$
$$= 5x^4 \sin^{-1} x + \dfrac{x^5}{\sqrt{1-x^2}}$$

(2) 公式 3.3 より
$$y' = \left(\dfrac{\tan^{-1} x}{x}\right)' = \dfrac{(\tan^{-1} x)' x - \tan^{-1} x (x)'}{x^2}$$
$$= \dfrac{\dfrac{x}{x^2+1} - \tan^{-1} x}{x^2} = \dfrac{x - (x^2+1)\tan^{-1} x}{x^2(x^2+1)}$$

(3) 公式 3.4 より
$$y' = \{\tan^{-1}(x^4+1)\}' = \dfrac{(x^4+1)'}{(x^4+1)^2+1} = \dfrac{4x^3}{(x^4+1)^2+1}$$

(4) 公式 3.4 より
$$y' = \{(\sin^{-1} x + 2)^3\}' = 3(\sin^{-1} x + 2)^2 (\sin^{-1} x + 2)'$$
$$= \dfrac{3(\sin^{-1} x + 2)^2}{\sqrt{1-x^2}}$$

(5) 公式 3.4, 4.7 より
$$y' = (e^{\tan^{-1} x})' = e^{\tan^{-1} x}(\tan^{-1} x)' = \dfrac{e^{\tan^{-1} x}}{x^2+1}$$

> **問 7.2** 公式 3.1〜3.4, 7.4 を用いて微分せよ．
>
> (1) $y = (4x+3)\sin^{-1} x$ (2) $y = \cos^{-1} x \tan^{-1} x$

(3) $y = \dfrac{\cos^{-1} x}{x}$ (4) $y = \dfrac{x+1}{\tan^{-1} x}$

(5) $y = \sin^{-1}(x^2 - 1)$ (6) $y = \tan^{-1}\sqrt{x}$

(7) $y = \dfrac{1}{(\cos^{-1} x + 4)^2}$ (8) $y = \sqrt{\tan^{-1} x - 1}$

(9) $y = \tan^{-1} e^x$ (10) $y = \log(\cos^{-1} x)$

練習問題 7

1. 公式 3.1〜3.4, 7.4 を用いて微分せよ.

(1) $y = \sin^{-1} x + \cos^{-1} x$ (2) $y = (\sqrt{x} - 1)\cos^{-1} x$

(3) $y = \sin^{-1} x \cos^{-1} x$ (4) $y = \sin^{-1} x \tan^{-1} x$

(5) $y = \dfrac{\sin^{-1} x}{x}$ (6) $y = \dfrac{\tan^{-1} x}{\sqrt{x}}$ (7) $y = \dfrac{x+2}{\sin^{-1} x}$

(8) $y = \dfrac{x^2 + 1}{\tan^{-1} x - 1}$ (9) $y = \dfrac{1}{\cos^{-1} x + 1}$

(10) $y = \dfrac{\tan^{-1} x - 1}{\tan^{-1} x + 1}$ (11) $y = \sin^{-1}\sqrt{x}$

(12) $y = \tan^{-1}(x^2 + 1)$ (13) $y = \cos^{-1}\dfrac{1}{x}$ $(\sqrt{x^2} = |x|)$

(14) $y = \tan^{-1}\dfrac{2}{x}$ (15) $y = \dfrac{1}{\tan^{-1} x + x}$

(16) $y = \dfrac{1}{\sqrt{\sin^{-1} x + 1}}$ (17) $y = e^{\sin^{-1} x}$

(18) $y = \cos^{-1} e^x$ (19) $y = \log(\tan^{-1} x)$

(20) $y = \sin^{-1}(\log x)$

解答

問 7.1 (1) $\dfrac{4}{\sqrt{1 - 16x^2}}$ (2) $-\dfrac{1}{\sqrt{25 - x^2}}$ (3) $\dfrac{3}{9x^2 + 1}$

(4) $\dfrac{6}{4x^2 + 9}$

問 7.2 (1) $4\sin^{-1} x + \dfrac{4x + 3}{\sqrt{1 - x^2}}$ (2) $-\dfrac{\tan^{-1} x}{\sqrt{1 - x^2}} + \dfrac{\cos^{-1} x}{x^2 + 1}$

(3) $-\dfrac{x + \sqrt{1 - x^2}\cos^{-1} x}{x^2\sqrt{1 - x^2}}$ (4) $\dfrac{(x^2 + 1)\tan^{-1} x - x - 1}{(x^2 + 1)(\tan^{-1} x)^2}$

(5) $\dfrac{2x}{\sqrt{1 - (x^2 - 1)^2}}$ (6) $\dfrac{1}{2\sqrt{x}(x + 1)}$

(7) $\dfrac{2}{(\cos^{-1}x+4)^3\sqrt{1-x^2}}$ (8) $\dfrac{1}{2(x^2+1)\sqrt{\tan^{-1}x-1}}$

(9) $\dfrac{e^x}{e^{2x}+1}$ (10) $-\dfrac{1}{\sqrt{1-x^2}\cos^{-1}x}$

練習問題 7

1. (1) 0 (2) $\dfrac{\cos^{-1}x}{2\sqrt{x}}-\dfrac{\sqrt{x}-1}{\sqrt{1-x^2}}$

(3) $\dfrac{\cos^{-1}x-\sin^{-1}x}{\sqrt{1-x^2}}$ (4) $\dfrac{\tan^{-1}x}{\sqrt{1-x^2}}+\dfrac{\sin^{-1}x}{x^2+1}$

(5) $\dfrac{x-\sqrt{1-x^2}\sin^{-1}x}{x^2\sqrt{1-x^2}}$ (6) $\dfrac{2x-(x^2+1)\tan^{-1}x}{2\sqrt{x}^3(x^2+1)}$

(7) $\dfrac{\sqrt{1-x^2}\sin^{-1}x-x-2}{\sqrt{1-x^2}(\sin^{-1}x)^2}$ (8) $\dfrac{2x(\tan^{-1}x-1)-1}{(\tan^{-1}x-1)^2}$

(9) $\dfrac{1}{(\cos^{-1}x+1)^2\sqrt{1-x^2}}$ (10) $\dfrac{2}{(x^2+1)(\tan^{-1}x+1)^2}$

(11) $\dfrac{1}{2\sqrt{x}\sqrt{1-x}}$ (12) $\dfrac{2x}{(x^2+1)^2+1}$

(13) $\dfrac{1}{|x|\sqrt{x^2-1}}$ (14) $-\dfrac{2}{4+x^2}$

(15) $-\dfrac{x^2+2}{(x^2+1)(\tan^{-1}x+x)^2}$ (16) $-\dfrac{1}{2\sqrt{1-x^2}\sqrt{\sin^{-1}x+1}^3}$

(17) $\dfrac{e^{\sin^{-1}x}}{\sqrt{1-x^2}}$ (18) $-\dfrac{e^x}{\sqrt{1-e^{2x}}}$

(19) $\dfrac{1}{(x^2+1)\tan^{-1}x}$ (20) $\dfrac{1}{x\sqrt{1-(\log x)^2}}$

§8 陰関数と媒介変数の微分，高次の微分

これまで，従属変数が独立変数の式で表された関数を微分した．ここでは別の式で表された関数を微分する．また関数を何回も微分する．

8.1 陰関数の微分

独立変数と従属変数が混った関数を調べる．

関数 $y = 2x+1$ のように変数 y が変数 x の式で $y = f(x)$ と表されるならば，**陽関数**という．これに対して関数 $2x-y+1 = 0$ のように変数 x と y の式で $F(x,y) = 0$ と表されるならば，**陰関数**という．

例1 陰関数を陽関数に直す．

中心 O，半径 2 の上半円は次のようになる．
$$x^2 + y^2 = 4 \quad (y \geq 0)$$
$$y^2 = 4 - x^2$$
$$y = \sqrt{4-x^2}$$

[注意] 陽関数に直せない場合もある．
$$x^5 + y^5 = xy$$

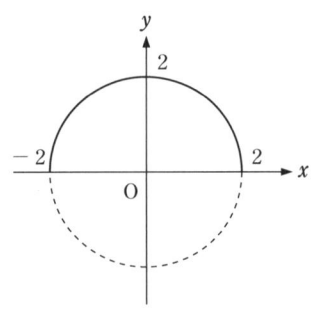

図 8.1 $x^2+y^2 = 4\,(y \geq 0)$ のグラフ．

例2 陰関数を陽関数に直して微分する．
$$x^2+y^2 = 4 \quad (y \geq 0)$$
$$y = \sqrt{4-x^2} = (4-x^2)^{\frac{1}{2}}$$

公式 2.3，3.4 より
$$y' = \{(4-x^2)^{\frac{1}{2}}\}' = \frac{1}{2}(4-x^2)^{-\frac{1}{2}}(4-x^2)' = -\frac{x}{\sqrt{4-x^2}} \left(= -\frac{x}{y} \right)$$

● **偏微分**

陰関数を陽関数に直して微分すると複雑な計算になることが多く，また陽関数に直せない場合もある．そこで陰関数のまま微分する方法を考える．

陰関数は $F(x,y) = 0$ のように 2 変数で表されているので，まず 2 変数関数 $z = F(x,y)$ を微分する．このときは各変数で微分するが，これを**偏微分**という．変数 x で偏微分するときは変数 y を定数とみなし，z_x，$(\ )_x$ などと書く．変数 y で偏微分するときは変数 x を定数とみなし，z_y，$(\ )_y$ などと書く．これらを**偏導関数**という．

例3 2変数関数を偏微分する．

(1) $z = 3x+4y+2$

公式 2.3 より
$$z_x = 3(x)_x+4(y)_x = 3$$
$$z_y = 3(x)_y+4(y)_y = 4$$

(2) $z = x^2+xy+y^2$

公式 2.3, 3.2 より
$$z_x = (x^2)_x+(x)_x\,y+(y^2)_x = 2x+y$$
$$z_y = (x^2)_y+x(y)_y+(y^2)_y = x+2y$$

注意1 変数が x 以外でも微分の結果は同じである．
$$(y^2)' = 2y, \quad (\sin\theta)' = \cos\theta, \quad (e^t)' = e^t$$

注意2 関数 xy を微分するときは変数 x と y の両方を同時に微分できない．
正しくは例3(2)を見よ．
$$(xy)_x = (x)_x(y)_x \quad ✗ \qquad (xy)_y = (x)_y(y)_y \quad ✗$$

陰関数を微分すると，次が成り立つ．

公式 8.1 陰関数の微分

陰関数 $F(x,y) = 0$ を偏微分して F_x, F_y と書くと
$$y' = \frac{dy}{dx} = -\frac{F_x}{F_y}$$

解説 偏微分を用いると陰関数のまま微分できる．陰関数 F を偏微分して分数を作る．

例題 8.1 陰関数 F の偏微分を求め，公式 8.1 を用いて微分せよ．
(1) $x^2+y^2 = 4$ (2) $e^x+e^y = e^{x+y}$

解 まず陰関数 F を作り偏微分してから公式 8.1 を用いる．(1) は例2の結果と等しくなる．

(1) $F = x^2+y^2-4 = 0$

公式 2.3 より
$$F_x = (x^2)_x+(y^2)_x = 2x, \quad F_y = (x^2)_y+(y^2)_y = 2y$$
$$y' = -\frac{2x}{2y} = -\frac{x}{y}$$

(2) $F = e^x+e^y-e^x e^y = 0$

公式 4.7 より
$$F_x = (e^x)_x+(e^y)_x-(e^x)_x\,e^y = e^x-e^x e^y$$
$$F_y = (e^x)_y+(e^y)_y-e^x(e^y)_y = e^y-e^x e^y$$

$$y' = -\frac{e^x - e^x e^y}{e^y - e^x e^y}$$

問 8.1 陰関数 F の偏微分を求め，公式 8.1 を用いて微分せよ．

(1) $x^5 + y^5 = xy$ (2) $x^2 y + xy^2 = x+y$
(3) $\log x + \log y = \log x \log y$ (4) $\cos x + \sin y = \sin x \cos y$

8.2 媒介変数で表された関数の微分

独立変数と従属変数以外の変数を含む関数を調べる．

x と y 以外の変数たとえば変数 t の式で $x = f(t)$, $y = g(t)$ と表されるならば，媒介変数表示という．この t を**媒介変数**（パラメタ）という．媒介変数を消して変数 x と y の式にするとグラフの形がわかる．

例4 媒介変数を消す．

中心 O，半径 2 の円を媒介変数で表すと次のようになる．

$$\begin{cases} x = 2\cos t \\ y = 2\sin t \end{cases}$$

変数 x と y の方程式に直すと，例1と等しくなる．

$$\begin{aligned} x^2 + y^2 &= 4\cos^2 t + 4\sin^2 t \\ &= 4(\cos^2 t + \sin^2 t) = 4 \end{aligned}$$

注意 媒介変数を消せない場合もある．

$$\begin{cases} x = r(t - \sin t) \\ y = r(1 - \cos t) \end{cases}$$

は直線上をころがる半径 r の円周上の1点の動きを表す曲線になる．これをサイクロイドという．

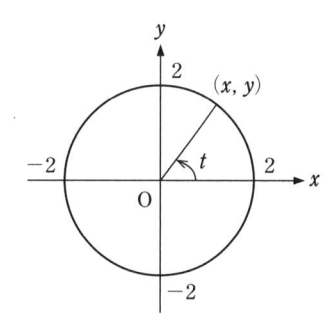

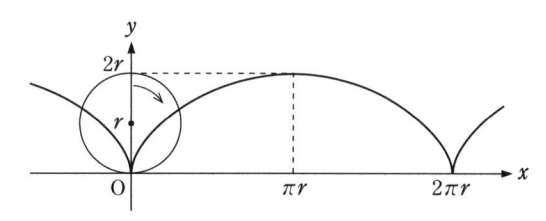

図 8.2 $x = 2\cos t$, $y = 2\sin t$ のグラフ．

図 8.3 サイクロイド．

● 媒介変数による微分

媒介変数を消すと陰関数になるが，消せない場合もある．そこで媒介変数を用いて微分する方法を考えると，次が成り立つ．

> **公式 8.2 媒介変数で微分**
> 媒介変数 t の式 $x = f(t)$, $y = g(t)$ を微分して x_t, y_t と書くと
> $$y' = \frac{dy}{dx} = \frac{\dfrac{dy}{dt}}{\dfrac{dx}{dt}} = \frac{y_t}{x_t} = \frac{g'(t)}{f'(t)}$$

[解説] 媒介変数 t で変数 x と y を微分して分数を作る．
[注意] x_t や y_t を x' や y' と書かない．微分の区別ができなくなる．

> **例題 8.2** 媒介変数 t による微分を求め，公式 8.2 を用いて微分せよ．
> (1) $\begin{cases} x = t^2+t+1 \\ y = t^2-t+1 \end{cases}$ (2) $\begin{cases} x = 2\cos t \\ y = 2\sin t \end{cases}$

[解] まず媒介変数で微分してから公式 8.2 を用いる．(2) は例 2 や例題 8.1(1) の結果と等しくなる．

(1) 公式 2.3 より
$$\begin{cases} x_t = (t^2+t+1)' = 2t+1 \\ y_t = (t^2-t+1)' = 2t-1 \end{cases}, \quad y' = \frac{2t-1}{2t+1}$$

(2) 公式 6.6 より
$$\begin{cases} x_t = 2(\cos t)' = -2\sin t \\ y_t = 2(\sin t)' = 2\cos t \end{cases}, \quad y' = \frac{2\cos t}{-2\sin t} = -\frac{\cos t}{\sin t}\left(=-\frac{x}{y}\right)$$

> **問 8.2** 媒介変数 t による微分を求め，公式 8.2 を用いて微分せよ．
> (1) $\begin{cases} x = t^4+t^2 \\ y = t^4-t^2 \end{cases}$ (2) $\begin{cases} x = t+\dfrac{1}{t} \\ y = t-\dfrac{1}{t} \end{cases}$
> (3) $\begin{cases} x = e^t-e^{-t} \\ y = e^t+e^{-t} \end{cases}$ (4) $\begin{cases} x = \sin 2t+\cos 2t \\ y = \sin 2t-\cos 2t \end{cases}$

8.3 高次の微分

関数を繰り返し微分する．

何回も微分すると新しい導関数が得られる．これらを**高次導関数**といい，次のように表す．

$$y' = \frac{dy}{dx}, \quad y'' = \frac{d^2y}{dx^2}, \quad y''' = \frac{d^3y}{dx^3}, \quad y^{(4)} = \frac{d^4y}{dx^4}, \quad \cdots, \quad y^{(n)} = \frac{d^ny}{dx^n}, \quad \cdots$$

(1次) 導関数　2次導関数　3次導関数　4次導関数　　　　　n 次導関数

例 5 高次導関数を求める．
$y = x^4, \ y' = 4x^3, \ y'' = 12x^2, \ y''' = 24x, \ y^{(4)} = 24, \ y^{(5)} = 0, \ y^{(6)} = 0$

> **例題 8.3** y' と y'' を求めよ．
> (1) $y = x^4+2x^2+1$ (2) $y = \dfrac{1}{3x-2}$

[解] いろいろな微分公式を用いて計算する．

(1) 公式 2.3 より
$$y' = (x^4+2x^2+1)' = 4x^3+4x$$
$$y'' = (4x^3+4x)' = 12x^2+4$$

(2) $y = \dfrac{1}{3x-2} = (3x-2)^{-1}$

公式 2.3, 3.4 より
$$y' = \{(3x-2)^{-1}\}' = -(3x-2)^{-2}(3x-2)' = -3(3x-2)^{-2}$$
$$= -\dfrac{3}{(3x-2)^2}$$
$$y'' = -3\{(3x-2)^{-2}\}' = 6(3x-2)^{-3}(3x-2)' = 18(3x-2)^{-3}$$
$$= \dfrac{18}{(3x-2)^3}$$

問 8.3 y' と y'' を求めよ．

(1) $y = \left(x+\dfrac{1}{x}\right)^2$ (2) $y = \dfrac{1}{2x+1}$ (3) $y = x^2 e^{-x}$

(4) $y = \sin(3x+1)$

練習問題 8

1. 陰関数 F の偏微分を求め，公式 8.1 を用いて微分せよ．

(1) $x^2+y^2 = 4x^2y^2$ (2) $\sqrt{x}+\sqrt{y} = 1$ (3) $ye^x+xe^y = e^{xy}$

(4) $\log x^y + \log y^x = xy$ (5) $\sin(x+y)+\cos(x-y) = 1$

(6) $\cos^{-1} x + \sin^{-1} y = \pi$

2. 媒介変数 t による微分を求め，公式 8.2 を用いて微分せよ．

(1) $\begin{cases} x = t^3-t \\ y = t^3+t \end{cases}$ (2) $\begin{cases} x = \dfrac{1}{\sqrt{t}-1} \\ y = \dfrac{1}{\sqrt{t}+1} \end{cases}$ (3) $\begin{cases} x = e^t \cos t \\ y = e^t \sin t \end{cases}$

(4) $\begin{cases} x = \tan t \\ y = \sec t \end{cases}$ (5) $\begin{cases} x = 2\sin t \cos t \\ y = \cos^2 t - \sin^2 t \end{cases}$

(6) $\begin{cases} x = \sqrt{1-t^2} \\ y = \sin^{-1} t \end{cases}$

3. y' と y'' を求めよ．

(1) $y = \dfrac{1}{x^2+1}$ (2) $y = \sqrt{1-x^2}$ (3) $y = e^x \cos x$

(4) $y = \dfrac{\log x}{x}$ (5) $y = \tan^{-1} x^2$ (6) $y = (e^x+x)^2$

解答

問 8.1 (1) $F_x = 5x^4 - y$, $F_y = 5y^4 - x$, $y' = -\dfrac{5x^4 - y}{5y^4 - x}$

(2) $F_x = 2xy + y^2 - 1$, $F_y = x^2 + 2xy - 1$, $y' = -\dfrac{y^2 + 2xy - 1}{x^2 + 2xy - 1}$

(3) $F_x = \dfrac{1}{x} - \dfrac{\log y}{x}$, $F_y = \dfrac{1}{y} - \dfrac{\log x}{y}$, $y' = -\dfrac{y(1 - \log y)}{x(1 - \log x)}$

(4) $F_x = -\sin x - \cos x \cos y$, $F_y = \cos y + \sin x \sin y$,
$y' = \dfrac{\sin x + \cos x \cos y}{\cos y + \sin x \sin y}$

問 8.2 (1) $x_t = 4t^3 + 2t$, $y_t = 4t^3 - 2t$, $y' = \dfrac{2t^2 - 1}{2t^2 + 1}$

(2) $x_t = 1 - \dfrac{1}{t^2}$, $y_t = 1 + \dfrac{1}{t^2}$, $y' = \dfrac{t^2 + 1}{t^2 - 1}$

(3) $x_t = e^t + e^{-t}$, $y_t = e^t - e^{-t}$, $y' = \dfrac{e^t - e^{-t}}{e^t + e^{-t}}$

(4) $x_t = 2\cos 2t - 2\sin 2t$, $y_t = 2\cos 2t + 2\sin 2t$,
$y' = \dfrac{\cos 2t + \sin 2t}{\cos 2t - \sin 2t}$

問 8.3 (1) $2x - \dfrac{2}{x^3}$, $2 + \dfrac{6}{x^4}$ (2) $-\dfrac{2}{(2x+1)^2}$, $\dfrac{8}{(2x+1)^3}$

(3) $(2x - x^2)e^{-x}$, $(2 - 4x + x^2)e^{-x}$

(4) $3\cos(3x+1)$, $-9\sin(3x+1)$

練習問題 8

1. (1) $F_x = 2x - 8xy^2$, $F_y = 2y - 8x^2 y$, $y' = -\dfrac{x(1 - 4y^2)}{y(1 - 4x^2)}$

(2) $F_x = \dfrac{1}{2\sqrt{x}}$, $F_y = \dfrac{1}{2\sqrt{y}}$, $y' = -\dfrac{\sqrt{y}}{\sqrt{x}}$

(3) $F_x = ye^x + e^y - ye^{xy}$, $F_y = e^x + xe^y - xe^{xy}$, $y' = -\dfrac{e^y + ye^x - ye^{xy}}{e^x + xe^y - xe^{xy}}$

(4) $F_x = \dfrac{y}{x} + \log y - y$, $F_y = \log x + \dfrac{x}{y} - x$, $y' = -\dfrac{y(x \log y + y - xy)}{x(y \log x + x - xy)}$

(5) $F_x = \cos(x+y) - \sin(x-y)$, $F_y = \cos(x+y) + \sin(x-y)$,
$y' = -\dfrac{\cos(x+y) - \sin(x-y)}{\cos(x+y) + \sin(x-y)}$

(6) $F_x = -\dfrac{1}{\sqrt{1-x^2}}$, $F_y = \dfrac{1}{\sqrt{1-y^2}}$, $y' = \dfrac{\sqrt{1-y^2}}{\sqrt{1-x^2}}$

2. (1) $x_t = 3t^2 - 1$, $y_t = 3t^2 + 1$, $y' = \dfrac{3t^2 + 1}{3t^2 - 1}$

(2) $x_t = -\dfrac{1}{2\sqrt{t}(\sqrt{t}-1)^2}$, $y_t = -\dfrac{1}{2\sqrt{t}(\sqrt{t}+1)^2}$, $y' = \dfrac{(\sqrt{t}-1)^2}{(\sqrt{t}+1)^2}$

(3) $x_t = e^t \cos t - e^t \sin t$, $y_t = e^t \sin t + e^t \cos t$, $y' = \dfrac{\cos t + \sin t}{\cos t - \sin t}$

(4) $x_t = \sec^2 t$, $y_t = \dfrac{\sin t}{\cos^2 t}$, $y' = \sin t$

(5) $x_t = 2(\cos^2 t - \sin^2 t)$, $y_t = -4\sin t \cos t$, $y' = -\dfrac{2\sin t \cos t}{\cos^2 t - \sin^2 t}$

(6) $x_t = -\dfrac{t}{\sqrt{1-t^2}}$, $y_t = \dfrac{1}{\sqrt{1-t^2}}$, $y' = -\dfrac{1}{t}$

3. (1) $-\dfrac{2x}{(x^2+1)^2}$, $\dfrac{6x^2-2}{(x^2+1)^3}$ (2) $-\dfrac{x}{\sqrt{1-x^2}}$, $-\dfrac{1}{\sqrt{1-x^2}^3}$

(3) $e^x(\cos x - \sin x)$, $-2e^x \sin x$ (4) $\dfrac{1-\log x}{x^2}$, $\dfrac{-3+2\log x}{x^3}$

(5) $\dfrac{2x}{x^4+1}$, $\dfrac{2(1-3x^4)}{(x^4+1)^2}$

(6) $2(e^{2x}+e^x+xe^x+x)$, $2(2e^{2x}+2e^x+xe^x+1)$

§9 関数の極限

微分では極限を用いて導関数を求めた．ここではいろいろな方法で関数の極限を計算する．

9.1 関数の極限（有限の場合）

変数をある数値に近づけた場合の極限を求める．

まず極限と四則の関係をまとめておく．

> **公式 9.1　関数の定数倍と四則の極限**
> (1) $\lim_{x \to a} kf(x) = k \lim_{x \to a} f(x)$　（k は定数）
> (2) $\lim_{x \to a} \{f(x)+g(x)\} = \lim_{x \to a} f(x) + \lim_{x \to a} g(x)$
> (3) $\lim_{x \to a} f(x)g(x) = \lim_{x \to a} f(x) \lim_{x \to a} g(x)$
> (4) $\lim_{x \to a} \dfrac{f(x)}{g(x)} = \dfrac{\lim_{x \to a} f(x)}{\lim_{x \to a} g(x)}$　（ただし $\lim_{x \to a} g(x) \neq 0$）

[解説] 極限では関数を分解して計算する．

連続な関数の極限では次が成り立つ．

> **公式 9.2　連続な関数**
> 関数 $y = f(x)$ が点 $x = a$ で連続ならば
> $$\lim_{x \to a} f(x) = f(a)$$

[解説] 連続ならば極限が代入になる．

> **例題 9.1**　公式 9.2 を用いて極限値を求めよ．
> (1) $\lim_{x \to 2}(x^2 - x + 2)$　　(2) $\lim_{x \to 4}(2x-4)(x+4)$
> (3) $\lim_{x \to 0} \dfrac{x^2+4}{x+2}$

[解] $x \to a$ ならば変数 x に数値 a を代入する．

(1) $\lim_{x \to 2}(x^2 - x + 2) = 4 - 2 + 2 = 4$

(2) $\lim_{x \to 4}(2x-4)(x+4) = (8-4)(4+4) = 4 \times 8 = 32$

(3) $\lim_{x \to 0} \dfrac{x^2+4}{x+2} = \dfrac{0+4}{0+2} = \dfrac{4}{2} = 2$

問 9.1 公式 9.2 を用いて極限値を求めよ．

(1) $\displaystyle\lim_{x \to -1}(x^3 - 2x + 1)$ (2) $\displaystyle\lim_{x \to 1}\frac{x^2 + 1}{x + 1}$

● **不連続点での極限**

不連続点（分母 = 0）の場合は連続関数に変形してから極限を計算する．

例題 9.2 因数分解を用いて極限値を求めよ．
$$\lim_{x \to 1}\frac{x^2 + x - 2}{x^2 - 1}$$

解 点 $x = 1$ で分母 = 0 なので変形してから公式 9.2 を用いる．
$$\lim_{x \to 1}\frac{x^2 + x - 2}{x^2 - 1} = \lim_{x \to 1}\frac{(x-1)(x+2)}{(x-1)(x+1)} = \lim_{x \to 1}\frac{x+2}{x+1} = \frac{1+2}{1+1} = \frac{3}{2}$$

問 9.2 因数分解を用いて極限値を求めよ．

(1) $\displaystyle\lim_{x \to 4}\frac{x^2 - 16}{x - 4}$ (2) $\displaystyle\lim_{x \to 2}\frac{x - 2}{x^2 - 3x + 2}$

例題 9.3 分母と分子に式を掛けて極限値を求めよ．
$$\lim_{x \to -1}\frac{\sqrt{x+5} - 2}{x + 1}$$

解 点 $x = -1$ で分母 = 0 なので変形してから公式 9.2 を用いる．
$$\lim_{x \to -1}\frac{\sqrt{x+5} - 2}{x + 1} = \lim_{x \to -1}\frac{(\sqrt{x+5} - 2)(\sqrt{x+5} + 2)}{(x+1)(\sqrt{x+5} + 2)}$$
$$= \lim_{x \to -1}\frac{x + 5 - 4}{(x+1)(\sqrt{x+5} + 2)} = \lim_{x \to -1}\frac{x + 1}{(x+1)(\sqrt{x+5} + 2)}$$
$$= \lim_{x \to -1}\frac{1}{\sqrt{x+5} + 2} = \frac{1}{\sqrt{4} + 2} = \frac{1}{4}$$

問 9.3 分母と分子に式を掛けて極限値を求めよ．

(1) $\displaystyle\lim_{x \to 3}\frac{x - 3}{\sqrt{x+1} - 2}$ (2) $\displaystyle\lim_{x \to 0}\frac{\sqrt{1+x} - \sqrt{1-x}}{x}$

注意1 変数 x に数値を代入して $\dfrac{0}{0}$ としない．正しくは例題 9.2 を見よ．
$$\lim_{x \to 1}\frac{x^2 + x - 2}{x^2 - 1} = \frac{0}{0} \quad ✗$$

注意2 変数 x に数値を代入するまで $\displaystyle\lim_{x \to a}$ を書く．代入したら $\displaystyle\lim_{x \to a}$ は不要になる．

9.2 関数の極限（無限の場合）

変数を無限大にした場合の極限を求める．

このときも公式 9.1 を使えるが，さらに関数 $y = \dfrac{1}{x}$ の次の性質を用いる．

公式 9.3　分数関数の極限

分数関数 $y = \dfrac{1}{x}$ は極限 $x \to \pm\infty$ を考えると

(1) $\displaystyle\lim_{x \to \infty} \dfrac{1}{x} = \dfrac{1}{\infty} = 0$

(2) $\displaystyle\lim_{x \to -\infty} \dfrac{1}{x} = \dfrac{1}{-\infty} = 0$

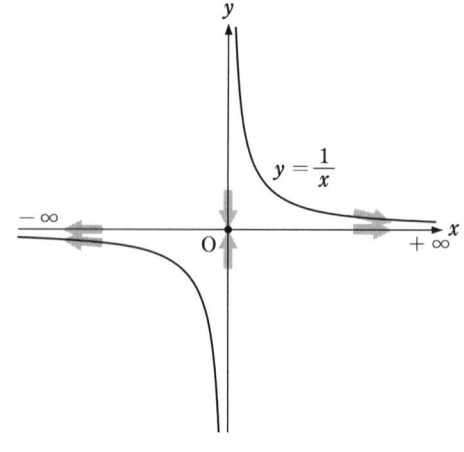

[解説] $x \to \pm\infty$ ならば関数 $\dfrac{1}{x}$ は 0 に近づく．

$\dfrac{1}{\pm\infty}$ は 0 に書きかえる．

図 9.1　$y = \dfrac{1}{x}$ と極限 $x \to \pm\infty$．

例題 9.4　分母と分子に式 $\dfrac{1}{x^n}$ を掛けるなどしてから，公式 9.3 を用いて極限値を求めよ．

(1) $\displaystyle\lim_{x \to \infty} \dfrac{1}{x^2}$　　(2) $\displaystyle\lim_{x \to -\infty} \dfrac{x+3}{1-4x}$　　(3) $\displaystyle\lim_{x \to \infty} \dfrac{3x^2+4}{x^2+2x}$

(4) $\displaystyle\lim_{x \to -\infty} \dfrac{x^2-3x}{2x+1}$　　(5) $\displaystyle\lim_{x \to \infty} (2x+1)\dfrac{1}{x}$　　(6) $\displaystyle\lim_{x \to -\infty} (x^2+x)$

[解]　$x \to \pm\infty$ ならば $\dfrac{1}{x} \to 0$ を用いる．

(1) 式 $\dfrac{1}{x}$ の積に書くと

$$\lim_{x \to \infty} \dfrac{1}{x^2} = \lim_{x \to \infty} \dfrac{1}{x} \times \dfrac{1}{x} = 0 \times 0 = 0$$

(2) 分母と分子に式 $\dfrac{1}{x}$ を掛けて

$$\lim_{x \to -\infty} \dfrac{x+3}{1-4x} = \lim_{x \to -\infty} \dfrac{1+\dfrac{3}{x}}{\dfrac{1}{x}-4} = \dfrac{1+0}{0-4} = -\dfrac{1}{4}$$

(3) 分母と分子に式 $\dfrac{1}{x^2}$ を掛けて

$$\lim_{x\to\infty}\frac{3x^2+4}{x^2+2x}=\lim_{x\to\infty}\frac{3+\dfrac{4}{x^2}}{1+\dfrac{2}{x}}=\frac{3+0}{1+0}=3$$

(4) 分母と分子に式 $\dfrac{1}{x}$ を掛けて $\left(\text{式 }\dfrac{1}{x^2}\text{ を掛けると分母}\to 0\text{ になる}\right)$

$$\lim_{x\to-\infty}\frac{x^2-3x}{2x+1}=\lim_{x\to-\infty}\frac{x-3}{2+\dfrac{1}{x}}=\frac{-\infty-3}{2+0}=-\infty$$

(5) 展開すると

$$\lim_{x\to\infty}(2x+1)\frac{1}{x}=\lim_{x\to\infty}\left(2+\frac{1}{x}\right)=2+0=2$$

(6) 式 x^2 を括弧の外に出すと

$$\lim_{x\to-\infty}(x^2+x)=\lim_{x\to-\infty}x^2\left(1+\frac{1}{x}\right)=\infty\times(1+0)=\infty$$

問 9.4 分母と分子に式 $\dfrac{1}{x^n}$ を掛けてから，公式 9.3 を用いて極限値を求めよ．

(1) $\displaystyle\lim_{x\to\infty}\frac{3x-1}{2x+1}$　　(2) $\displaystyle\lim_{x\to-\infty}\frac{x+1}{x^2+2}$　　(3) $\displaystyle\lim_{x\to\infty}\frac{x^2-4x}{2x^2-1}$

(4) $\displaystyle\lim_{x\to-\infty}\frac{x^2+1}{x+1}$

注意1　$x\to\pm\infty$ 以外では式 $\dfrac{1}{x^n}$ を掛ける方法は使えない．正しくは例題 9.1 (3) を見よ．

$$\lim_{x\to 0}\frac{x^2+4}{x+2}=\lim_{x\to 0}\frac{x+\dfrac{4}{x}}{1+\dfrac{2}{x}}\quad\text{✗}$$

注意2　変数 x に $\pm\infty$ を代入して $\pm\dfrac{\infty}{\infty}$, $\infty\times 0$, $\infty-\infty$ などとしない．正しくは例題 9.4 (3), (5), (6) を見よ．

(1) $\displaystyle\lim_{x\to\infty}\frac{3x^2+4}{x^2+2x}=\frac{\infty}{\infty}$　✗

(2) $\displaystyle\lim_{x\to\infty}(2x+1)\frac{1}{x}=\infty\times 0$　✗

(3) $\displaystyle\lim_{x\to-\infty}(x^2+x)=\infty-\infty$　✗

9.3 右極限と左極限

変数をある数値に近づけるとき，その方向によって極限値が異なる場合や計算できない場合がある．

例 1 変数を右と左からある数値に近づけて極限値を求める．
$$y = \sqrt{x-1}+1$$
$x > 1$ として（右から）変数 x を 1 に近づけると，関数 $\sqrt{x-1}+1$ は 1 に近づく．

関数 $y = \sqrt{x-1}+1$ の定義域は $x \geq 1$ なので $x < 1$ として（左から）変数 x を 1 に近づけることはできない．

表 **9.1** $y = \sqrt{x-1}+1$ と極限 $x \to 1\,(x > 1)$．

x	$\sqrt{x-1}+1$
1.100	1.316
1.010	1.100
1.001	1.032
⋮	⋮
1	1

● 右極限と左極限の意味と記号

一般の関数で右極限と左極限を考える．

関数 $y = f(x)$ で $x > a$ として（右から）変数 x を数値 a に近づけると（$x \to a+0$），関数 $f(x)$ が数値 b（**右極限値**）に近づく（$f(x) \to b$）ならば**収束**するという．次のように書く．
$$\lim_{x \to a+0} f(x) = b$$

図 **9.2** 右極限 $x \to a+0$．

関数 $y = f(x)$ で $x < a$ として（左から）変数 x を数値 a に近づけると（$x \to a-0$），関数 $f(x)$ が数値 b（**左極限値**）に近づく（$f(x) \to b$）ならば収束するという．次のように書く．
$$\lim_{x \to a-0} f(x) = b$$

図 **9.3** 左極限 $x \to a-0$．

特に $a = 0$ のときは次のように書く．
$$\lim_{x \to +0} f(x) = b, \quad \lim_{x \to -0} f(x) = b$$

また $x \to a+0\,(x \to a-0)$ のとき，右（左）極限値が代入 $f(a)$ になるならば関数 $f(x)$ は点 $x = a$ で**右（左）連続**という．次のように書く．
$$\lim_{x \to a+0} f(x) = f(a) \quad \left(\lim_{x \to a-0} f(x) = f(a)\right)$$

右（左）極限の計算でも公式 9.1 を使える．

例 2 いろいろな関数で右極限値と左極限値を求める．

(1) $y = \sqrt{x-1}+1$
$$\lim_{x \to 1+0}(\sqrt{x-1}+1) = 1$$
$x \to 1+0$ のとき極限値が代入になるので，点 $x = 1$ で右連続である．
$$\lim_{x \to 1-0}(\sqrt{x-1}+1) \quad 極限値はなし$$
$x \to 1-0$ のとき極限値がないので，点 $x = 1$ で左連続でない．

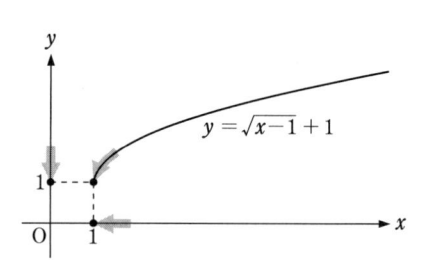

図 **9.4** $y = \sqrt{x-1}+1$ と右極限 $x \to 1+0$．

(2) $y = \dfrac{x^2-x}{|x-1|}$

$x \to 1+0$ ならば $x > 1$ より $|x-1| = x-1$ なので

$$\lim_{x \to 1+0} \frac{x^2-x}{|x-1|} = \lim_{x \to 1+0} \frac{x(x-1)}{x-1}$$
$$= \lim_{x \to 1+0} x = 1$$

$x \to 1-0$ ならば $x < 1$ より $|x-1| = -(x-1)$ なので

$$\lim_{x \to 1-0} \frac{x^2-x}{|x-1|} = \lim_{x \to 1-0} \frac{x(x-1)}{-(x-1)}$$
$$= \lim_{x \to 1-0} (-x) = -1$$

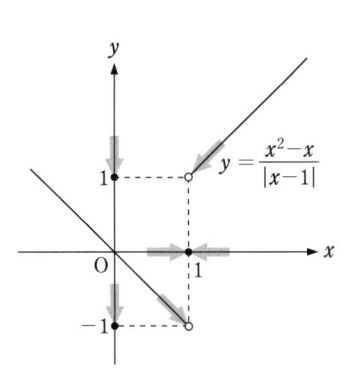

図 **9.5** $y = \dfrac{x^2-x}{|x-1|}$ と右（左）極限 $x \to 1\pm 0$.

$x \to 1\pm 0$ のとき極限値が代入にならないので，点 $x = 1$ で右（左）連続でない．

(3) $y = \dfrac{1}{x-1}$

$$\lim_{x \to 1+0} \frac{1}{x-1} = \frac{1}{+0} = \infty$$

$$\lim_{x \to 1-0} \frac{1}{x-1} = \frac{1}{-0} = -\infty$$

$x \to 1\pm 0$ のとき極限値が代入にならないので，点 $x = 1$ で右（左）連続でない．

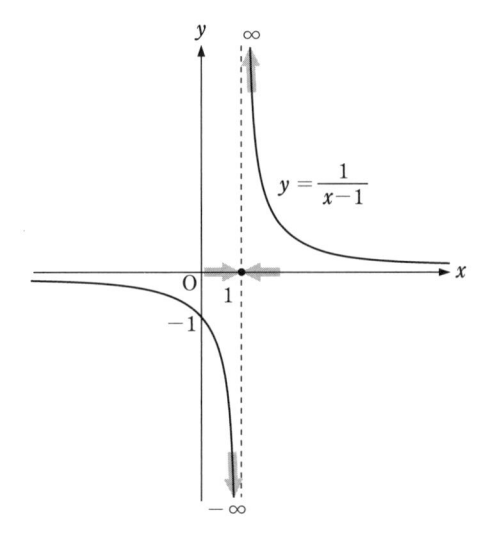

図 **9.6** $y = \dfrac{1}{x-1}$ と右（左）極限 $x \to 1\pm 0$.

[注意1] 変数 x に数値を代入して $\dfrac{0}{0}$ としない．正しくは例 2 (2) を見よ．

$$\lim_{x \to 1+0} \frac{x^2-x}{|x-1|} = \frac{0}{0} \quad \text{✗}$$

[注意2] 右極限と左極限が一致すれば極限になる．

(1) $\displaystyle\lim_{x \to a+0} f(x) = \lim_{x \to a-0} f(x) = b$ ならば $\displaystyle\lim_{x \to a} f(x) = b$

(2) $\displaystyle\lim_{x \to a+0} f(x) = \lim_{x \to a-0} f(x) = f(a)$ ならば $\displaystyle\lim_{x \to a} f(x) = f(a)$

練習問題 9

1. 極限値を求めよ．

(1) $\lim_{x\to -1}(x^4+1)$
(2) $\lim_{x\to 2}(x-1)(x^2+x+1)$
(3) $\lim_{x\to \sqrt{3}}\dfrac{x^2+1}{x^4-1}$

(4) $\lim_{x\to -2}\sqrt{x^2+x+2}$
(5) $\lim_{x\to 3}\dfrac{x^2-2x-3}{x^2-x-6}$
(6) $\lim_{x\to 1}\dfrac{x^3-1}{x^2-1}$

(7) $\lim_{x\to 3}\dfrac{x^2-4x+3}{x^4-81}$
(8) $\lim_{x\to -2}\dfrac{x^3+8}{x^3+2x^2+4x+8}$

(9) $\lim_{x\to 1}\dfrac{\sqrt{x}-1}{x-1}$
(10) $\lim_{x\to -2}\dfrac{\sqrt{2-x}-2}{x+2}$
(11) $\lim_{x\to 1}\dfrac{\sqrt{x}-1}{\sqrt[4]{x}-1}$

(12) $\lim_{x\to -1}\dfrac{\sqrt[3]{x}+1}{x+1}$
(13) $\lim_{x\to \infty}\dfrac{1}{x^2-x-2}$
(14) $\lim_{x\to \infty}(x-\sqrt{x}+1)$

(15) $\lim_{x\to -\infty}\dfrac{x^2+2x-1}{x^2-x+1}$
(16) $\lim_{x\to -\infty}\dfrac{x}{\sqrt{x^2-1}}$ （$y=-x$ とおく）

2. 右(左)極限値を求めよ．

(1) $\lim_{x\to +0}\dfrac{\sqrt{x}-1}{\sqrt{x}+1}$
(2) $\lim_{x\to -0}\dfrac{\sqrt{x+1}}{x}$
(3) $\lim_{x\to 1+0}\dfrac{x^2+1}{x^2-1}$

(4) $\lim_{x\to -1-0}\dfrac{|x+1|}{x^2-1}$

解答

問 9.1 (1) 2 (2) 1
問 9.2 (1) 8 (2) 1
問 9.3 (1) 4 (2) 1
問 9.4 (1) $\dfrac{3}{2}$ (2) 0 (3) $\dfrac{1}{2}$ (4) $-\infty$

練習問題 9

1. (1) 2 (2) 7 (3) $\dfrac{1}{2}$ (4) 2 (5) $\dfrac{4}{5}$ (6) $\dfrac{3}{2}$
(7) $\dfrac{1}{54}$ (8) $\dfrac{3}{2}$ (9) $\dfrac{1}{2}$ (10) $-\dfrac{1}{4}$ (11) 2 (12) $\dfrac{1}{3}$
(13) 0 (14) ∞ (15) 1 (16) -1

2. (1) -1 (2) $-\infty$ (3) ∞ (4) $\dfrac{1}{2}$

§10 不定形の極限

微分など極限の計算でよく現れるのは，分母と分子がともに 0 に近づく式である．ここではそれらの不定形とよばれる極限について調べる．

10.1 不定形とロピタルの定理

不定形の極限を分類して値を求める．

極限 $x \to a$ で変数 x に数値 a を代入すると**不定形**という式になる場合がある．

例1 いろいろな不定形を見ていく．

$x \to a$ のとき変数 x に数値 a を代入してみる．

(1) $\dfrac{0}{0}$ 型 $\displaystyle\lim_{x\to 0}\dfrac{1-\cos x}{x^2}$ では $\dfrac{1-\cos 0}{0^2}=\dfrac{0}{0}$

(2) $\dfrac{\infty}{\infty}$ 型 $\displaystyle\lim_{x\to\infty}\dfrac{x^2}{e^{x^2}}$ では $\dfrac{\infty}{e^\infty}=\dfrac{\infty}{\infty}$

(3) $\infty-\infty$ 型 $\displaystyle\lim_{x\to 0}\left(\dfrac{e^x}{x}-\dfrac{1}{x}\right)$ では $\dfrac{e^0}{0}-\dfrac{1}{0}=\infty-\infty$

(4) $0\times\infty$ 型 $\displaystyle\lim_{x\to 0} x\log|x|$ では $0\log 0=0\times(-\infty)=0\times\infty$

(5) 1^∞ 型 $\displaystyle\lim_{x\to 1} x^{\frac{1}{x-1}}$ では $1^{\frac{1}{0}}=1^\infty$

(6) ∞^0 型 $\displaystyle\lim_{x\to\infty}(1+2x)^{\frac{1}{x}}$ では $(1+\infty)^{\frac{1}{\infty}}=\infty^0$

(7) 0^0 型 $\displaystyle\lim_{x\to +0} x^{2x}$ では 0^0

$\dfrac{0}{0}$ 型と $\dfrac{\infty}{\infty}$ 型の不定形では次が成り立つ．

公式 10.1 $\dfrac{0}{0}$ 型，$\dfrac{\infty}{\infty}$ 型の不定形の計算法，ロピタルの定理

$\displaystyle\lim_{x\to a}\dfrac{f(x)}{g(x)}$ が $\dfrac{0}{0}$ 型または $\dfrac{\infty}{\infty}$ 型の不定形ならば

$$\lim_{x\to a}\dfrac{f(x)}{g(x)}=\lim_{x\to a}\dfrac{f'(x)}{g'(x)}$$

[解説] $\dfrac{0}{0}$ 型や $\dfrac{\infty}{\infty}$ 型の不定形では分母と分子を微分しても極限値が等しい．

[注意] $\dfrac{0}{0}$ 型，$\dfrac{\infty}{\infty}$ 型以外の不定形では公式 10.1 は使えない．また公式 3.3 と区別する．

$$\lim_{x \to a} \frac{f(x)}{g(x)} = \lim_{x \to a} \frac{f'(x)g(x) - f(x)g'(x)}{g(x)^2} \quad \text{✗}$$

> **例題 10.1** 公式 10.1 を用いて極限値を求めよ．
>
> (1) $\displaystyle\lim_{x \to 1} \frac{x^2 + x - 2}{x^2 - 1}$ (2) $\displaystyle\lim_{x \to \pi} \frac{\sin x}{x - \pi}$

解 $\dfrac{0}{0}$ 型の不定形なので分母と分子を微分して整理する．(1) は例題 9.2 の結果と等しくなる．公式 2.3, 6.6 より

(1) $\displaystyle\lim_{x \to 1} \frac{(x^2 + x - 2)'}{(x^2 - 1)'} = \lim_{x \to 1} \frac{2x + 1}{2x} = \frac{3}{2}$

(2) $\displaystyle\lim_{x \to \pi} \frac{(\sin x)'}{(x - \pi)'} = \lim_{x \to \pi} \frac{\cos x}{1} = \cos \pi = -1$

問 10.1 公式 10.1 を用いて極限値を求めよ．

(1) $\displaystyle\lim_{x \to 1} \frac{x^6 - 1}{x^5 - 1}$ (2) $\displaystyle\lim_{x \to 0} \frac{\sin 5x}{x}$

> **例題 10.2** 公式 10.1 を用いて極限値を求めよ．
>
> (1) $\displaystyle\lim_{x \to \infty} \frac{x^2}{e^{x^2}}$ (2) $\displaystyle\lim_{x \to \infty} \frac{\log(x + 1)}{x - 1}$

解 $\dfrac{\infty}{\infty}$ 型の不定形なので分母と分子を微分して整理する．公式 2.3, 4.7, 5.3 より

(1) $\displaystyle\lim_{x \to \infty} \frac{(x^2)'}{(e^{x^2})'} = \lim_{x \to \infty} \frac{2x}{2xe^{x^2}} = \lim_{x \to \infty} \frac{1}{e^{x^2}} = 0$

(2) $\displaystyle\lim_{x \to \infty} \frac{\{\log(x + 1)\}'}{(x - 1)'} = \lim_{x \to \infty} \frac{\frac{1}{x+1}}{1} = 0$

問 10.2 公式 10.1 を用いて極限値を求めよ．

(1) $\displaystyle\lim_{x \to \infty} \frac{x + 1}{e^{2x}}$ (2) $\displaystyle\lim_{x \to \infty} \frac{\log x}{\log(x + 1)}$

> **例題 10.3** 公式 10.1 を何回も用いて極限値を求めよ．
>
> (1) $\displaystyle\lim_{x \to 0} \frac{1 - \cos x}{x^2}$ (2) $\displaystyle\lim_{x \to \infty} \frac{(\log x)^2}{x}$

解 $\dfrac{0}{0}$ 型や $\dfrac{\infty}{\infty}$ 型の不定形でなくなるまで分母と分子を何回も微分する．公式

2.3, 5.3, 6.6 より

(1) $\displaystyle\lim_{x\to 0}\frac{(1-\cos x)'}{(x^2)'} = \lim_{x\to 0}\frac{(\sin x)'}{(2x)'} = \lim_{x\to 0}\frac{\cos x}{2} = \frac{1}{2}$

(2) $\displaystyle\lim_{x\to\infty}\frac{\{(\log x)^2\}'}{(x)'} = \lim_{x\to\infty}\frac{2(\log x)\frac{1}{x}}{1} = \lim_{x\to\infty}\frac{(2\log x)'}{(x)'} = \lim_{x\to\infty}\frac{\frac{2}{x}}{1} = 0$ ∎

問 10.3 公式 10.1 を何回も用いて極限値を求めよ．

(1) $\displaystyle\lim_{x\to 0}\frac{\sin x - x}{x^3}$ (2) $\displaystyle\lim_{x\to\infty}\frac{x^2}{e^{x-1}}$

[注意] 不定形でなくなったら公式 10.1 は使えない．すぐに公式 9.2（代入）を用いる．正しくは例題 10.1 (1) を見よ．

$$\lim_{x\to 1}\frac{(x^2+x-2)'}{(x^2-1)'} = \lim_{x\to 1}\frac{(2x+1)'}{(2x)'} = \frac{2}{2} = 1 \quad ✗$$

例 2 公式 10.1 が使えない場合がある．

次の極限の計算では分母と分子を微分しても極限値が求められない．

(1) $\displaystyle\lim_{x\to\infty}\frac{(\sin x)'}{(\cos x)'} = \lim_{x\to\infty}\frac{(\cos x)'}{(-\sin x)'} = \lim_{x\to\infty}\frac{\sin x}{\cos x}$

微分すると始めの式に戻る．$x\to\infty$ のとき三角関数 $\sin x$ と $\cos x$ は極限値がないので不定形ではない．

$$\lim_{x\to\infty}\frac{\sin x}{\cos x} \quad 極限値はなし$$

(2) $\displaystyle\lim_{x\to\infty}\frac{(e^{x+1})'}{(e^{x-1})'} = \lim_{x\to\infty}\frac{(e^{x+1})'}{(e^{x-1})'} = \lim_{x\to\infty}\frac{e^{x+1}}{e^{x-1}}$

微分すると同じ式が現れる．$\frac{\infty}{\infty}$ 型の不定形だが指数関数 e^x を約分すれば不定形でなくなる．

$$\lim_{x\to\infty}\frac{e^{x+1}}{e^{x-1}} = \lim_{x\to\infty}\frac{e^x e}{e^x e^{-1}} = e^2$$

(3) $\displaystyle\lim_{x\to\infty}\frac{(\sqrt{x-1})'}{(\sqrt{x+1})'} = \lim_{x\to\infty}\frac{\frac{1}{2\sqrt{x-1}}}{\frac{1}{2\sqrt{x+1}}} = \lim_{x\to\infty}\frac{(\sqrt{x+1})'}{(\sqrt{x-1})'} = \lim_{x\to\infty}\frac{\frac{1}{2\sqrt{x+1}}}{\frac{1}{2\sqrt{x-1}}}$

$$= \lim_{x\to\infty}\frac{\sqrt{x-1}}{\sqrt{x+1}}$$

微分すると始めの式に戻る．$\frac{\infty}{\infty}$ 型の不定形だが根号をまとめて，分母と分子に式 $\frac{1}{x}$ を掛ければ不定形でなくなる．

$$\lim_{x\to\infty}\frac{\sqrt{x-1}}{\sqrt{x+1}} = \lim_{x\to\infty}\sqrt{\frac{x-1}{x+1}} = \lim_{x\to\infty}\sqrt{\frac{1-\frac{1}{x}}{1+\frac{1}{x}}} = 1$$

10.2 その他の不定形

やや複雑な極限値を求める．

その他の不定形は $\frac{0}{0}$ 型や $\frac{\infty}{\infty}$ 型に変形して極限を計算する．

> **例題 10.4** $\frac{0}{0}$ 型や $\frac{\infty}{\infty}$ 型の不定形に変形してから，公式 10.1 を用いて極限値を求めよ．
>
> (1) $\displaystyle\lim_{x\to 0}\left(\frac{e^x}{x}-\frac{1}{x}\right)$　　(2) $\displaystyle\lim_{x\to 0} x\log|x|$

解 $\infty-\infty$ 型や $0\times\infty$ 型の不定形を $\frac{0}{0}$ 型や $\frac{\infty}{\infty}$ 型に変形する．公式 2.3, 4.7, 5.3 より

(1) $\displaystyle\lim_{x\to 0}\left(\frac{e^x}{x}-\frac{1}{x}\right) = \lim_{x\to 0}\frac{(e^x-1)'}{(x)'} = \lim_{x\to 0}\frac{e^x}{1} = 1$

(2) $\displaystyle\lim_{x\to 0} x\log|x| = \lim_{x\to 0}\frac{(\log|x|)'}{\left(\frac{1}{x}\right)'} = \lim_{x\to 0}\frac{\frac{1}{x}}{-\frac{1}{x^2}} = \lim_{x\to 0}(-x) = 0$

> **問 10.4** $\frac{0}{0}$ 型や $\frac{\infty}{\infty}$ 型の不定形に変形してから，公式 10.1 を用いて極限値を求めよ．
>
> (1) $\displaystyle\lim_{x\to 0}\left(\frac{1}{\sin x}-\frac{\cos x}{\sin x}\right)$　　(2) $\displaystyle\lim_{x\to\infty} xe^{-x}$

● 対数による極限の計算法

対数を利用すれば指数型の不定形を $\frac{0}{0}$ 型や $\frac{\infty}{\infty}$ 型の不定形に変形できる．このときは次の方法がある．

> **公式 10.2　対数による極限の計算法**
> $$y = \lim_{x\to a} f(x)^{g(x)}$$
> のとき，両辺に log を書いて公式 5.1 (5) により指数を前に出すと
> $$\log y = \lim_{x\to a}\log f(x)^{g(x)} = \lim_{x\to a} g(x)\log f(x)$$
> $$= \lim_{x\to a}\frac{\log f(x)}{g(x)^{-1}} = b$$
> 公式 5.1 (8) より

$$\lim_{x \to a} f(x)^{g(x)} = y = e^{\log y} = e^b$$

解説 $\log$ を書き，公式 5.1 により指数を前に出して $\dfrac{0}{0}$ 型や $\dfrac{\infty}{\infty}$ 型の不定形に変形し，数値 b を計算する．最後に累乗 e^b より極限値を求める．

例3 公式 10.1，10.2 を用いて極限値を求める．

(1) $y = \lim\limits_{x \to 1} x^{\frac{1}{x-1}}$ （1^∞ 型）

両辺に $\log$ を書いて公式 5.1 により指数を前に出すと $\dfrac{0}{0}$ 型の不定形になる．公式 2.3，5.3 より

$$\log y = \lim_{x \to 1} \log x^{\frac{1}{x-1}} = \lim_{x \to 1} \frac{(\log x)'}{(x-1)'} = \lim_{x \to 1} \frac{\frac{1}{x}}{1} = 1$$

$$\lim_{x \to 1} x^{\frac{1}{x-1}} = e^1 = e$$

(2) $y = \lim\limits_{x \to \infty} (1+2x)^{\frac{1}{x}}$ （∞^0 型）

両辺に $\log$ を書いて公式 5.1 により指数を前に出すと $\dfrac{\infty}{\infty}$ 型の不定形になる．公式 2.3，5.3 より

$$\log y = \lim_{x \to \infty} \log (1+2x)^{\frac{1}{x}} = \lim_{x \to \infty} \frac{\{\log (1+2x)\}'}{(x)'} = \lim_{x \to \infty} \frac{\frac{2}{1+2x}}{1} = 0$$

$$\lim_{x \to \infty} (1+2x)^{\frac{1}{x}} = e^0 = 1$$

(3) $y = \lim\limits_{x \to +0} x^{2x}$ （0^0 型）

両辺に $\log$ を書いて公式 5.1 により指数を前に出すと $\dfrac{\infty}{\infty}$ 型の不定形になる．公式 2.3，5.3 より

$$\log y = \lim_{x \to +0} \log x^{2x} = \lim_{x \to +0} 2x \log x = \lim_{x \to +0} \frac{(2\log x)'}{\left(\frac{1}{x}\right)'}$$

$$= \lim_{x \to +0} \frac{\frac{2}{x}}{-\frac{1}{x^2}} = \lim_{x \to +0} (-2x) = 0$$

$$\lim_{x \to +0} x^{2x} = e^0 = 1$$

練習問題 10

1. 公式 10.1 を用いて極限値を求めよ．

(1) $\displaystyle\lim_{x\to 0}\frac{\sqrt{x+1}-1}{x}$
(2) $\displaystyle\lim_{x\to 0}\frac{e^{2x}-1}{x}$
(3) $\displaystyle\lim_{x\to 1}\frac{\log x}{x-1}$

(4) $\displaystyle\lim_{x\to 0}\frac{\tan^{-1}x}{x}$
(5) $\displaystyle\lim_{x\to\infty}\frac{x+1}{\log x}$
(6) $\displaystyle\lim_{x\to\infty}\frac{e^{x+1}}{e^x+1}$

(7) $\displaystyle\lim_{x\to\infty}\frac{e^x+1}{xe^x}$
(8) $\displaystyle\lim_{x\to\infty}\frac{\log x^2}{\log x+1}$
(9) $\displaystyle\lim_{x\to 0}\frac{e^x-x-1}{x^2}$

(10) $\displaystyle\lim_{x\to +0}\frac{\log x}{\log(\sin x)}$
(11) $\displaystyle\lim_{x\to\infty}\frac{(\log x)^2}{\sqrt{x}}$
(12) $\displaystyle\lim_{x\to\infty}\frac{e^x}{x^2+x+1}$

(13) $\displaystyle\lim_{x\to\infty}\left(\frac{x^2}{x-1}-\frac{x^2}{x+1}\right)$
(14) $\displaystyle\lim_{x\to 0}\left(\frac{1}{x}-\frac{1}{\sin x}\right)$

(15) $\displaystyle\lim_{x\to\frac{\pi}{2}}\left(x-\frac{\pi}{2}\right)\tan x$
(16) $\displaystyle\lim_{x\to\infty}x\log\left(1+\frac{1}{x^2}\right)$

2. 公式 10.1, 10.2 を用いて極限値を求めよ．

(1) $\displaystyle\lim_{x\to 0}(1+x^2)^{\frac{1}{x}}$
(2) $\displaystyle\lim_{x\to\infty}x^{\frac{1}{x}}$
(3) $\displaystyle\lim_{x\to\infty}\left(1+\frac{2}{x}\right)^x$

(4) $\displaystyle\lim_{x\to +0}\left(\frac{4}{x}\right)^x$
(5) $\displaystyle\lim_{x\to\infty}\left(\frac{1}{x}\right)^{\frac{1}{x}}$
(6) $\displaystyle\lim_{x\to\infty}\frac{e^{2x}}{e^{x^2}}$

解答

問 10.1 (1) $\dfrac{6}{5}$ (2) 5

問 10.2 (1) 0 (2) 1

問 10.3 (1) $-\dfrac{1}{6}$ (2) 0

問 10.4 (1) 0 (2) 0

練習問題 10

1. (1) $\dfrac{1}{2}$ (2) 2 (3) 1 (4) 1 (5) ∞ (6) e

(7) 0 (8) 2 (9) $\dfrac{1}{2}$ (10) 1 (11) 0

(12) ∞ (13) 2 (14) 0 (15) -1 (16) 0

2. (1) 1 (2) 1 (3) e^2 (4) 1 (5) 1 (6) 0

§11 関数の増減，曲線の凹凸

微分して接線の傾きを求めると曲線の形がわかる．ここでは微分を用いて関数の変化の様子を調べ，グラフをかく．

11.1 関数の増減と極大，極小

関数の増減を調べてグラフをかく．

例1 関数の増減と導関数の符号を調べる．
$$y = x^2+1, \quad y' = 2x$$
(1) $x < 0$ ならば関数 y は減少し，導関数は $y' < 0$ となる．
(2) $x > 0$ ならば関数 y は増加し，導関数は $y' > 0$ となる．

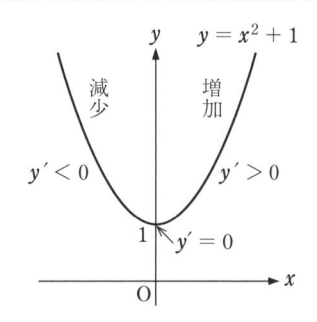

図 11.1 関数の増減と導関数の符号．

● 関数の増減と導関数

一般の関数で増減と導関数の関係を調べる．

(1) 関数が増加する場合

関数 $f(x)$ が増加すると数値 $x_1 < x_2$ に対して
$$f(x_1) < f(x_2)$$
このとき図 11.2 より接線の傾き（導関数）は正になる．
$$f'(x) > 0$$

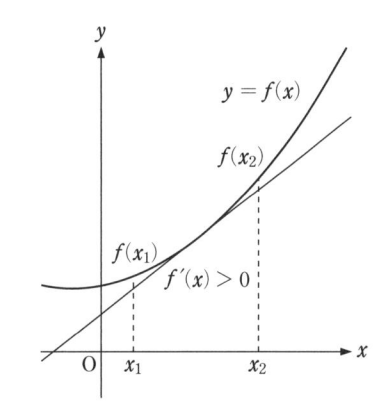

図 11.2 関数 $f(x)$ の増加と $f'(x)$ の符号．

(2) 関数が減少する場合

関数 $f(x)$ が減少すると数値 $x_1 < x_2$ に対して
$$f(x_1) > f(x_2)$$
このとき図 11.3 より接線の傾き（導関数）は負になる．
$$f'(x) < 0$$

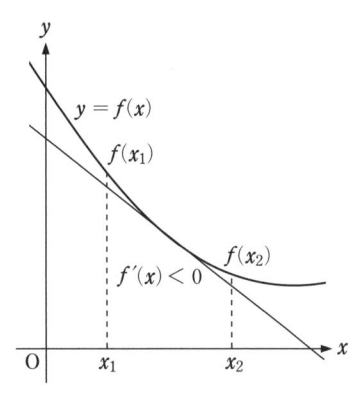

図 11.3 関数 $f(x)$ の減少と $f'(x)$ の符号．

関数の増減と導関数の関係をまとめておく．

公式 11.1　導関数の符号と増加，減少，極大，極小

　関数 $y = f(x)$ で
(1)　導関数が $y' > 0$ ならば**増加**する．
(2)　導関数が $y' < 0$ ならば**減少**する．
(3)　導関数が $y' > 0$ から $y' < 0$ に変わる点で**極大**になる．
(4)　導関数が $y' < 0$ から $y' > 0$ に変わる点で**極小**になる．

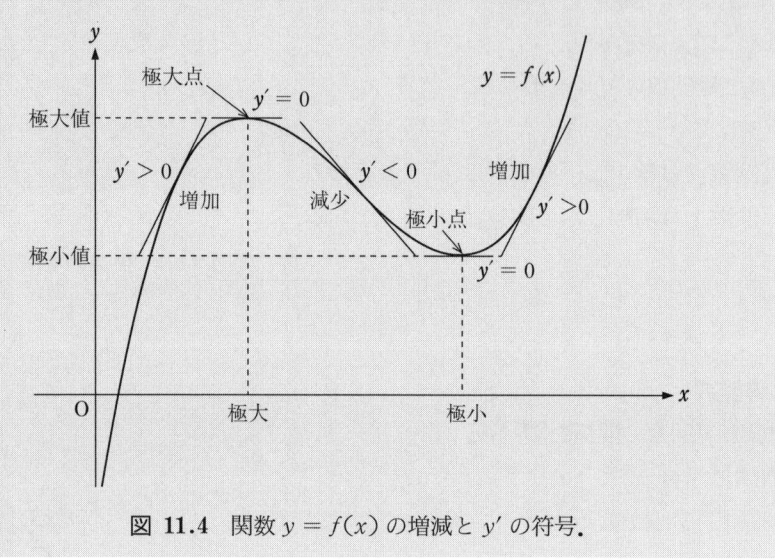

図 11.4　関数 $y = f(x)$ の増減と y' の符号．

[解説]　導関数 y' の符号から関数 $y = f(x)$ の増減がわかる．

例題 11.1　公式 11.1 を用いて導関数 y' から関数の増減表を作り，グラフをかけ．
(1)　$y = x^3 - 3x + 1$　　(2)　$y = x + \dfrac{1}{x}$

[解]　導関数 y' の符号から増減表を作り，グラフをかく．

(1)　$y = x^3 - 3x + 1$

公式 2.3 より
$$y' = 3x^2 - 3 = 0$$
とおくと $3(x+1)(x-1) = 0$, $x = \pm 1$

表 11.1　$y = x^3 - 3x + 1$ の増減表．

x	$\cdots$	-1	$\cdots$	1	$\cdots$
y'	$+$	0	$-$	0	$+$
y	↗	3	↘	-1	↗
		極大		極小	

←── $y' = 0$ となる実数 x を書く．
←── y' の符号と 0 を書く．
←── y の値と増減（↗, ↘）を書く．

76　§11 関数の増減，曲線の凹凸

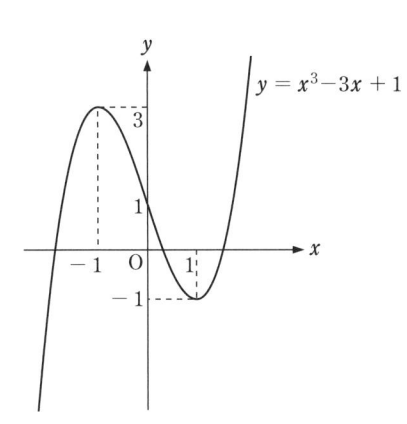

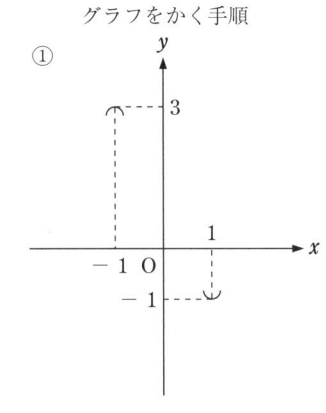

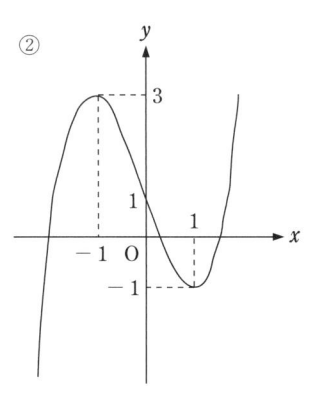

図 11.5　$y=x^3-3x+1$ のグラフ．

図 11.6　$y'=0$ となる点をかく．

図 11.7　各点をなめらかにつなぐ．

(2)　$y = x + \dfrac{1}{x}$

公式 2.3 より

$$y' = 1 - \dfrac{1}{x^2} = 0$$

とおくと　$\dfrac{x^2-1}{x^2} = \dfrac{(x+1)(x-1)}{x^2} = 0, \quad x = \pm 1$

導関数 y' の分母 $x^2 = 0$ とおくと $x = 0$

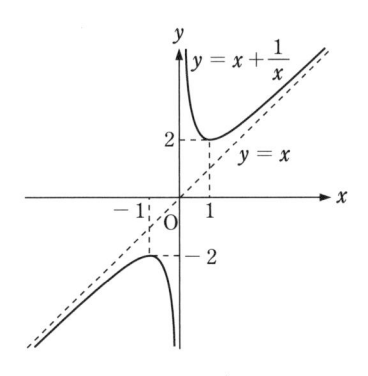

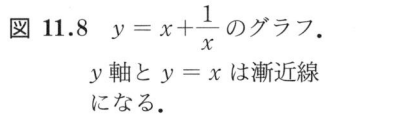

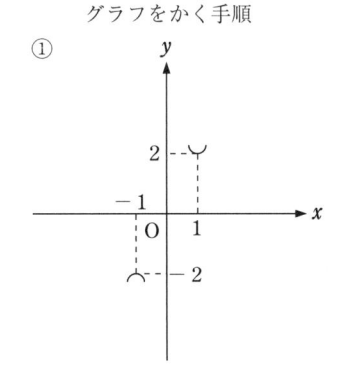

表 11.2　$y = x + \dfrac{1}{x}$ の増減表．

x	$\cdots$	-1	$\cdots$	0	$\cdots$	1	$\cdots$
y'	$+$	0	$-$	$-\infty$	$-$	0	$+$
y	↗	-2	↘	$\pm\infty$	↘	2	↗
		極大				極小	

←── $y'=0$ と y' の分母 $=0$ となる実数 x を書く．
←── y' の符号と 0, $\pm\infty$ を書く．
←── y の値，$\pm\infty$ と増減（↗，↘）を書く．

図 11.8　$y = x + \dfrac{1}{x}$ のグラフ．y 軸と $y=x$ は漸近線になる．

図 11.9　$y'=0$ や y' の分母 $=0$ となる点をかく．

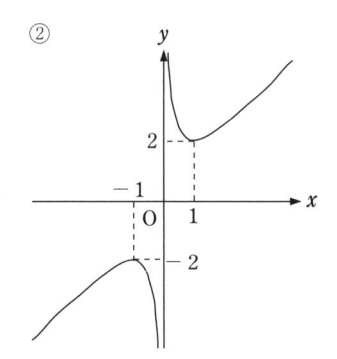

図 11.10　各点をなめらかにつなぐ．

11.1　関数の増減と極大，極小

問 11.1 公式 11.1 を用いて導関数 y' から関数の増減表を作り，グラフをかけ．

(1) $y = 3x^2 - 2x^3$ (2) $y = x^4 - 4x^3 + 4x^2$

注意1 導関数 y' の符号は点 $x = a$ で $y' = 0$ や y' の分母 $= 0$ ならば，0 や $\pm\infty$ をはさんで＋と－が隣り合う．ただし，導関数 y' の式を因数分解して偶数乗 $(x-a)^2$, $(x-a)^4$, $(x-a)^6$, $\cdots$ があれば＋と＋，－と－が隣り合う．

注意2 微分できない（接線がない）場合でも極大や極小になり得る．その点の前後で導関数 y' の符号が逆転すればよい．

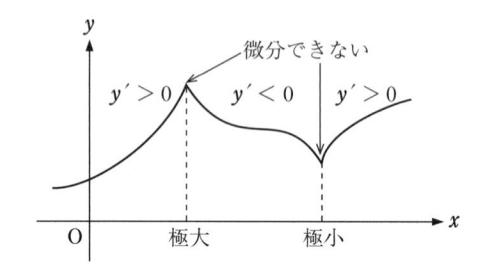

図 11.11 極大（小）点と微分．

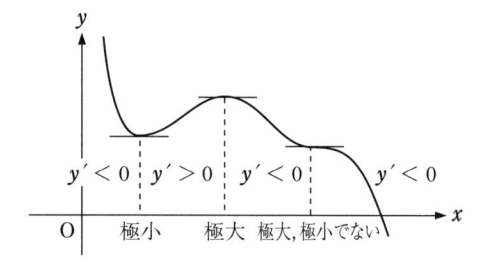

注意3 導関数が $y' = 0$ でも極大や極小にならないことがある．前後で導関数 y' の符号が逆転する点が極大または極小である．導関数 y' の符号が同じならば極大や極小でない．

図 11.12 極大（小）点と y' の符号．

例題 11.2 公式 11.1 を用いて導関数 y' から関数の増減表を作り，最大値と最小値を求めよ．
$$y = x^4 - 2x^2 + 3 \quad (-3 \leq x \leq 2)$$

解 導関数 y' の符号から増減表を作り，最大値と最小値を求める．
$$y = x^4 - 2x^2 + 3 \quad (-3 \leq x \leq 2)$$

公式 2.3 より
$$y' = 4x^3 - 4x = 0$$

とおくと $4x(x+1)(x-1) = 0, \quad x = 0, \pm 1$

表 11.3 $y = x^4 - 2x^2 + 3$ の増減表．

x	-3	$\cdots$	-1	$\cdots$	0	$\cdots$	1	$\cdots$	2
y'		$-$	0	$+$	0	$-$	0	$+$	
y	66	↘	2	↗	3	↘	2	↗	11

表 11.3 より

最大値　$66 \;(x = -3)$，最小値　$2 \;(x = \pm 1)$

問 11.2 公式 11.1 を用いて導関数 y' から関数の増減表を作り，最大値と最小値を求めよ．

(1) $y = x^3 - 3x^2 + 4$ $(-2 \leq x \leq 2)$

(2) $y = 3x^4 - 16x^3 + 24x^2 + 2$ $(-1 \leq x \leq 3)$

[注意] 端点でも最大や最小になり得る．すなわち極大点または端点で最大，極小点または端点で最小になる．

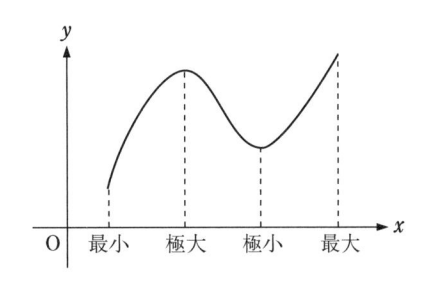

図 11.13 極大(小)点か端点で最大(小)．

11.2 曲線の凹凸

関数の増減と曲線の凹凸を調べてグラフをかく．

例 2 曲線の凹凸と 2 次導関数の符号を調べる．
$$y = x^3 - 3x + 1, \quad y' = 3x^2 - 3, \quad y'' = 6x$$

(1) $x < 0$ ならば曲線 y は上に凸になり，2 次導関数は $y'' < 0$ となる．

(2) $x > 0$ ならば曲線 y は下に凸になり，2 次導関数は $y'' > 0$ となる．

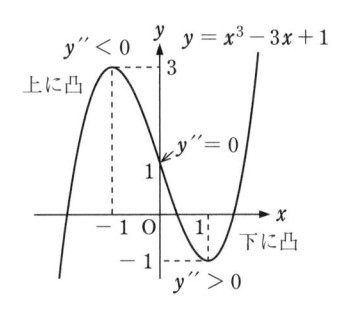

図 11.14 曲線の凹凸と 2 次導関数の符号．

● 曲線の凹凸と 2 次導関数

一般の曲線で凹凸と 2 次導関数の関係を調べる．

(1) 曲線が下に凸の場合

図 11.15 より曲線 $f(x)$ の接線の傾き $f'(x)$ が増加するので数値 $x_1 < x_2$ に対して
$$f'(x_1) < f'(x_2)$$
このとき 2 次導関数は正になる．
$$f''(x) > 0$$

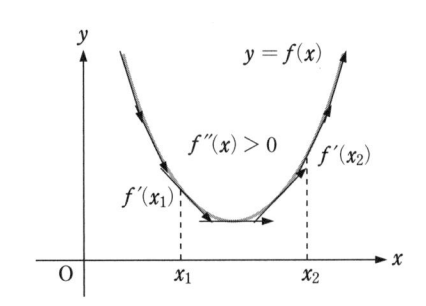

図 11.15 下に凸な曲線 $f(x)$ と $f''(x)$ の符号．

(2) 曲線が上に凸の場合

図 11.16 より曲線 $f(x)$ の接線の傾き $f'(x)$ が減少するので数値 $x_1 < x_2$ に対して
$$f'(x_1) > f'(x_2)$$
このとき 2 次導関数は負になる．
$$f''(x) < 0$$

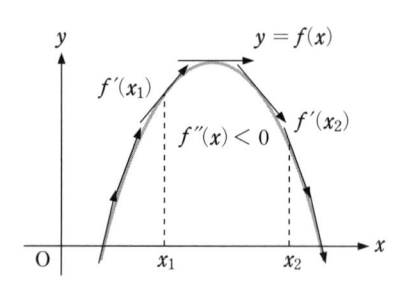

図 11.16 上に凸な曲線 $f(x)$ と $f''(x)$ の符号．

曲線の凹凸と 2 次導関数の関係をまとめておく．

公式 11.2　2 次導関数の符号と曲線の凹凸，変曲点

曲線 $y = f(x)$ で

(1) 2 次導関数が $y'' > 0$ ならば下に凸になる．

(2) 2 次導関数が $y'' < 0$ ならば上に凸になる．

(3) 2 次導関数 y'' の符号が変わる点で**変曲点**になる．

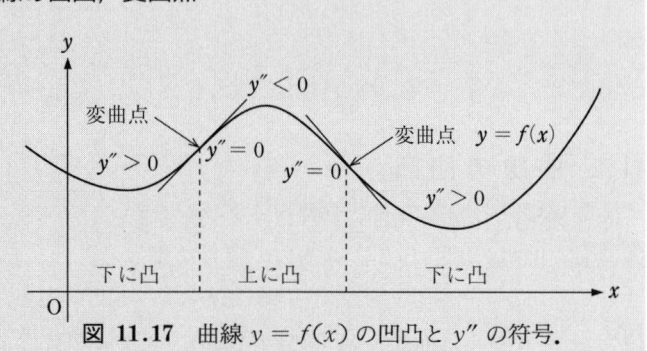

図 11.17 曲線 $y = f(x)$ の凹凸と y'' の符号．

[解説] 2 次導関数 y'' の符号から曲線 $y = f(x)$ の凹凸がわかる．

例題 11.3　公式 11.1, 11.2 を用いて導関数 y', y'' から関数の増減凹凸表を作り，グラフをかけ．
$$y = x^4 - 4x^3$$

解　導関数 y' と y'' の符号から増減凹凸表を作り，グラフをかく．
$$y = x^4 - 4x^3 = x^3(x-4)$$

公式 2.3 より
$$y' = 4x^3 - 12x^2 = 0$$
とおくと $4x^2(x-3) = 0$,　$x = 0, 3$
$$y'' = 12x^2 - 24x = 0$$
とおくと $12x(x-2) = 0$, $x = 0, 2$

表 11.4　$y = x^4 - 4x^3$ の増減凹凸表．

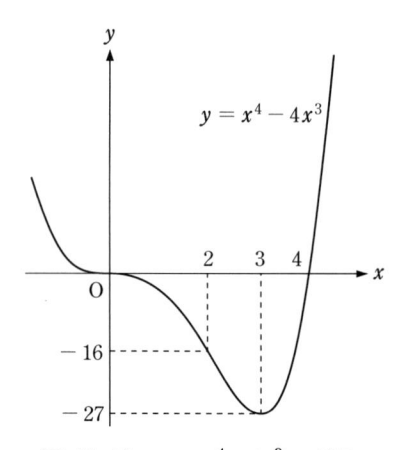

x	$\cdots$	0	$\cdots$	2	$\cdots$	3	$\cdots$
y'	$-$	0	$-$		$-$	0	$+$
y''	$+$	0	$-$	0	$+$		$+$
y	⤻	0	⤹	-16	⤸	-27	⤴
		変曲点		変曲点		極小	

← $y' = 0$, $y'' = 0$ と y', y'' の分母 $= 0$ となる実数 x を書く．

← y', y'' の符号と 0 と $\pm\infty$ を書く．

← y の値，$\pm\infty$ と増減（↗,↘），凹凸（∪, ∩）を書く．

図 11.18　$y = x^4 - 4x^3$ のグラフ．

グラフをかく手順

①

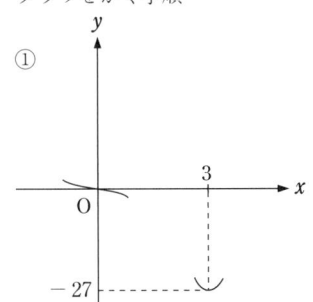

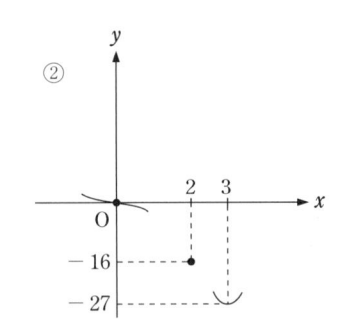

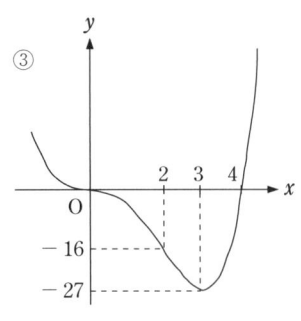

図 11.19 $y'=0$ や y' の分母 $=0$ となる点をかく.

②

図 11.20 $y''=0$ や y'' の分母 $=0$ となる点をかく.

③

図 11.21 各点をなめらかにつなぐ.

問 11.3 公式 11.1, 11.2 を用いて導関数 y', y'' から関数の増減凹凸表を作り,グラフをかけ.

(1) $y=x^3-6x^2+9x+1$　　(2) $y=x^4-18x^2+2$

[注意] 導関数 y' や y'' の符号は点 $x=a$ で $y'=0$, $y''=0$ や y' の分母 $=0$, y'' の分母 $=0$ ならば,0 や $\pm\infty$ をはさんで $+$ と $-$ が隣り合う.ただし,導関数 y' や y'' の式を因数分解して偶数乗 $(x-a)^2$, $(x-a)^4$, $(x-a)^6$, $\cdots$ があれば $+$ と $+$,$-$ と $-$ が隣り合う.

練習問題 11

1. 公式 11.1 を用いて導関数 y' から関数の増減表を作り,グラフをかけ.

(1) $y=2x^3-9x^2+12x+1$　　(2) $y=3x^4-8x^3-6x^2+24x-1$

(3) $y=3x^5-5x^3-2$　　(4) $y=x^2+\dfrac{2}{x}$

2. 公式 11.1 を用いて導関数 y' から関数の増減表を作り,最大値と最小値を求めよ.

(1) $y=2x^3+3x^2-12x-1$　　$(-3\leqq x\leqq 3)$

(2) $y=-x^3+6x^2-9x+3$　　$(-1\leqq x\leqq 4)$

(3) $y=x^4-8x^3+22x^2-24x-2$　　$(0\leqq x\leqq 4)$

(4) $y=3x^4+4x^3-12x^2+1$　　$(-3\leqq x\leqq 2)$

3. 公式 11.1, 11.2 を用いて導関数 y', y'' から関数の増減凹凸表を作り,グラフをかけ.

(1) $y=x^3+3x^2-9x+2$　　(2) $y=-x^3+6x^2-10$

(3) $y=x^4+4x^3-16x+4$　　(4) $y=x^3+\dfrac{3}{x}$

解答

問 11.1(1) [グラフ] (2) [グラフ]

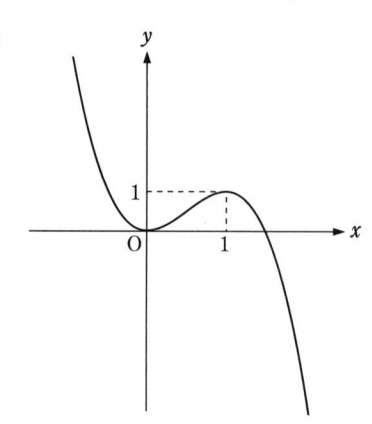

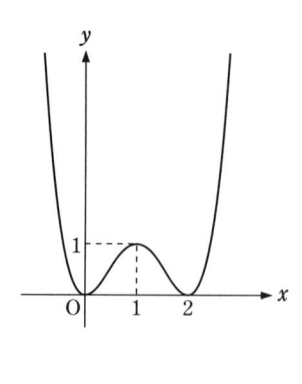

問 11.2(1) 最大値： 4 ($x=0$)
最小値：-16 ($x=-2$)
(2) 最大値：45 ($x=-1$)
最小値： 2 ($x=0$)

問 11.3(1) [グラフ] (2) [グラフ]

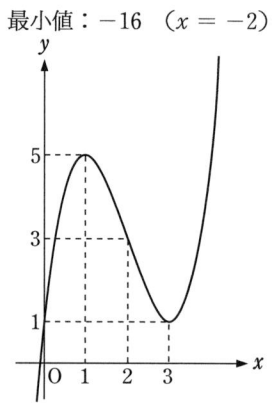

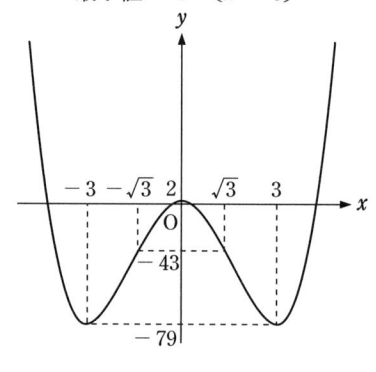

練習問題 11

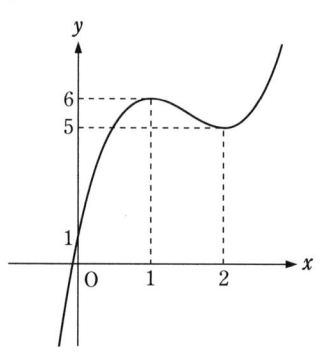

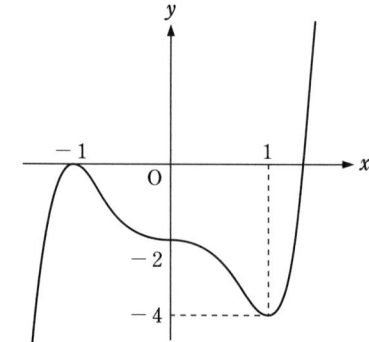

1. (1) [グラフ] (2) [グラフ]

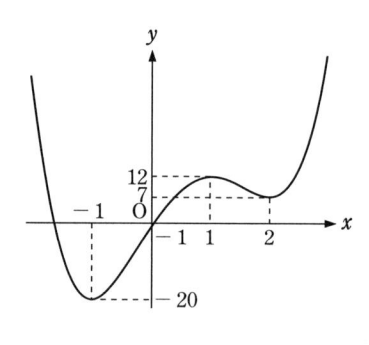

(3) [グラフ] (4) [グラフ]

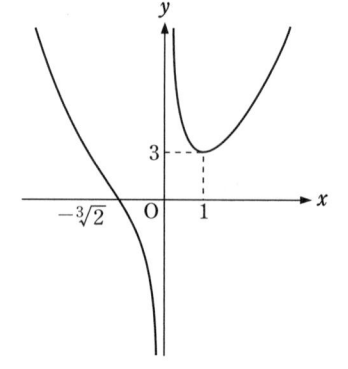

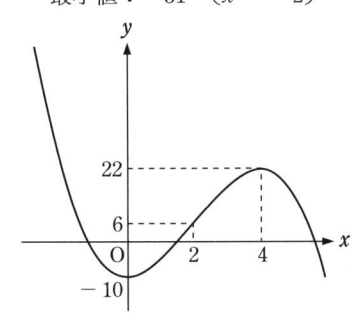

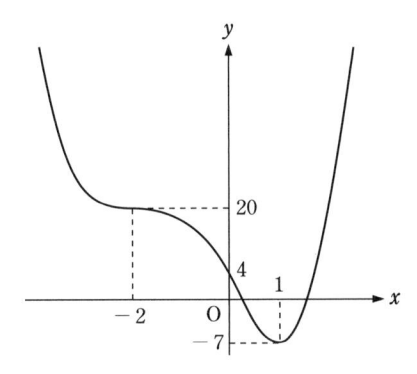

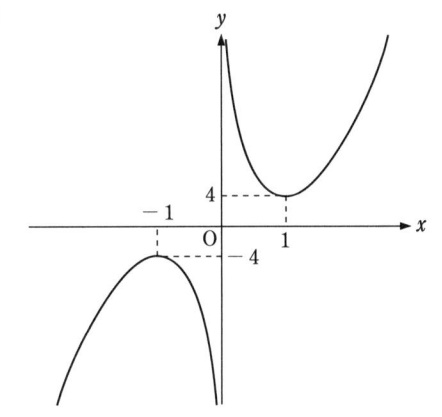

2. (1) 最大値： 44 （$x=3$）
　　　　最小値：-8 （$x=1$）
　　(2) 最大値： 19 （$x=-1$）
　　　　最小値：-1 （$x=1,4$）
　　(3) 最大値：-2 （$x=0,4$）
　　　　最小値：-11 （$x=1,3$）
　　(4) 最大値： 33 （$x=2$）
　　　　最小値：-31 （$x=-2$）

3. (1) (2) (3) (4)

§12 接線と法線，関数の展開

微分の目的は曲線に接線を引くことである．ここでは曲線の接線や法線を求める．さらに別の応用として関数を展開する．

12.1 接線と法線

曲線に接線と法線を引く．

接線とそれに垂直な直線（**法線**）を求める．まず直線の方程式を見ておく．

> **公式 12.1　直線と垂線の方程式**
> (1) 点 $A(a, b)$ を通り，傾きが k の直線 l は
> $$y = k(x-a) + b$$
> (2) 点 $A(a, b)$ を通り，直線 l に垂直な直線（垂線）n は
> $$y = -\frac{1}{k}(x-a) + b$$

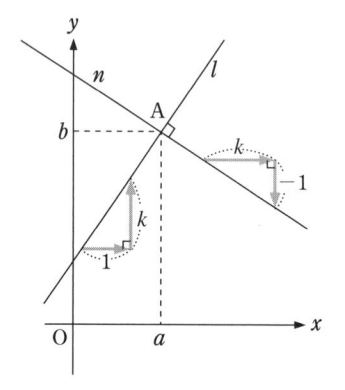

図 12.1　直線 l と垂線 n．

これより接線と法線の方程式は次のようになる．

> **公式 12.2　接線と法線の方程式**
> 曲線 $y = f(x)$ 上の点 $A(a, b)$ で
> (1) 接線 T は
> $$y = f'(a)(x-a) + b$$
> (2) 法線 N は
> $$y = -\frac{1}{f'(a)}(x-a) + b$$

[解説] 微分で接線の傾きが $f'(a)$ になるので，公式 12.1 から直線の方程式が求まる．

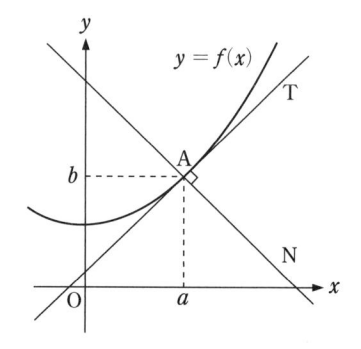

図 12.2　曲線 $y = f(x)$ の接線 T と法線 N．

> **例題 12.1**　公式 12.2 を用いて各点で接線 T と法線 N を求めよ．
> (1) $y = x^2$ 　$(x = 1)$
> (2) $x^2 + y^2 = 4$ 　$(x = \sqrt{2},\ y = \sqrt{2})$
> (3) $\begin{cases} x = \cos t \\ y = \sin t \end{cases}$ 　$\left(t = \dfrac{3}{4}\pi\right)$

[解] 微分して導関数 y' の値を計算し，接線と法線の方程式を求める．

(1) $y = x^2$

公式 2.3 より

$y' = 2x$

$x = 1$ ならば $y = 1$, $y' = 2$

T : $y = 2(x-1)+1 = 2x-1$

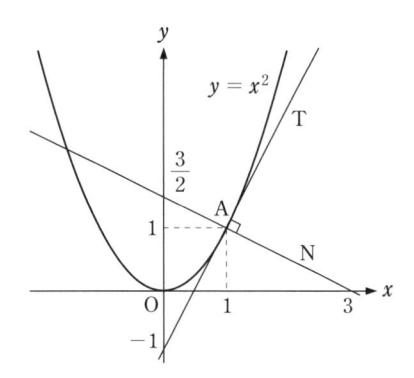

N : $y = -\dfrac{1}{2}(x-1)+1 = -\dfrac{1}{2}x+\dfrac{3}{2}$

図 12.3 曲線 $y = x^2$ 上の点 A$(1,1)$ で接線 T と法線 N.

(2) $x^2+y^2 = 4$

公式 2.3, 8.1 より

$F = x^2+y^2-4 = 0$

$F_x = 2x$, $F_y = 2y$

$y' = -\dfrac{2x}{2y} = -\dfrac{x}{y}$

$\begin{cases} x = \sqrt{2} \\ y = \sqrt{2} \end{cases}$ ならば $y' = -\dfrac{\sqrt{2}}{\sqrt{2}} = -1$

T : $y = -1(x-\sqrt{2})+\sqrt{2} = -x+2\sqrt{2}$

N : $y = 1(x-\sqrt{2})+\sqrt{2} = x$

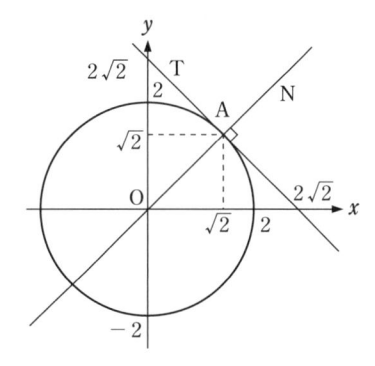

図 12.4 曲線 $x^2+y^2 = 4$ 上の点 A$(\sqrt{2},\sqrt{2})$ で接線 T と法線 N.

(3) $\begin{cases} x = \cos t \\ y = \sin t \end{cases}$

公式 6.6, 8.2 より

$\begin{cases} x_t = -\sin t \\ y_t = \cos t \end{cases}$, $y' = \dfrac{\cos t}{-\sin t}$

$t = \dfrac{3}{4}\pi$ ならば $x = -\dfrac{1}{\sqrt{2}}$, $y = \dfrac{1}{\sqrt{2}}$

$y' = \dfrac{-\dfrac{1}{\sqrt{2}}}{-\dfrac{1}{\sqrt{2}}} = 1$

T : $y = 1\left(x+\dfrac{1}{\sqrt{2}}\right)+\dfrac{1}{\sqrt{2}} = x+\sqrt{2}$

N : $y = -1\left(x+\dfrac{1}{\sqrt{2}}\right)+\dfrac{1}{\sqrt{2}} = -x$

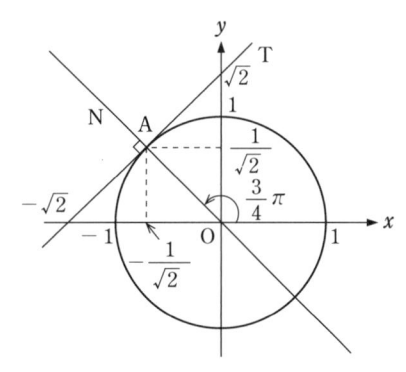

図 12.5 曲線 $x = \cos t$, $y = \sin t$ 上の点 A$\left(-\dfrac{1}{\sqrt{2}},\dfrac{1}{\sqrt{2}}\right)$ で接線 T と法線 N.

問 12.1 公式 12.2 を用いて各点で接線 T と法線 N を求めよ.

(1) $y = x^2 + 2x$ ($x = 1$)   (2) $y = e^{x-2}$ ($x = 1$)

(3) $x^2 + xy + y^2 = 7$ ($x = 2, y = 1$)   (4) $\begin{cases} x = t^2 - t \\ y = t^2 + t \end{cases}$ ($t = 1$)

12.2 関数の展開

いろいろな関数を多項式のように表す.

例1 関数を変数 x のべき x^n の和に展開する.
$$y = \frac{1}{1-x} = 1 + x + x^2 + x^3 + \cdots$$
$-1 < x < 1$ ならば余り x^n は $\lim_{n \to \infty} x^n = 0$. よって関数を多項式のように表せる.

$$\begin{array}{r} 1+x+x^2+x^3 \\ 1-x \overline{)1} \\ \underline{1-x} \\ x \\ \underline{x-x^2} \\ x^2 \\ \underline{x^2-x^3} \\ x^3 \end{array}$$

● 展開の意味と記号

一般の関数を展開する.

関数 $y = f(x)$ を点 $x = a$ で式 $x - a$ のべき $(x-a)^n$ の和 (べき級数) に展開すると
$$f(x) = b_0 + b_1(x-a) + b_2(x-a)^2 + b_3(x-a)^3 + \cdots$$
点 a を中心という. 特に $a = 0$ のときは次のようになる.
$$f(x) = b_0 + b_1 x + b_2 x^2 + b_3 x^3 + \cdots$$
展開するときの係数 b_n の求め方について考える. 微分と代入を繰り返すと

$f(0) = b_0$

$f'(x) = b_1 + 2b_2 x + 3b_3 x^2 + \cdots$

$f'(0) = b_1$

$f''(x) = 2b_2 + 6b_3 x + \cdots$

$f''(0) = 2b_2$ より $\dfrac{1}{2} f''(0) = b_2$

$f'''(x) = 6b_3 + \cdots$

$f'''(0) = 6b_3$ より $\dfrac{1}{6} f'''(0) = b_3$

これより次が成り立つ.

公式 12.3 マクローリン級数展開, 0 でのテーラー級数展開

関数 $y = f(x)$ を点 $x = 0$ でべき級数に展開すると (ただし, $0! = 1$, $n! = 1 \times 2 \times \cdots \times n$ は階乗)
$$f(x) = f(0) + f'(0)x + \frac{1}{2!} f''(0) x^2 + \cdots + \frac{1}{n!} f^{(n)}(0) x^n + \cdots$$

[解説] 点 $x=0$ で何回も微分するとべき級数展開の係数が求まる．

さらに点 $x=a$ でも同様な結果が成り立つ．

> **公式 12.4　テーラー級数展開**
> 関数 $y=f(x)$ を点 $x=a$ でべき級数に展開すると
> $$f(x)=f(a)+f'(a)(x-a)+\frac{1}{2!}f''(a)(x-a)^2+\cdots$$
> $$+\frac{1}{n!}f^{(n)}(a)(x-a)^n+\cdots$$

[解説] 点 $x=a$ で何回も微分するとべき級数展開の係数が求まる．

> **例題 12.2** 公式 12.3，12.4 を用いて各点でべき級数に展開せよ．
> (1) $y=\dfrac{1}{1-x}$ $(x=0)$ (2) $y=e^{-x}$ $(x=0)$
> (3) $y=\sin x$ $(x=\pi)$

[解] 何回も微分して導関数 $y, y', y'', y''', \cdots$ の値を計算し，展開の係数を求める．(1)は例1の結果と等しくなる．

(1) 公式 3.4 より
$$y=\frac{1}{1-x},\ y'=\frac{1}{(1-x)^2},\ y''=\frac{2}{(1-x)^3},\ y'''=\frac{6}{(1-x)^4},\ y^{(4)}=\frac{24}{(1-x)^5},\ \cdots$$
$x=0$ ならば
$$\frac{1}{1-0}=1,\ \frac{1}{(1-0)^2}=1,\ \frac{2}{(1-0)^3}=2,\ \frac{6}{(1-0)^4}=6,\ \frac{24}{(1-0)^5}=24,\ \cdots$$
よって
$$\frac{1}{1-x}=1+1x+\frac{1}{2!}2x^2+\frac{1}{3!}6x^3+\frac{1}{4!}24x^4+\cdots$$
$$=1+x+x^2+x^3+x^4+\cdots$$

(2) 公式 4.7 より
$$y=e^{-x},\ y'=-e^{-x},\ y''=e^{-x},\ y'''=-e^{-x},\ y^{(4)}=e^{-x},\ \cdots$$
$x=0$ ならば
$$e^0=1,\ -e^0=-1,\ e^0=1,\ -e^0=-1,\ e^0=1,\ \cdots$$
よって
$$e^{-x}=1+(-1)x+\frac{1}{2!}1x^2+\frac{1}{3!}(-1)x^3+\frac{1}{4!}1x^4+\cdots$$
$$=1-x+\frac{x^2}{2!}-\frac{x^3}{3!}+\frac{x^4}{4!}-\cdots$$

(3) 公式 6.6 より

$y = \sin x$, $y' = \cos x$, $y'' = -\sin x$, $y''' = -\cos x$, $y^{(4)} = \sin x$, $\cdots$

$x = \pi$ ならば

$\sin \pi = 0$, $\cos \pi = -1$, $-\sin \pi = 0$, $-\cos \pi = 1$, $\sin \pi = 0$, $\cdots$

よって

$$\sin x = 0 + (-1)(x-\pi) + \frac{1}{2!}0(x-\pi)^2 + \frac{1}{3!}1(x-\pi)^3 + \frac{1}{4!}0(x-\pi)^4$$
$$+ \frac{1}{5!}(-1)(x-\pi)^5 + \cdots$$
$$= -(x-\pi) + \frac{(x-\pi)^3}{3!} - \frac{(x-\pi)^5}{5!} + \cdots$$

問 12.2 公式 12.3, 12.4 を用いて各点でべき級数に展開せよ．

(1) $y = e^{x+1}$ $(x = 0)$ (2) $y = \dfrac{1}{x}$ $(x = 1)$

例 2 いろいろな関数をべき級数に展開する．

(1) $e^x = 1 + x + \dfrac{x^2}{2!} + \dfrac{x^3}{3!} + \dfrac{x^4}{4!} + \cdots$

(2) $\sin x = x - \dfrac{x^3}{3!} + \dfrac{x^5}{5!} - \dfrac{x^7}{7!} + \cdots$

(3) $\cos x = 1 - \dfrac{x^2}{2!} + \dfrac{x^4}{4!} - \dfrac{x^6}{6!} + \cdots$

(4) $\log(1+x) = x - \dfrac{x^2}{2} + \dfrac{x^3}{3} - \dfrac{x^4}{4} + \cdots$ $(-1 < x \leqq 1)$

(5) $(1+x)^n = 1 + nx + \dfrac{n(n-1)}{2!}x^2 + \dfrac{n(n-1)(n-2)}{3!}x^3 + \cdots$

$(-1 < x < 1)$

練習問題 12

1. 公式 12.2 を用いて各点で接線 T と法線 N を求めよ．

(1) $y = x^3 + 3x + 1$ $(x = 1)$ (2) $y = \dfrac{1}{x}$ $(x = 2)$

(3) $y = 2^{x+1}$ $(x = -1)$ (4) $y = \log(x+1)$ $(x = 0)$

(5) $y = \sin x$ $\left(x = \dfrac{\pi}{3}\right)$ (6) $y = \sin^{-1} x$ $\left(x = \dfrac{1}{2}\right)$

(7) $x^3 - xy + y^3 = 1$ $(x = -1, y = 1)$

(8) $\begin{cases} x = \cos t \\ y = 2\sin t \end{cases}$ $\left(t = \dfrac{\pi}{4}\right)$

2. 公式 12.3，12.4 を用いて各点でべき級数に展開せよ．

(1)　$y = (x+1)^4$　$(x=0)$　　(2)　$y = \sin 2x$　$(x=0)$

(3)　$y = \log x$　$(x=1)$　　(4)　$y = \sqrt{x}$　$(x=1)$

解答

問 12.1 (1)　T : $y = 4x-1$,　　N : $y = -\dfrac{1}{4}x + \dfrac{13}{4}$

(2)　T : $y = \dfrac{x}{e}$,　　N : $y = -ex + e + \dfrac{1}{e}$

(3)　T : $y = -\dfrac{5}{4}x + \dfrac{7}{2}$,　　N : $y = \dfrac{4}{5}x - \dfrac{3}{5}$

(4)　T : $y = 3x+2$,　　N : $y = -\dfrac{1}{3}x + 2$

問 12.2 (1)　$e^{x+1} = e + ex + \dfrac{e}{2!}x^2 + \dfrac{e}{3!}x^3 + \dfrac{e}{4!}x^4 + \cdots$

(2)　$\dfrac{1}{x} = 1 - (x-1) + (x-1)^2 - (x-1)^3 + (x-1)^4 - \cdots$

練習問題 12

1. (1)　T : $y = 6x-1$, N : $y = -\dfrac{1}{6}x + \dfrac{31}{6}$

(2)　T : $y = -\dfrac{1}{4}x+1$, N : $y = 4x - \dfrac{15}{2}$

(3)　T : $y = (\log 2)x + \log 2 + 1$, N : $y = -\dfrac{x}{\log 2} - \dfrac{1}{\log 2} + 1$

(4)　T : $y = x$, N : $y = -x$

(5)　T : $y = \dfrac{1}{2}x - \dfrac{\pi}{6} + \dfrac{\sqrt{3}}{2}$, N : $y = -2x + \dfrac{2}{3}\pi + \dfrac{\sqrt{3}}{2}$

(6)　T : $y = \dfrac{2}{\sqrt{3}}x - \dfrac{1}{\sqrt{3}} + \dfrac{\pi}{6}$, N : $y = -\dfrac{\sqrt{3}}{2}x + \dfrac{\sqrt{3}}{4} + \dfrac{\pi}{6}$

(7)　T : $y = -\dfrac{1}{2}x + \dfrac{1}{2}$, N : $y = 2x+3$

(8)　T : $y = -2x + 2\sqrt{2}$, N : $y = \dfrac{1}{2}x + \dfrac{3}{2\sqrt{2}}$

2. (1)　$(x+1)^4 = 1 + 4x + 6x^2 + 4x^3 + x^4$

(2)　$\sin 2x = 2x - \dfrac{8}{3!}x^3 + \dfrac{32}{5!}x^5 - \cdots$

(3)　$\log x = (x-1) - \dfrac{(x-1)^2}{2} + \dfrac{(x-1)^3}{3} - \dfrac{(x-1)^4}{4} + \cdots$

(4)　$\sqrt{x} = 1 + \dfrac{1}{2}(x-1) - \dfrac{1}{4\cdot 2}(x-1)^2 + \dfrac{3\cdot 1}{6\cdot 4\cdot 2}(x-1)^3 - \dfrac{5\cdot 3\cdot 1}{8\cdot 6\cdot 4\cdot 2}(x-1)^4 + \cdots$

II

積分

§13 不定積分，n 次関数と分数関数の積分

関数を用いていろいろな図形の面積を求めるために，ここでは微分の逆である不定積分を導入する．そして n 次関数や分数関数を積分する．

13.1 不定積分

図形の面積を関数で表して微分する．

例1 三角形の面積を関数で表して微分する．

原点 O と点 x の間で直線 $y = 2x$ と x 軸に囲まれた三角形の面積 $S(x)$ は

$$S(x) = \frac{1}{2} \times x \times 2x = x^2$$

これを微分すれば直線の式 $2x$ になる．

$$S'(x) = 2x$$

図 13.1 三角形の面積 $S(x) = x^2$ と直線の式 $y = 2x$．

● **不定積分の意味と記号**

一般の図形の面積を関数で表して微分する．

点 a と点 x の間で曲線 $y = f(x)$ と x 軸に囲まれた図形の面積を $S(x)$ とする．

y 軸に平行で底辺が $\varDelta x$，高さが $f(x)$ の長方形を作ると，面積 $\varDelta S$ は

$$\varDelta S = f(x)\, \varDelta x$$

$\varDelta x \to 0$ として拡大すると底辺は dx になり，面積 dS は

$$dS = f(x)\, dx$$

すなわち図形の面積 $S(x)$ を微分すれば曲線の式 $f(x)$ になる．

$$S'(x) = \frac{dS}{dx} = f(x)$$

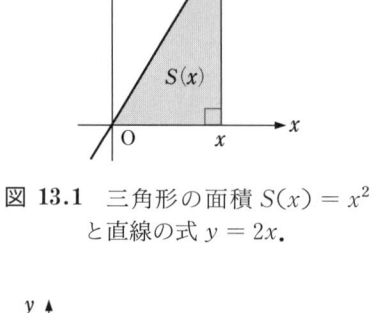

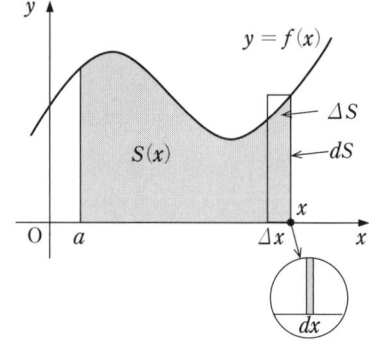

図 13.2 図形の面積 $S(x)$ と曲線の式 $y = f(x)$．

逆に面積 $S(x)$ を求めるには微分して曲線の式 $f(x)$ になる関数を見つければよい．つまり微分の逆をたどることが積分になる．

$$\text{面積 } S(x) \underset{\text{積分}}{\overset{\text{微分}}{\rightleftarrows}} f(x) \text{ 曲線}$$

ここで積分の記号を導入する．関数 $f(x)$ に対して

$$F'(x) = f(x)$$

ならば関数 $F(x)$ を関数 $f(x)$ の**不定積分**（**積分**）といい，次のように書く．

$$F(x) = \int f(x)\, dx$$

微分と積分の記号について見ておく．

$$\frac{dF}{dx}(x) = f(x) \qquad\qquad (F(x) \xrightarrow{\text{微分}} f(x))$$

$$dF(x) = f(x)\,dx$$

$$F(x) = \int dF(x) = \int \underbrace{f(x)\,dx}_{\text{長方形の面積}} \quad\overset{\text{たし合わせる}}{} \qquad (F(x) \xleftarrow{\text{積分}} f(x))$$

微分記号 d には細かく分割する働きがある．逆に積分記号 $\int$ にはたし合わせる働きがあるので，$\int$ と d は打ち消し合って上の式が成り立つ．

不定積分は多数あるので，**積分定数** C を用いて表す．

例 2 不定積分では積分定数を用いる．
$$(x^2)' = 2x, \quad (x^2 \pm 1)' = 2x$$
$$(x^2 \pm 2)' = 2x, \quad (x^2 \pm 3)' = 2x$$
より $\int 2x\,dx = x^2 + C$

例 3 微分の逆をたどって積分を求める．

(1) $2 \overset{\text{積分}}{\underset{\text{微分}}{\rightleftarrows}} 2x$ より $\int 2\,dx = 2x + C$

(2) $x \overset{\text{積分}}{\underset{\text{微分}}{\rightleftarrows}} \frac{1}{2}x^2$ より $\int x\,dx = \frac{1}{2}x^2 + C$

(3) $x^2 \overset{\text{積分}}{\underset{\text{微分}}{\rightleftarrows}} \frac{1}{3}x^3$ より $\int x^2\,dx = \frac{1}{3}x^3 + C$

(4) $x^3 \overset{\text{積分}}{\underset{\text{微分}}{\rightleftarrows}} \frac{1}{4}x^4$ より $\int x^3\,dx = \frac{1}{4}x^4 + C$

13.2 n 次関数の積分

n 次関数を積分する．

例 3 より n 次関数 $y = x^n$ の積分の公式がわかる．

公式 13.1 定数 k と n 次関数の積分

(1) $\int k\,dx = kx + C$

(2) $\int x^n\,dx = \dfrac{1}{n+1}x^{n+1} + C \qquad (n \neq -1)$

(3) $\int (x+b)^n\,dx = \dfrac{1}{n+1}(x+b)^{n+1} + C \qquad (n \neq -1,\ b\text{ は定数})$

[解説] (1)では定数関数 k を積分すると kx になる．(2)では n 次関数 x^n を積分すると $(n+1)$ 次関数 $\dfrac{1}{n+1}x^{n+1}$ になる．ただし，$n \neq -1$ とする．(3)では1次式 $x+b$ の n 次関数 $(x+b)^n$ でも同様な結果が成り立つ．

ここで指数の計算についてまとめておく．

公式 13.2　0と負と分数の指数

(1) $a \neq 0$ のとき　$a^0 = 1$,　$\dfrac{1}{a^n} = a^{-n}$

(2) $a > 0$ のとき　$\sqrt[n]{a} = a^{\frac{1}{n}}$,　$\sqrt[n]{a^m} = \sqrt[n]{a}^m = a^{\frac{m}{n}}$

公式 13.3　指数法則

(1) $a^p a^q = a^{p+q}$　(2) $\dfrac{a^p}{a^q} = a^{p-q}$　(3) $(a^p)^q = a^{pq}$

(4) $(ab)^p = a^p b^p$　(5) $\left(\dfrac{a}{b}\right)^p = \dfrac{a^p}{b^p} = a^p b^{-p}$

例題 13.1　定数か x^n や $(x+b)^n$ に変形してから，公式 13.1 を用いて積分を求めよ．

(1) $\displaystyle\int 5\,dx$　(2) $\displaystyle\int dx$　(3) $\displaystyle\int x^4\,dx$

(4) $\displaystyle\int \dfrac{1}{x^2}\,dx$　(5) $\displaystyle\int \sqrt{x}\,dx$　(6) $\displaystyle\int \dfrac{1}{\sqrt{x}}\,dx$

(7) $\displaystyle\int (x+1)^3\,dx$　(8) $\displaystyle\int \dfrac{1}{\sqrt[3]{x-1}^2}\,dx$

解　公式 13.2，13.3 を用いて指数 n を計算してから積分する．

(1) $\displaystyle\int 5\,dx = 5x + C$

(2) $\displaystyle\int dx = \int 1\,dx = x + C$

(3) $\displaystyle\int x^4\,dx = \dfrac{1}{5}x^5 + C$

(4) $\displaystyle\int \dfrac{1}{x^2}\,dx = \int x^{-2}\,dx = \dfrac{1}{-1}x^{-1} + C = -\dfrac{1}{x} + C$

(5) $\displaystyle\int \sqrt{x}\,dx = \int x^{\frac{1}{2}}\,dx = \dfrac{2}{3}x^{\frac{3}{2}} + C = \dfrac{2}{3}\sqrt{x}^3 + C$

(6) $\displaystyle\int \dfrac{1}{\sqrt{x}}\,dx = \int x^{-\frac{1}{2}}\,dx = 2x^{\frac{1}{2}} + C = 2\sqrt{x} + C$

(7) $\displaystyle\int (x+1)^3\,dx = \dfrac{1}{4}(x+1)^4 + C$

(8) $\displaystyle\int \dfrac{1}{\sqrt[3]{x-1}^2}\,dx = \int (x-1)^{-\frac{2}{3}}\,dx = 3(x-1)^{\frac{1}{3}} + C = 3\sqrt[3]{x-1} + C$

問 13.1 x^n や $(x+b)^n$ に変形してから，公式 13.1 を用いて積分を求めよ．

(1) $\displaystyle\int x^2 x^3\,dx$ (2) $\displaystyle\int \frac{x^2}{x^8}\,dx$ (3) $\displaystyle\int \frac{1}{x^4}\,dx$

(4) $\displaystyle\int \frac{1}{\sqrt{x}^3}\,dx$ (5) $\displaystyle\int x\sqrt{x}\,dx$ (6) $\displaystyle\int \frac{\sqrt[3]{x}^2}{x}\,dx$

(7) $\displaystyle\int \frac{1}{(x-3)^2}\,dx$ (8) $\displaystyle\int \sqrt[4]{x+2}\,dx$

13.3　関数の定数倍と和や差の積分

関数に定数を掛けたり，関数をたしたり，引いたりして積分すると，次が成り立つ．

公式 13.4　関数の定数倍と和の積分

(1) $\displaystyle\int k f(x)\,dx = k\int f(x)\,dx$　　　（k は定数）

(2) $\displaystyle\int \{f(x)+g(x)\}\,dx = \int f(x)\,dx + \int g(x)\,dx$

[解説]　(1) では定数を外に出し，(2) では関数の和を分けて積分する．

例題 13.2　公式 13.1, 13.4 を用いて積分を求めよ．

(1) $\displaystyle\int \left(6x^3-3x^2+\frac{4}{x^3}\right)dx$ (2) $\displaystyle\int \{(2x)^3+\sqrt{3x}\}\,dx$

(3) $\displaystyle\int (x+1)(x^2+1)\,dx$ (4) $\displaystyle\int \frac{x^4+\sqrt{x}}{x^2}\,dx$

[解]　公式 13.2, 13.3 を用いて各項を x^n の式にしてから，公式 13.1 により積分する．

(1) $\displaystyle\int \left(6x^3-3x^2+\frac{4}{x^3}\right)dx = 6\int x^3\,dx - 3\int x^2\,dx + 4\int x^{-3}\,dx$

$\displaystyle\qquad = \frac{6}{4}x^4 - \frac{3}{3}x^3 - \frac{4}{2}x^{-2}+C = \frac{3}{2}x^4 - x^3 - \frac{2}{x^2}+C$

(2) $\displaystyle\int \{(2x)^3+\sqrt{3x}\}\,dx = \int \{8x^3+(3x)^{\frac{1}{2}}\}\,dx = 8\int x^3\,dx + \sqrt{3}\int x^{\frac{1}{2}}\,dx$

$\displaystyle\qquad = \frac{8}{4}x^4 + \frac{2\sqrt{3}}{3}x^{\frac{3}{2}}+C = 2x^4 + \frac{2}{\sqrt{3}}\sqrt{x}^3 + C$

(3) $\displaystyle\int (x+1)(x^2+1)\,dx = \int (x^3+x^2+x+1)\,dx$

$\displaystyle\qquad = \int x^3\,dx + \int x^2\,dx + \int x\,dx + \int dx$

$\displaystyle\qquad = \frac{1}{4}x^4 + \frac{1}{3}x^3 + \frac{1}{2}x^2 + x + C$

(4) $\int \dfrac{x^4+\sqrt{x}}{x^2}\,dx = \int\left(\dfrac{x^4}{x^2}+\dfrac{\sqrt{x}}{x^2}\right)dx = \int x^2\,dx + \int x^{-\frac{3}{2}}\,dx$

$\qquad\qquad\qquad = \dfrac{1}{3}x^3 - 2x^{-\frac{1}{2}} + C = \dfrac{1}{3}x^3 - \dfrac{2}{\sqrt{x}} + C$

問 13.2 公式 13.1, 13.4 を用いて積分を求めよ．

(1) $\int\left(6x^5+5x^4-\dfrac{1}{x^2}\right)dx$ 　　(2) $\int\left\{\sqrt{\dfrac{4}{x^3}}+\dfrac{1}{\sqrt{2x}}+(3x)^2\right\}dx$

(3) $\int(x-1)\left(\dfrac{1}{x^3}+1\right)dx$ 　　(4) $\int\dfrac{x^2+\sqrt{x}^3-\sqrt{x}}{x}\,dx$

注意1 変数は外に出せない．正しくは例 3 (4) を見よ．

$$\int x^3\,dx = x\int x^2\,dx = x\dfrac{1}{3}x^3 + C \quad \text{✗}$$

注意2 積や分数では 2 つの関数を同時に積分できない．正しくは例題 13.2 (3), (4) を見よ．

(1) $\int(x+1)(x^2+1)\,dx = \int(x+1)\,dx\int(x^2+1)\,dx$

$\qquad\qquad\qquad = \left(\dfrac{1}{2}x^2+x\right)\left(\dfrac{1}{3}x^3+x\right) + C \quad \text{✗}$

(2) $\int\dfrac{x^4+\sqrt{x}}{x^2}\,dx = \dfrac{\int(x^4+\sqrt{x})\,dx}{\int x^2\,dx} = \dfrac{\frac{1}{5}x^5+\frac{2}{3}\sqrt{x}^3}{\frac{1}{3}x^3} + C \quad \text{✗}$

13.4 分数関数の積分

1 次式の分数関数を積分すると，次が成り立つ．

公式 13.5　分数関数の積分

(1) $\int\dfrac{1}{x}\,dx = \int x^{-1}\,dx = \log|x| + C$

(2) $\int\dfrac{1}{x+b}\,dx = \int(x+b)^{-1}\,dx = \log|x+b| + C$ 　　（b は定数）

解説 分数関数 $\dfrac{1}{x}$ や $\dfrac{1}{x+b}$ を積分すると対数関数 $\log|x|$ や $\log|x+b|$ になる．これは公式 13.1 で除かれた $n=-1$ の場合である．

例題 13.3 公式 13.1, 13.4, 13.5 を用いて積分を求めよ．

(1) $\int\dfrac{2}{x-1}\,dx$ 　　(2) $\int\dfrac{1}{2x+4}\,dx$ 　　(3) $\int\dfrac{x^3+2x+3}{x}\,dx$

解 公式 13.2, 13.3 を用いて各項を x^n や $\dfrac{1}{x+b}$ に変形してから積分する.

(1) $\displaystyle\int \dfrac{2}{x-1}\,dx = 2\int \dfrac{1}{x-1}\,dx = 2\log|x-1|+C$

(2) $\displaystyle\int \dfrac{1}{2x+4}\,dx = \dfrac{1}{2}\int \dfrac{1}{x+2}\,dx = \dfrac{1}{2}\log|x+2|+C$

(3) $\displaystyle\int \dfrac{x^3+2x+3}{x}\,dx = \int\left(\dfrac{x^3}{x}+\dfrac{2x}{x}+\dfrac{3}{x}\right)dx = \int x^2\,dx + 2\int dx + 3\int \dfrac{1}{x}\,dx$

$\qquad\qquad\qquad = \dfrac{1}{3}x^3 + 2x + 3\log|x| + C$ ∎

問 13.3 公式 13.1, 13.4, 13.5 を用いて積分を求めよ.

(1) $\displaystyle\int \dfrac{3}{x+4}\,dx$ (2) $\displaystyle\int \dfrac{1}{3x-6}\,dx$

(3) $\displaystyle\int \left(3x^2+\dfrac{5}{x}-\dfrac{2}{x^3}\right)dx$ (4) $\displaystyle\int \dfrac{x^3-x+2}{x^2}\,dx$

注意1 分数関数の積分では単純に対数 (log) を用いない. 正しくは例題 13.1 (4), 例題 13.3 (2) を見よ.

(1) $\displaystyle\int \dfrac{1}{x^2}\,dx = \log|x^2| + C$ ✗

(2) $\displaystyle\int \dfrac{1}{2x+4}\,dx = \log|2x+4| + C$ ✗

注意2 分子が定数でなければ除法を用いる.

$\displaystyle\int \dfrac{x^2+1}{x-1}\,dx = \int \dfrac{(x-1)(x+1)+2}{x-1}\,dx$

$\qquad\qquad\qquad = \int \left(x+1+\dfrac{2}{x-1}\right)dx$

$\qquad\qquad\qquad = \dfrac{1}{2}x^2 + x + 2\log|x-1| + C$

$\begin{array}{r} x+1 \\ x-1\,\overline{)\,x^2+1} \\ \underline{x^2-x} \\ x+1 \\ \underline{x-1} \\ 2 \end{array}$

練習問題 13

1. 公式 13.1, 13.4, 13.5 を用いて積分を求めよ.

(1) $\displaystyle\int \dfrac{x^{10}}{x^3}\,dx$ (2) $\displaystyle\int \sqrt[3]{x^{-4}}\,dx$ (3) $\displaystyle\int \dfrac{x}{\sqrt[3]{x}}\,dx$

(4) $\displaystyle\int \dfrac{1}{x^2\sqrt[5]{x}}\,dx$ (5) $\displaystyle\int (x-4)^6\,dx$ (6) $\displaystyle\int \dfrac{1}{\sqrt[3]{x}+5}\,dx$

(7) $\displaystyle\int 7x\sqrt{x}^3\,dx$ (8) $\displaystyle\int \dfrac{1}{2x\sqrt[3]{x}}\,dx$ (9) $\displaystyle\int \dfrac{7x}{\sqrt{x}\sqrt[3]{x}}\,dx$

(10) $\int x^2(2x)^5\,dx$ (11) $\int (3x)^3\sqrt{\dfrac{x}{4}}\,dx$ (12) $\int \dfrac{\sqrt[3]{8x^2}}{\sqrt{4x^3}}\,dx$

(13) $\int \dfrac{x^3+3x-2}{4}\,dx$ (14) $\int \left(\dfrac{1}{\sqrt{x}^3}+\dfrac{2}{\sqrt[3]{x}}-\dfrac{3}{\sqrt[4]{x}}\right)dx$

(15) $\int \left(x+\dfrac{1}{x^2}\right)(\sqrt{x}+1)\,dx$ (16) $\int \dfrac{5x^2-2\sqrt{x}^3+\sqrt{x}^{-3}}{\sqrt{x}}\,dx$

(17) $\int \left(\dfrac{2}{x}-\dfrac{3}{x^2}-\dfrac{16}{x^5}\right)dx$ (18) $\int \dfrac{x-2\sqrt{x}+4}{\sqrt{x}^3}\,dx$

(19) $\int \dfrac{2x-1}{2x+1}\,dx$ (20) $\int \dfrac{x^2-3x+4}{x+1}\,dx$

解答

問 13.1 (1) $\dfrac{1}{6}x^6+C$ (2) $-\dfrac{1}{5x^5}+C$ (3) $-\dfrac{1}{3x^3}+C$

(4) $-\dfrac{2}{\sqrt{x}}+C$ (5) $\dfrac{2}{5}\sqrt{x}^5+C$ (6) $\dfrac{3}{2}\sqrt[3]{x^2}+C$

(7) $-\dfrac{1}{x-3}+C$ (8) $\dfrac{4}{5}\sqrt[4]{x+2}^5+C$

問 13.2 (1) $x^6+x^5+\dfrac{1}{x}+C$ (2) $-\dfrac{4}{\sqrt{x}}+\sqrt{2x}+3x^3+C$

(3) $-\dfrac{1}{x}+\dfrac{1}{2x^2}+\dfrac{1}{2}x^2-x+C$ (4) $\dfrac{1}{2}x^2+\dfrac{2}{3}\sqrt{x}^3-2\sqrt{x}+C$

問 13.3 (1) $3\log|x+4|+C$ (2) $\dfrac{1}{3}\log|x-2|+C$

(3) $x^3+5\log|x|+\dfrac{1}{x^2}+C$ (4) $\dfrac{1}{2}x^2-\log|x|-\dfrac{2}{x}+C$

練習問題 13

1. (1) $\dfrac{1}{8}x^8+C$ (2) $\dfrac{3}{7}\sqrt[3]{x}^7+C$ (3) $\dfrac{3}{5}\sqrt[3]{x}^5+C$

(4) $-\dfrac{5}{6\sqrt[5]{x}^6}+C$ (5) $\dfrac{1}{7}(x-4)^7+C$ (6) $\dfrac{3}{2}\sqrt[3]{x+5}^2+C$

(7) $2\sqrt{x}^7+C$ (8) $-\dfrac{3}{2\sqrt[3]{x}}+C$ (9) $6\sqrt[6]{x}^7+C$

(10) $4x^8+C$ (11) $3\sqrt{x}^9+C$ (12) $6\sqrt[6]{x}+C$

(13) $\dfrac{1}{16}x^4+\dfrac{3}{8}x^2-\dfrac{1}{2}x+C$ (14) $-\dfrac{2}{\sqrt{x}}+3\sqrt[3]{x}^2-4\sqrt[4]{x}^3+C$

(15) $\dfrac{2}{5}\sqrt{x}^5+\dfrac{1}{2}x^2-\dfrac{2}{\sqrt{x}}-\dfrac{1}{x}+C$ (16) $2\sqrt{x}^5-x^2-\dfrac{1}{x}+C$

(17) $2\log|x|+\dfrac{3}{x}+\dfrac{4}{x^4}+C$ (18) $2\sqrt{x}-2\log|x|-\dfrac{8}{\sqrt{x}}+C$

(19) $x-\log\left|x+\dfrac{1}{2}\right|+C$ (20) $\dfrac{1}{2}x^2-4x+8\log|x+1|+C$

§14　いろいろな関数の積分

いろいろな関数の積分について調べる．ここでは指数関数や三角関数そして2次式の分数関数や無理関数などを積分する．

14.1 指数関数の積分

指数関数を積分すると，次が成り立つ．

公式 14.1　指数関数の積分

(1) $\displaystyle\int e^{ax}\,dx = \frac{1}{a}e^{ax}+C \quad (a \neq 0)$

(2) $\displaystyle\int a^x\,dx = \frac{1}{\log a}a^x+C \quad (a > 0,\ a \neq 1)$

[解説]　指数関数を積分すると式の形が変わらない．ただし，変数が ax ならば，分母に a が現れる．底が a ならば，分母に対数 $\log a$ を書く．

例題 14.1　公式 14.1 を用いて積分を求めよ．

(1) $\displaystyle\int e^{-5x}\,dx$ 　　(2) $\displaystyle\int 3^{2x}\,dx$

(3) $\displaystyle\int e^{2x}(e^x+e^{-x})\,dx$ 　　(4) $\displaystyle\int \frac{\sqrt{e^{4x}}-1}{e^x}\,dx$

[解]　公式 13.2, 13.3 を用いて各項を e^{ax} や a^x に変形してから積分する．

(1) $\displaystyle\int e^{-5x}\,dx = \frac{1}{-5}e^{-5x}+C = -\frac{1}{5}e^{-5x}+C$

(2) $\displaystyle\int 3^{2x}\,dx = \int 9^x\,dx = \frac{1}{\log 9}9^x+C$

(3) $\displaystyle\int e^{2x}(e^x+e^{-x})\,dx = \int (e^{3x}+e^x)\,dx = \frac{1}{3}e^{3x}+e^x+C$

(4) $\displaystyle\int \frac{\sqrt{e^{4x}}-1}{e^x}\,dx = \int\left(\frac{e^{2x}}{e^x}-\frac{1}{e^x}\right)dx = \int(e^x-e^{-x})\,dx = e^x+e^{-x}+C$　∥

問 14.1　公式 14.1 を用いて積分を求めよ．

(1) $\displaystyle\int e^{4x}\,dx$ 　(2) $\displaystyle\int 5^{2x}\,dx$ 　(3) $\displaystyle\int \frac{1}{e^{2x}}\,dx$ 　(4) $\displaystyle\int \sqrt{e^{6x}}\,dx$

(5) $\displaystyle\int (e^{3x}-1)(e^{-x}+2)\,dx$ 　　(6) $\displaystyle\int \frac{e^{4x}+3e^{2x}-e^x}{e^{2x}}\,dx$

14.2 三角関数の積分

三角関数を積分すると，次が成り立つ．

公式 14.2　三角関数の積分，$a \neq 0$

(1) $\displaystyle\int \sin ax\, dx = -\frac{1}{a}\cos ax + C$

(2) $\displaystyle\int \cos ax\, dx = \frac{1}{a}\sin ax + C$

(3) $\displaystyle\int \tan ax\, dx = \int \frac{\sin ax}{\cos ax}\, dx = -\frac{1}{a}\log|\cos ax| + C$

(4) $\displaystyle\int \cot ax\, dx = \int \frac{1}{\tan ax}\, dx = \int \frac{\cos ax}{\sin ax}\, dx = \frac{1}{a}\log|\sin ax| + C$

(5) $\displaystyle\int \operatorname{cosec} ax\, dx = \int \frac{1}{\sin ax}\, dx = -\frac{1}{2a}\log\frac{1+\cos ax}{1-\cos ax} + C$

(6) $\displaystyle\int \sec ax\, dx = \int \frac{1}{\cos ax}\, dx = \frac{1}{2a}\log\frac{1+\sin ax}{1-\sin ax} + C$

(7) $\displaystyle\int \operatorname{cosec}^2 ax\, dx = \int \frac{1}{\sin^2 ax}\, dx = -\frac{1}{a}\cot ax + C$

(8) $\displaystyle\int \sec^2 ax\, dx = \int \frac{1}{\cos^2 ax}\, dx = \frac{1}{a}\tan ax + C$

[解説] 三角関数を積分すると $\sin x$ と $\cos x$ は入れかわる．他の三角関数は $\sin x$ や $\cos x$ などの式で表せる．ただし，変数が ax ならば分母に a が現れる．

ここで6種類の三角関数の関係をまとめておく．

公式 14.3　三角関数の関係

(1) $\operatorname{cosec}\theta = \dfrac{1}{\sin\theta}$　　(2) $\sec\theta = \dfrac{1}{\cos\theta}$

(3) $\tan\theta = \dfrac{\sin\theta}{\cos\theta}$　　(4) $\cot\theta = \dfrac{1}{\tan\theta} = \dfrac{\cos\theta}{\sin\theta}$

例題 14.2　公式 14.2 を用いて積分を求めよ．

(1) $\displaystyle\int \left(\sin\frac{x}{2} + 2\cos 3x\right) dx$　　(2) $\displaystyle\int \left(\frac{1}{2}\tan\frac{x}{5} + \cot 2x\right) dx$

(3) $\displaystyle\int \left(\frac{1}{\sin 4x} + \frac{1}{\cos\frac{x}{3}}\right) dx$　　(4) $\displaystyle\int \left(\frac{1}{\sin^2 \frac{x}{4}} + \frac{1}{\cos^2 5x}\right) dx$

[解] 各三角関数を分類し，変数 ax を計算してから積分する．

(1) $\displaystyle\int \left(\sin\frac{x}{2} + 2\cos 3x\right) dx = -2\cos\frac{x}{2} + \frac{2}{3}\sin 3x + C$

(2) $\displaystyle\int\left(\frac{1}{2}\tan\frac{x}{5}+\cot 2x\right)dx = -\frac{5}{2}\log\left|\cos\frac{x}{5}\right|+\frac{1}{2}\log|\sin 2x|+C$

(3) $\displaystyle\int\left(\frac{1}{\sin 4x}+\frac{1}{\cos\frac{x}{3}}\right)dx = -\frac{1}{8}\log\frac{1+\cos 4x}{1-\cos 4x}+\frac{3}{2}\log\frac{1+\sin\frac{x}{3}}{1-\sin\frac{x}{3}}+C$

(4) $\displaystyle\int\left(\frac{1}{\sin^2\frac{x}{4}}+\frac{1}{\cos^2 5x}\right)dx = -4\cot\frac{x}{4}+\frac{1}{5}\tan 5x+C$

問 14.2 公式 14.2 を用いて積分を求めよ．

(1) $\displaystyle\int\left(\cos\frac{x}{2}-6\sin 3x\right)dx$ (2) $\displaystyle\int\left(4\tan 2x-\cot\frac{x}{3}\right)dx$

(3) $\displaystyle\int\left(4\sec 2x-2\operatorname{cosec}\frac{x}{3}\right)dx$ (4) $\displaystyle\int\left(\frac{1}{2}\operatorname{cosec}^2\frac{x}{2}-6\sec^2 3x\right)dx$

積分でよく用いる三角関数の公式をまとめておく．

公式 14.4 三角関数の性質
（Ⅰ）ピタゴラスの定理
  (1) $\cos^2\theta+\sin^2\theta=1$
  (2) $1+\tan^2\theta=\sec^2\theta$
  (3) $\cot^2\theta+1=\operatorname{cosec}^2\theta$
（Ⅱ）積和公式
  (1) $\sin\alpha\cos\beta=\dfrac{1}{2}\{\sin(\alpha+\beta)+\sin(\alpha-\beta)\}$
  (2) $\cos\alpha\cos\beta=\dfrac{1}{2}\{\cos(\alpha+\beta)+\cos(\alpha-\beta)\}$
  (3) $\sin\alpha\sin\beta=\dfrac{1}{2}\{\cos(\alpha-\beta)-\cos(\alpha+\beta)\}$
（Ⅲ）半角公式
  (1) $\sin^2\alpha=\dfrac{1}{2}(1-\cos 2\alpha)$
  (2) $\cos^2\alpha=\dfrac{1}{2}(1+\cos 2\alpha)$

例題 14.3 公式 14.2〜14.4 を用いて積分を求めよ．

(1) $\displaystyle\int\frac{\operatorname{cosec} x+\cos x}{\sin x}dx$ (2) $\displaystyle\int\frac{\cos^2 5x}{1-\sin 5x}dx$

(3) $\displaystyle\int\sin 2x\cos x\,dx$ (4) $\displaystyle\int\sin^2 3x\,dx$

解 公式 14.3, 14.4 を用いて各項を $\sin ax$, $\cos ax$ などに変形してから積分

する.

(1) 公式 14.3 (1) より $\operatorname{cosec} x = \dfrac{1}{\sin x}$ となるから

$$\int \frac{\operatorname{cosec} x + \cos x}{\sin x}\,dx = \int \left(\frac{\operatorname{cosec} x}{\sin x} + \frac{\cos x}{\sin x}\right) dx$$
$$= \int \left(\frac{1}{\sin^2 x} + \cot x\right) dx$$
$$= -\cot x + \log|\sin x| + C$$

(2) 公式 14.4（I）(1) より $\cos^2 5x = 1 - \sin^2 5x$ となるから

$$\int \frac{\cos^2 5x}{1-\sin 5x}\,dx = \int \frac{1-\sin^2 5x}{1-\sin 5x}\,dx = \int (1+\sin 5x)\,dx$$
$$= x - \frac{1}{5}\cos 5x + C$$

(3) 公式 14.4（II）(1) より $\sin 2x \cos x = \dfrac{1}{2}(\sin 3x + \sin x)$ となるから

$$\int \sin 2x \cos x\,dx = \frac{1}{2}\int (\sin 3x + \sin x)\,dx$$
$$= \frac{1}{2}\left(-\frac{1}{3}\cos 3x - \cos x\right) + C$$
$$= -\frac{1}{6}\cos 3x - \frac{1}{2}\cos x + C$$

(4) 公式 14.4（III）(1) より $\sin^2 3x = \dfrac{1}{2}(1 - \cos 6x)$ となるから

$$\int \sin^2 3x\,dx = \frac{1}{2}\int (1-\cos 6x)\,dx = \frac{1}{2}\left(x - \frac{1}{6}\sin 6x\right) + C$$
$$= \frac{1}{2}x - \frac{1}{12}\sin 6x + C$$

問 14.3 公式 14.2〜14.4 を用いて積分を求めよ.

(1) $\displaystyle\int (\operatorname{cosec} x + \tan x)\cos x\,dx$ (2) $\displaystyle\int \frac{\sin^2 4x}{\cos^2 4x}\,dx$

(3) $\displaystyle\int \cos 5x \cos 3x\,dx$ (4) $\displaystyle\int \cos^2 \frac{x}{4}\,dx$

[注意] $\displaystyle\int \sin^2 ax\,dx$ と $\displaystyle\int \cos^2 ax\,dx$ では公式 14.4（III）を用いるが，例題 14.3 (2) のような $\sin^2 ax$ や $\cos^2 ax$ の式では公式 14.4（I）を用いる.

14.3 分数関数と無理関数の積分

2次式の分数関数と無理関数を積分すると，次が成り立つ．

> **公式 14.5 分数関数の積分，$a > 0$**
> (1) $\displaystyle\int \frac{1}{x^2+a^2}\,dx = \frac{1}{a}\tan^{-1}\frac{x}{a}+C$
> (2) $\displaystyle\int \frac{1}{x^2-a^2}\,dx = \frac{1}{2a}\log\left|\frac{x-a}{x+a}\right|+C$

[解説] 分母が2次式の分数関数 $\dfrac{1}{x^2 \pm a^2}$ を積分すると，$\pm a^2$ の符号により逆三角関数 $\dfrac{1}{a}\tan^{-1}\dfrac{x}{a}$ または対数関数 $\dfrac{1}{2a}\log\left|\dfrac{x-a}{x+a}\right|$ になる．

> **例題 14.4** 公式 14.5 を用いて積分を求めよ．
> (1) $\displaystyle\int \frac{6}{x^2+9}\,dx$ (2) $\displaystyle\int \frac{2}{x^2-4}\,dx$

[解] $\pm a^2$ の符号と a の値を計算してから積分する．

(1) $\displaystyle\int \frac{6}{x^2+9}\,dx = 6\int \frac{1}{x^2+3^2}\,dx = \frac{6}{3}\tan^{-1}\frac{x}{3}+C = 2\tan^{-1}\frac{x}{3}+C$

(2) $\displaystyle\int \frac{2}{x^2-4}\,dx = 2\int \frac{1}{x^2-2^2}\,dx = \frac{2}{2\times 2}\log\left|\frac{x-2}{x+2}\right|+C$
$= \dfrac{1}{2}\log\left|\dfrac{x-2}{x+2}\right|+C$

問 14.4 公式 14.5 を用いて積分を求めよ．
(1) $\displaystyle\int \frac{2}{x^2+4}\,dx$ (2) $\displaystyle\int \frac{8}{x^2-16}\,dx$

[注意1] x^2 の係数は 1 にする．

$\displaystyle\int \frac{1}{4x^2+1}\,dx = \frac{1}{4}\int \frac{1}{x^2+\frac{1}{4}}\,dx = \frac{1}{4}\int \frac{1}{x^2+\left(\frac{1}{2}\right)^2}\,dx = \frac{2}{4}\tan^{-1} 2x + C$
$= \dfrac{1}{2}\tan^{-1} 2x + C$

[注意2] 分子が定数でなければ除法を用いる．

$\displaystyle\int \frac{x^2-2}{x^2-4}\,dx = \int \frac{(x^2-4)1+2}{x^2-4}\,dx = \int \left(1+\frac{2}{x^2-4}\right)dx$
$= x + \dfrac{1}{2}\log\left|\dfrac{x-2}{x+2}\right|+C$

$\begin{array}{r}1\\x^2-4\overline{)x^2-2}\\x^2-4\\\hline 2\end{array}$

公式 14.6 無理関数の積分

(1) $\displaystyle\int \frac{1}{\sqrt{a^2-x^2}}dx = \sin^{-1}\frac{x}{a}+C \quad (a>0)$

(2) $\displaystyle\int \frac{1}{\sqrt{x^2+A}}dx = \log|x+\sqrt{x^2+A}|+C \quad (A \neq 0)$

[解説] 根号 $\sqrt{}$ の中が2次式の無理関数 $\dfrac{1}{\sqrt{A\pm x^2}}$ を積分すると，$\pm x^2$ の符号により逆三角関数 $\sin^{-1}\dfrac{x}{a}$ または対数関数 $\log|x+\sqrt{x^2+A}|$ になる．

例題 14.5 公式 14.6 を用いて積分を求めよ．

(1) $\displaystyle\int \frac{2}{\sqrt{4-x^2}}dx$ (2) $\displaystyle\int \frac{3}{\sqrt{x^2+2}}dx$ (3) $\displaystyle\int \frac{4}{\sqrt{x^2-6}}dx$

[解] $\pm x^2$ の符号と a や A の値を計算してから積分する．

(1) $\displaystyle\int \frac{2}{\sqrt{4-x^2}}dx = 2\int \frac{1}{\sqrt{2^2-x^2}}dx = 2\sin^{-1}\frac{x}{2}+C$

(2) $\displaystyle\int \frac{3}{\sqrt{x^2+2}}dx = 3\int \frac{1}{\sqrt{x^2+2}}dx = 3\log|x+\sqrt{x^2+2}|+C$

(3) $\displaystyle\int \frac{4}{\sqrt{x^2-6}}dx = 4\int \frac{1}{\sqrt{x^2-6}}dx = 4\log|x+\sqrt{x^2-6}|+C$

問 14.5 公式 14.6 を用いて積分を求めよ．

(1) $\displaystyle\int \frac{6}{\sqrt{9-x^2}}dx$ (2) $\displaystyle\int \frac{2}{\sqrt{x^2-3}}dx$

[注意] x^2 の係数は ± 1 にする．

(1) $\displaystyle\int \frac{1}{\sqrt{1-4x^2}}dx = \frac{1}{2}\int \frac{1}{\sqrt{\frac{1}{4}-x^2}}dx = \frac{1}{2}\int \frac{1}{\sqrt{\left(\frac{1}{2}\right)^2-x^2}}dx$

$\qquad = \dfrac{1}{2}\sin^{-1}2x+C$

(2) $\displaystyle\int \frac{1}{\sqrt{9x^2+1}}dx = \frac{1}{3}\int \frac{1}{\sqrt{x^2+\frac{1}{9}}}dx = \frac{1}{3}\log\left|x+\sqrt{x^2+\frac{1}{9}}\right|+C$

ただし，$-$（マイナス）は根号の外に出せない．

$\dfrac{1}{\sqrt{1-4x^2}} = -\dfrac{1}{\sqrt{-1+4x^2}}$ ✗

練習問題 14

1. 公式 14.1〜14.6 を用いて積分を求めよ．

(1) $\displaystyle\int e^{3x} e^{4x}\, dx$

(2) $\displaystyle\int \frac{e^{2x}}{\sqrt{e^{5x}}}\, dx$

(3) $\displaystyle\int 2^x 3^x\, dx$

(4) $\displaystyle\int \sqrt{4^x}\, dx$

(5) $\displaystyle\int (e^{2x}+e^{-x})^2\, dx$

(6) $\displaystyle\int \left(\frac{1}{e^x}+e^{2x}\right)(e^x+e^{3x})\, dx$

(7) $\displaystyle\int (\cos x - \operatorname{cosec} x)\tan x\, dx$

(8) $\displaystyle\int \frac{\sin x + \sec x}{\cos x}\, dx$

(9) $\displaystyle\int \cot^2 3x\, dx$

(10) $\displaystyle\int (1+\cos 2x)^2\, dx$

(11) $\displaystyle\int \sin x(\sin x - \sin 2x)\, dx$

(12) $\displaystyle\int (1-\cos x)(1+\sin x)\, dx$

(13) $\displaystyle\int \frac{2}{4x^2+3}\, dx$

(14) $\displaystyle\int \frac{3}{9x^2-4}\, dx$

(15) $\displaystyle\int \frac{x^2+3}{x^2-9}\, dx$

(16) $\displaystyle\int \frac{x^4}{x^2+2}\, dx$

(17) $\displaystyle\int \frac{3}{\sqrt{x^2+8}}\, dx$

(18) $\displaystyle\int \frac{8}{\sqrt{16x^2-1}}\, dx$

(19) $\displaystyle\int \frac{2}{\sqrt{4x^2+9}}\, dx$

(20) $\displaystyle\int \frac{6}{\sqrt{12-3x^2}}\, dx$

解答

問 14.1 (1) $\dfrac{1}{4}e^{4x}+C$　　(2) $\dfrac{25^x}{\log 25}+C$　　(3) $-\dfrac{1}{2}e^{-2x}+C$

(4) $\dfrac{1}{3}e^{3x}+C$　　(5) $\dfrac{1}{2}e^{2x}+e^{-x}+\dfrac{2}{3}e^{3x}-2x+C$

(6) $\dfrac{1}{2}e^{2x}+3x+e^{-x}+C$

問 14.2 (1) $2\sin\dfrac{x}{2}+2\cos 3x+C$　　(2) $-2\log|\cos 2x|-3\log\left|\sin\dfrac{x}{3}\right|+C$

(3) $\log\dfrac{1+\sin 2x}{1-\sin 2x}+3\log\dfrac{1+\cos\dfrac{x}{3}}{1-\cos\dfrac{x}{3}}+C$　　(4) $-\cot\dfrac{x}{2}-2\tan 3x+C$

問 14.3 (1) $\log|\sin x|-\cos x+C$　　(2) $\dfrac{1}{4}\tan 4x-x+C$

(3) $\dfrac{1}{16}\sin 8x+\dfrac{1}{4}\sin 2x+C$　　(4) $\dfrac{x}{2}+\sin\dfrac{x}{2}+C$

問 14.4 (1) $\tan^{-1}\dfrac{x}{2}+C$　　(2) $\log\left|\dfrac{x-4}{x+4}\right|+C$

問 14.5 (1) $6\sin^{-1}\dfrac{x}{3}+C$　　(2) $2\log|x+\sqrt{x^2-3}|+C$

練習問題 14

1. (1) $\dfrac{1}{7}e^{7x}+C$ (2) $-2e^{-\frac{x}{2}}+C$ (3) $\dfrac{6^x}{\log 6}+C$ (4) $\dfrac{2^x}{\log 2}+C$

(5) $\dfrac{1}{4}e^{4x}+2e^x-\dfrac{1}{2}e^{-2x}+C$ (6) $x+\dfrac{1}{2}e^{2x}+\dfrac{1}{3}e^{3x}+\dfrac{1}{5}e^{5x}+C$

(7) $-\cos x-\dfrac{1}{2}\log\dfrac{1+\sin x}{1-\sin x}+C$ (8) $-\log|\cos x|+\tan x+C$

(9) $-\dfrac{1}{3}\cot 3x-x+C$ (10) $\dfrac{3}{2}x+\sin 2x+\dfrac{1}{8}\sin 4x+C$

(11) $\dfrac{1}{2}x-\dfrac{1}{4}\sin 2x-\dfrac{1}{2}\sin x+\dfrac{1}{6}\sin 3x+C$

(12) $x-\sin x-\cos x+\dfrac{1}{4}\cos 2x+C$ (13) $\dfrac{1}{\sqrt{3}}\tan^{-1}\dfrac{2}{\sqrt{3}}x+C$

(14) $\dfrac{1}{4}\log\left|\dfrac{3x-2}{3x+2}\right|+C$ (15) $x+2\log\left|\dfrac{x-3}{x+3}\right|+C$

(16) $\dfrac{1}{3}x^3-2x+2\sqrt{2}\tan^{-1}\dfrac{x}{\sqrt{2}}+C$ (17) $3\log|x+\sqrt{x^2+8}|+C$

(18) $2\log\left|x+\sqrt{x^2-\dfrac{1}{16}}\right|+C$ (19) $\log\left|x+\sqrt{x^2+\dfrac{9}{4}}\right|+C$

(20) $2\sqrt{3}\sin^{-1}\dfrac{x}{2}+C$

§15 置換積分

これまでいろいろな関数を積分したが，それらの公式を用いても簡単に積分できない関数がある．ここではそうした関数の変数をおきかえて積分する．

15.1 置換積分

複雑な関数の積分を考える．

簡単に積分できない関数で変数をおきかえる（置換する）と，積分できる場合がある．このとき次の方法を用いる．

> **公式 15.1 置換積分，不定積分の変数変換**
>
> 関数 $y = f(x)$ で $x = g(t)$ とすると
>
> $$\int f(x)\,dx = \int f(g(t))\frac{dx}{dt}\,dt = \int f(g(t))g'(t)\,dt$$

[解説] 変数 x と dx の式から変数 t と dt の式に書きかえる．

例1 変数 x を t に置換する．

$$\int (2x+5)^3\,dx = \int t^3 \frac{1}{2}\,dt$$

(1) $t = (x\,\text{の式})$ とおく．

$t = 2x+5$

(2) 微分して $dt = (x\,\text{の式})'\,dx$ を求める．

$dt = (2x+5)'\,dx = 2\,dx$ より $\dfrac{1}{2}\,dt = dx$

> **例題 15.1** $t = ax+b$ とおき，公式 15.1 を用いて積分を求めよ．
>
> (1) $\displaystyle\int (2x+5)^3\,dx$ (2) $\displaystyle\int \sin(\pi-3x)\,dx$

[解] 変数 x を t に置換して積分する．最後に変数を x に戻す．

(1) $t = 2x+5$, $dt = (2x+5)'\,dx = 2\,dx$ より $\dfrac{1}{2}\,dt = dx$

$$\int (2x+5)^3\,dx = \int t^3 \frac{1}{2}\,dt = \frac{1}{2}\int t^3\,dt$$

公式 13.1 より

$$= \frac{1}{2}\cdot\frac{1}{4}t^4 + C = \frac{1}{8}(2x+5)^4 + C$$

(2) $t = \pi - 3x$, $dt = (\pi - 3x)' \, dx = -3 \, dx$ より $-\dfrac{1}{3} dt = dx$

$$\int \sin(\pi - 3x) \, dx = \int \sin t \left(-\dfrac{1}{3}\right) dt = -\dfrac{1}{3} \int \sin t \, dt$$

公式 14.2 より

$$= -\dfrac{1}{3}(-\cos t) + C = \dfrac{1}{3} \cos(\pi - 3x) + C \quad \blacksquare$$

問 15.1 $t = ax + b$ とおき，公式 15.1 を用いて積分を求めよ．

(1) $\displaystyle\int \dfrac{1}{(5x+2)^3} \, dx$ (2) $\displaystyle\int \dfrac{1}{\sqrt{-x-4}} \, dx$ (3) $\displaystyle\int \dfrac{1}{e^{-x-3}} \, dx$

(4) $\displaystyle\int \sin\left(2x + \dfrac{\pi}{6}\right) dx$

注意 変数を混ぜてかかない．正しくは例題 15.1 (1) を見よ．

$$\int (2x+5)^3 \, dx = \int t^3 \, dx \quad \text{✗}$$

● **1 次式の関数の積分**

置換積分を使わずに積分できる関数がある．

1 次式 $ax + b$ の関数 $f(ax+b)$ の積分を考えると，例題 15.1 より次が成り立つ．

公式 15.2 1 次式の関数の積分，$a \neq 0$, b は定数

$$\int f(x) \, dx = F(x) + C \quad \text{ならば} \quad \int f(ax+b) \, dx = \dfrac{1}{a} F(ax+b) + C$$

解説 1 次式 $ax + b$ の関数 $f(ax+b)$ の積分では外側の関数 $f(\ )$ を積分して，$\dfrac{1}{a}$ を掛ける．

例題 15.2 公式 15.2 を用いて例題 15.1 の積分を求めよ．

解 1 次式の関数 $f(ax+b)$ を外側から積分して，$\dfrac{1}{a}$ を掛ける．

(1) 公式 13.1 より $\displaystyle\int x^3 \, dx = \dfrac{1}{4} x^4 + C$ なので

$$\int (2x+5)^3 \, dx = \dfrac{1}{2} \times \dfrac{1}{4} (2x+5)^4 + C = \dfrac{1}{8} (2x+5)^4 + C$$

(2) 公式 14.2 より $\displaystyle\int \sin x \, dx = -\cos x + C$ なので

$$\int \sin(\pi - 3x) \, dx = -\dfrac{1}{3} \times \{-\cos(\pi - 3x)\} + C$$

$$= \dfrac{1}{3} \cos(\pi - 3x) + C \quad \blacksquare$$

問 15.2 公式 15.2 を用いて積分を求めよ．

(1) $\displaystyle\int \frac{1}{(1-x)^5}\,dx$ (2) $\displaystyle\int \sqrt{3x-2}\,dx$

(3) $\displaystyle\int e^{1-4x}\,dx$ (4) $\displaystyle\int \cos\left(x-\frac{\pi}{4}\right)dx$

15.2 その他の置換積分

やや複雑な関数を積分する．

例題 15.3 $t = ax+b$ とおき，公式 15.1 を用いて積分を求めよ．

(1) $\displaystyle\int 4x(2x-1)^3\,dx$ (2) $\displaystyle\int 8x\sqrt{4x+1}\,dx$

解 変数 x を t に置換して積分する．最後に変数を x に戻す．

(1) $t = 2x-1,\ dt = (2x-1)'\,dx = 2\,dx$ より $\dfrac{1}{2}dt = dx,\ x = \dfrac{t+1}{2}$

$$\int 4x(2x-1)^3\,dx = \int 4\frac{t+1}{2}t^3\frac{1}{2}\,dt = \int (t^4+t^3)\,dt$$

公式 13.1 より

$$= \frac{1}{5}t^5 + \frac{1}{4}t^4 + C = \frac{1}{5}(2x-1)^5 + \frac{1}{4}(2x-1)^4 + C$$

(2) $t = 4x+1,\ dt = (4x+1)'\,dx = 4\,dx$ より $\dfrac{1}{4}dt = dx,\ x = \dfrac{t-1}{4}$

$$\int 8x\sqrt{4x+1}\,dx = \int 8\frac{t-1}{4}\sqrt{t}\frac{1}{4}\,dt = \frac{1}{2}\int\left(t^{\frac{3}{2}} - t^{\frac{1}{2}}\right)dt$$

公式 13.1 より

$$= \frac{1}{2}\left(\frac{2}{5}t^{\frac{5}{2}} - \frac{2}{3}t^{\frac{3}{2}}\right) + C = \frac{1}{5}\sqrt{4x+1}^{\,5} - \frac{1}{3}\sqrt{4x+1}^{\,3} + C$$

問 15.3 $t = ax+b$ とおき，公式 15.1 を用いて積分を求めよ．

(1) $\displaystyle\int \frac{x+2}{(4-x)^3}\,dx$ (2) $\displaystyle\int (x+1)(2x+3)^2\,dx$

(3) $\displaystyle\int (x-1)\sqrt{x+2}\,dx$ (4) $\displaystyle\int \frac{3x}{\sqrt{1-3x}}\,dx$

例題 15.4 $t = ax^n + b$ とおき，公式 15.1 を用いて積分を求めよ．

(1) $\displaystyle\int x^2(x^3+1)^4\,dx$ (2) $\displaystyle\int 6xe^{x^2}\,dx$

解 変数 x を t に置換して積分する．このとき dt が（x の式）dx の形になる．最後に変数を x に戻す．

(1) $t = x^3+1,\ dt = (x^3+1)'\,dx = 3x^2\,dx$ より $\dfrac{1}{3}dt = x^2\,dx$

$$\int x^2(x^3+1)^4\,dx = \int t^4 \frac{1}{3}\,dt = \frac{1}{3}\int t^4\,dt$$

公式 13.1 より

$$= \frac{1}{3}\cdot\frac{1}{5}t^5 + C = \frac{1}{15}(x^3+1)^5 + C$$

(2) $t = x^2$, $dt = (x^2)'\,dx = 2x\,dx$ より $\frac{1}{2}dt = x\,dx$

$$\int 6xe^{x^2}\,dx = \int 6e^t \frac{1}{2}\,dt = 3\int e^t\,dt$$

公式 14.1 より

$$= 3e^t + C = 3e^{x^2} + C$$

問 15.4 $t = ax^n + b$ とおき，公式 15.1 を用いて積分を求めよ．

(1) $\displaystyle\int \frac{x^2}{x^3-2}\,dx$ 　　(2) $\displaystyle\int \frac{x}{\sqrt{x^2+1}}\,dx$

(3) $\displaystyle\int \frac{x}{e^{x^2-1}}\,dx$ 　　(4) $\displaystyle\int x^2\sin(x^3+\pi)\,dx$

例 2 むずかしい関数ではいろいろと工夫する．

公式 14.4（I）(1) より

$$\int \sin^3 x\,dx = \int \sin^2 x \sin x\,dx = \int (1-\cos^2 x)\sin x\,dx$$

$t = \cos x$, $dt = -\sin x\,dx$ より $-dt = \sin x\,dx$

公式 13.1 より

$$= \int (1-t^2)(-dt) = \int (t^2-1)\,dt = \frac{1}{3}t^3 - t + C$$

$$= \frac{1}{3}\cos^3 x - \cos x + C$$

練習問題 15

1. 公式 15.1, 15.2 を用いて積分を求めよ．

(1) $\displaystyle\int (3x+1)^5\,dx$ 　　(2) $\displaystyle\int \frac{4}{(6x-1)^2}\,dx$ 　　(3) $\displaystyle\int \sqrt[3]{5-2x}\,dx$

(4) $\displaystyle\int \frac{1}{\sqrt{3-x}}\,dx$ 　　(5) $\displaystyle\int \frac{1}{e^{4-2x}}\,dx$ 　　(6) $\displaystyle\int \sqrt{e^{x-2}}\,dx$

(7) $\displaystyle\int \tan(\pi-4x)\,dx$ 　　(8) $\displaystyle\int \frac{1}{\sin^2(5x-4)}\,dx$

(9) $\displaystyle\int (2-x)(x+1)^4\,dx$ 　　(10) $\displaystyle\int \frac{x}{(2x-3)^2}\,dx$ 　　(11) $\displaystyle\int x\sqrt[4]{x-2}\,dx$

(12) $\displaystyle\int \frac{4x-2}{\sqrt[3]{2x+1}}\,dx$ (13) $\displaystyle\int \frac{e^{\frac{1}{x}}}{x^2}\,dx$ (14) $\displaystyle\int \frac{e^{-\sqrt{x}}}{\sqrt{x}}\,dx$

(15) $\displaystyle\int x^3 \cos\left(x^4+\frac{\pi}{2}\right)dx$ (16) $\displaystyle\int \frac{\sec^2 \sqrt{x}}{\sqrt{x}}\,dx$

(17) $\displaystyle\int \frac{1}{\sqrt{e^x-1}}\,dx\ (t=\sqrt{e^x-1})$ (18) $\displaystyle\int \frac{\log x - 1}{x}\,dx\ (t=\log x)$

(19) $\displaystyle\int \frac{\cos^3 x}{\sin^2 x}\,dx\ (t=\sin x)$ (20) $\displaystyle\int \frac{\tan^{-1} x}{x^2+1}\,dx\ (t=\tan^{-1} x)$

解答

問 15.1 (1) $-\dfrac{1}{10(5x+2)^2}+C$ (2) $-2\sqrt{-x-4}+C$

(3) $e^{x+3}+C$ (4) $-\dfrac{1}{2}\cos\left(2x+\dfrac{\pi}{6}\right)+C$

問 15.2 (1) $\dfrac{1}{4(1-x)^4}+C$ (2) $\dfrac{2}{9}\sqrt{3x-2}^3+C$

(3) $-\dfrac{1}{4}e^{1-4x}+C$ (4) $\sin\left(x-\dfrac{\pi}{4}\right)+C$

問 15.3 (1) $-\dfrac{1}{4-x}+\dfrac{3}{(4-x)^2}+C$ (2) $\dfrac{1}{16}(2x+3)^4-\dfrac{1}{12}(2x+3)^3+C$

(3) $\dfrac{2}{5}\sqrt{x+2}^5-2\sqrt{x+2}^3+C$ (4) $-\dfrac{2}{3}\sqrt{1-3x}+\dfrac{2}{9}\sqrt{1-3x}^3+C$

問 15.4 (1) $\dfrac{1}{3}\log|x^3-2|+C$ (2) $\sqrt{x^2+1}+C$

(3) $-\dfrac{1}{2}e^{1-x^2}+C$ (4) $-\dfrac{1}{3}\cos(x^3+\pi)+C$

練習問題 15

1. (1) $\dfrac{1}{18}(3x+1)^6+C$ (2) $-\dfrac{2}{3(6x-1)}+C$

(3) $-\dfrac{3}{8}\sqrt[3]{5-2x}^4+C$ (4) $-2\sqrt{3-x}+C$

(5) $\dfrac{1}{2}e^{2x-4}+C$ (6) $2e^{\frac{1}{2}x-1}+C$

(7) $\dfrac{1}{4}\log|\cos(\pi-4x)|+C$ (8) $-\dfrac{1}{5}\cot(5x-4)+C$

(9) $\dfrac{3}{5}(x+1)^5-\dfrac{1}{6}(x+1)^6+C$ (10) $\dfrac{1}{4}\log|2x-3|-\dfrac{3}{4(2x-3)}+C$

(11) $\dfrac{4}{9}\sqrt[4]{x-2}^9+\dfrac{8}{5}\sqrt[4]{x-2}^5+C$ (12) $\dfrac{3}{5}\sqrt[3]{2x+1}^5-3\sqrt[3]{2x+1}^2+C$

(13) $-e^{\frac{1}{x}}+C$ (14) $-2e^{-\sqrt{x}}+C$

(15) $\dfrac{1}{4}\sin\left(x^4+\dfrac{\pi}{2}\right)+C$ (16) $2\tan\sqrt{x}+C$

(17) $2\tan^{-1}\sqrt{e^x-1}+C$ (18) $\dfrac{1}{2}(\log x)^2-\log x+C$

(19) $-\dfrac{1}{\sin x}-\sin x+C$ (20) $\dfrac{1}{2}(\tan^{-1} x)^2+C$

§16 微分を含む式と無理関数の積分，部分積分

いくつかの特殊な形をした関数の積分を考える．ここでは微分を含む式と2次式の無理関数および関数の積を積分する．

16.1 微分を含む式の積分

微分を含む式を積分すると，次が成り立つ．これは置換積分（公式 15.1）を用いることもできる．

公式 16.1 微分を含む式の積分

(1) $\displaystyle\int \{f(x)\}^n f'(x)\, dx = \frac{1}{n+1}\{f(x)\}^{n+1} + C \quad (n \neq -1)$

(2) $\displaystyle\int \frac{f'(x)}{f(x)}\, dx = \log|f(x)| + C$

[解説] (1) では式 $f(x)$ の n 次関数 $\{f(x)\}^n$ と導関数 $f'(x)$ が並んでいるときは，積分すると公式 13.1 のように $f(x)$ の $(n+1)$ 次関数 $\dfrac{1}{n+1}\{f(x)\}^{n+1}$ になる．(2) では分母の式 $f(x)$ の導関数 $f'(x)$ が分子にあるときは，積分すると公式 13.5 のように対数関数 $\log|f(x)|$ になる．

例題 16.1 公式 16.1 を用いて積分を求めよ．

(1) $\displaystyle\int \cos^2 x \sin x\, dx$ (2) $\displaystyle\int \frac{x^2+1}{x^3+3x}\, dx$

[解] 微分の式 $f'(x)$ を作って積分する．

(1) $(\cos x)' = -\sin x$ より $-(\cos x)' = \sin x$

$$\int \cos^2 x \sin x\, dx = -\int \cos^2 x (\cos x)'\, dx = -\frac{1}{3}\cos^3 x + C$$

(2) $(x^3+3x)' = 3x^2+3 = 3(x^2+1)$ より $\dfrac{1}{3}(x^3+3x)' = x^2+1$

$$\int \frac{x^2+1}{x^3+3x}\, dx = \frac{1}{3}\int \frac{(x^3+3x)'}{x^3+3x}\, dx = \frac{1}{3}\log|x^3+3x| + C$$

問 16.1 公式 16.1 を用いて積分を求めよ．

(1) $\displaystyle\int (x^3-1)^4 x^2\, dx$ (2) $\displaystyle\int \frac{e^x}{(e^x+2)^3}\, dx$

(3) $\displaystyle\int \frac{\cos x}{\sin x + 1}\, dx$ (4) $\displaystyle\int \frac{e^{-x}}{e^{-x}-1}\, dx$

[注意] 公式 15.1 を用いると次のようになる．例題 16.1 と比較せよ．

(1) $t = \cos x$, $dt = -\sin x \, dx$ より $-dt = \sin x \, dx$

$$\int \cos^2 x \sin x \, dx = \int t^2(-dt) = -\int t^2 \, dt = -\frac{1}{3}t^3 + C$$

$$= -\frac{1}{3}\cos^3 x + C$$

(2) $t = x^3 + 3x$, $dt = 3(x^2+1) \, dx$ より $\frac{1}{3} dt = (x^2+1) \, dx$

$$\int \frac{x^2+1}{x^3+3x} dx = \int \frac{1}{t} \frac{1}{3} dt = \frac{1}{3} \int \frac{1}{t} dt = \frac{1}{3} \log|t| + C$$

$$= \frac{1}{3} \log|x^3+3x| + C$$

16.2 無理関数の積分

根号の中が 2 次式の無理関数を積分すると，次が成り立つ．

公式 16.2 無理関数の積分

(1) $\int \sqrt{a^2-x^2} \, dx = \frac{1}{2}\left\{x\sqrt{a^2-x^2} + a^2 \sin^{-1} \frac{x}{a}\right\} + C$ $(a > 0)$

(2) $\int \sqrt{x^2+A} \, dx = \frac{1}{2}\left\{x\sqrt{x^2+A} + A \log|x + \sqrt{x^2+A}|\right\} + C$

$(A \neq 0)$

[解説] 根号 $\sqrt{}$ の中が 2 次式の無理関数 $\sqrt{A \pm x^2}$ を積分すると，$\pm x^2$ の符号により (1) または (2) になる．これは公式 14.6 に対応している．

例題 16.2 公式 16.2 を用いて積分を求めよ．

(1) $\int \sqrt{4-x^2} \, dx$ (2) $\int \sqrt{x^2+6} \, dx$ (3) $\int \sqrt{x^2-3} \, dx$

[解] $\pm x^2$ の符号と a や A の値を計算してから積分する．

(1) $\int \sqrt{4-x^2} \, dx = \frac{1}{2}\left\{x\sqrt{4-x^2} + 4\sin^{-1}\frac{x}{2}\right\} + C$

(2) $\int \sqrt{x^2+6} \, dx = \frac{1}{2}\left\{x\sqrt{x^2+6} + 6\log|x+\sqrt{x^2+6}|\right\} + C$

(3) $\int \sqrt{x^2-3} \, dx = \frac{1}{2}\left\{x\sqrt{x^2-3} - 3\log|x+\sqrt{x^2-3}|\right\} + C$

問 16.2 公式 16.2 を用いて積分を求めよ．

(1) $\int \sqrt{9-x^2} \, dx$ (2) $\int \sqrt{x^2+5} \, dx$

[注意1] x^2 の係数は ± 1 にする．

(1) $\displaystyle\int \sqrt{1-4x^2}\,dx = 2\int \sqrt{\frac{1}{4}-x^2}\,dx = x\sqrt{\frac{1}{4}-x^2} + \frac{1}{4}\sin^{-1} 2x + C$

(2) $\displaystyle\int \sqrt{9x^2+1}\,dx = 3\int \sqrt{x^2+\frac{1}{9}}\,dx$
$\displaystyle\quad = \frac{3}{2}\left\{ x\sqrt{x^2+\frac{1}{9}} + \frac{1}{9}\log\left|x+\sqrt{x^2+\frac{1}{9}}\right|\right\} + C$

[注意2] 公式 14.6 や 16.2 で積分できないときは三角関数などを用いて置換積分（公式 15.1）する．

(1) 無理式 $\sqrt{a^2-x^2}$ を含むならば $x = a\sin t$ とおく．

(2) 無理式 $\sqrt{x^2+a^2}$ を含むならば $x = a\tan t$ または
$x = a\sinh t = \dfrac{a}{2}(e^t - e^{-t})$ とおく．

(3) 無理式 $\sqrt{x^2-a^2}$ を含むならば $x = a\sec t$ または
$x = a\cosh t = \dfrac{a}{2}(e^t + e^{-t})$ とおく．

16.3 部 分 積 分

2 つの関数の積を積分するには次の方法を用いる．

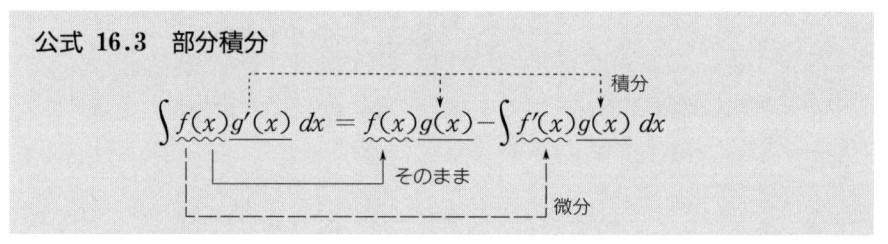

公式 16.3　部分積分

$$\int f(x)g'(x)\,dx = f(x)g(x) - \int f'(x)g(x)\,dx$$

[解説] 2 つの関数の積を積分するときはこの公式を用いる．一方の関数を積分し，他方を微分してもう 1 つの積分の式を作る．

[例 1] 2 つの関数の積に分けて一方を積分し，他方を微分する．

$$\int x\,e^{2x}\,dx = x\cdot\frac{1}{2}e^{2x} - \int 1\cdot\frac{1}{2}e^{2x}\,dx$$

例題 16.3 公式 16.3 を用いて積分を求めよ．

(1) $\displaystyle\int xe^{2x}\,dx$　　(2) $\displaystyle\int \log|x|\,dx$

解 2つの関数の一方を積分し，他方を微分する．対数関数 $\log|x|$ は $1\cdot\log|x|$ と考える．

(1) 公式 14.1 より

$$\int \underset{\substack{\uparrow \\ \text{微分}}}{x}\, \underset{\substack{\uparrow \\ \text{積分}}}{e^{2x}}\, dx = x\,\frac{1}{2}e^{2x} - \int \frac{1}{2}e^{2x}\, dx = \frac{1}{2}xe^{2x} - \frac{1}{4}e^{2x} + C$$
$$= \left(\frac{1}{2}x - \frac{1}{4}\right)e^{2x} + C$$

(2) 公式 13.1 より

$$\int \underset{\substack{\uparrow \\ \text{積分}}}{1}\cdot \underset{\substack{\uparrow \\ \text{微分}}}{\log|x|}\, dx = x\log|x| - \int x\,\frac{1}{x}\, dx = x\log|x| - \int dx$$
$$= x\log|x| - x + C$$

問 16.3 公式 16.3 を用いて積分を求めよ．

(1) $\displaystyle\int (x-1)e^{-x}\, dx$ (2) $\displaystyle\int (x+1)\cos x\, dx$

(3) $\displaystyle\int (2x+1)\log|x|\, dx$ (4) $\displaystyle\int x^{2}\log|x|\, dx$

注意 積分する関数と微分する関数をうまく選ばないと逆に複雑になる．正しくは例題 16.3 (1) を見よ．

$$\int \underset{\substack{\uparrow \\ \text{積分}}}{x}\, \underset{\substack{\uparrow \\ \text{微分}}}{e^{2x}}\, dx = \frac{1}{2}x^{2}e^{2x} - \int x^{2}e^{2x}\, dx \quad \textbf{✗}$$

例題 16.4 公式 16.3 を何回も用いて積分を求めよ．

(1) $\displaystyle\int x^{2}e^{2x}\, dx$ (2) $\displaystyle\int e^{x}\cos x\, dx$

解 2つの関数の一方を積分し，他方を微分することを2回以上繰り返す．

(1) 公式 14.1 より

$$\int \underset{\substack{\uparrow \\ \text{微分}}}{x^{2}}\, \underset{\substack{\uparrow \\ \text{積分}}}{e^{2x}}\, dx = x^{2}\,\frac{1}{2}e^{2x} - \int 2x\,\frac{1}{2}e^{2x}\, dx = \frac{1}{2}x^{2}e^{2x} - \int \underset{\substack{\uparrow \\ \text{微分}}}{x}\, \underset{\substack{\uparrow \\ \text{積分}}}{e^{2x}}\, dx$$
$$= \frac{1}{2}x^{2}e^{2x} - \left(x\,\frac{1}{2}e^{2x} - \int \frac{1}{2}e^{2x}\, dx\right)$$
$$= \frac{1}{2}x^{2}e^{2x} - \frac{1}{2}xe^{2x} + \frac{1}{4}e^{2x} + C = \left(\frac{1}{2}x^{2} - \frac{1}{2}x + \frac{1}{4}\right)e^{2x} + C$$

(2) 公式 14.1 より

$$\int \underset{\substack{\uparrow \\ \text{積分}}}{e^{x}}\, \underset{\substack{\uparrow \\ \text{微分}}}{\cos x}\, dx = e^{x}\cos x - \int e^{x}(-\sin x)\, dx$$
$$= e^{x}\cos x + \int \underset{\substack{\uparrow \\ \text{積分}}}{e^{x}}\, \underset{\substack{\uparrow \\ \text{微分}}}{\sin x}\, dx$$
$$= e^{x}\cos x + e^{x}\sin x - \int e^{x}\cos x\, dx$$

始めの積分の式に戻るがこれを左辺に移項して C を書く．

$$2\int e^x \cos x \, dx = e^x \cos x + e^x \sin x + C$$

$$\int e^x \cos x \, dx = \frac{1}{2} e^x \cos x + \frac{1}{2} e^x \sin x + C$$

$$= \frac{1}{2} e^x (\cos x + \sin x) + C \quad \left(\frac{C}{2} \text{ を } C \text{ に書きかえる}\right)$$

問 16.4 公式 16.3 を何回も用いて積分を求めよ．

(1) $\displaystyle\int x^2 \cos x \, dx$ (2) $\displaystyle\int e^x \sin x \, dx$

注意 部分積分を繰り返すときは積分する関数と微分する関数を引き継ぐ．取りかえると始めの積分の式に戻ってしまう．正しくは例題 16.4 (1) を見よ．

$$\int \underset{\substack{\uparrow \\ \text{微} \\ \text{分}}}{x^2} \underset{\substack{\uparrow \\ \text{積} \\ \text{分}}}{e^{2x}} \, dx = \frac{1}{2} x^2 e^{2x} - \int \underset{\substack{\uparrow \\ \text{積} \\ \text{分}}}{x} \underset{\substack{\uparrow \\ \text{微} \\ \text{分}}}{e^{2x}} \, dx$$

$$= \frac{1}{2} x^2 e^{2x} - \frac{1}{2} x^2 e^{2x} + \int x^2 e^{2x} \, dx = \int x^2 e^{2x} \, dx$$

練 習 問 題 16

1. 公式 16.1, 16.2 を用いて積分を求めよ．

(1) $\displaystyle\int x\sqrt{x^2 - 1} \, dx$ (2) $\displaystyle\int (e^{2x} + e^{-x})^4 (2e^{2x} - e^{-x}) \, dx$

(3) $\displaystyle\int \sin^3 x \cos x \, dx$ (4) $\displaystyle\int \frac{1}{x \log x} \, dx$

(5) $\displaystyle\int \frac{e^x + e^{-x}}{e^x - e^{-x}} \, dx$ (6) $\displaystyle\int \frac{\cos x - \sin x}{\cos x + \sin x} \, dx$

(7) $\displaystyle\int \sqrt{2x^2 + 4} \, dx$ (8) $\displaystyle\int \sqrt{9 - 16x^2} \, dx$

(9) $\displaystyle\int \sqrt{25x^2 - 1} \, dx$ (10) $\displaystyle\int \frac{\sqrt{1 - x^2}}{x^2} \, dx$ ($x = \sin t$)

2. 公式 16.3 を用いて積分を求めよ．

(1) $\displaystyle\int (x - 2) e^x \, dx$ (2) $\displaystyle\int (x + 3) \sin x \, dx$

(3) $\displaystyle\int \log |x + 1| \, dx$ (4) $\displaystyle\int \log |x + \sqrt{x^2 - 1}| \, dx$

(5) $\displaystyle\int \sin^{-1} x \, dx$ (6) $\displaystyle\int \tan^{-1} x \, dx$

(7) $\displaystyle\int x^2 \sin x \, dx$ (8) $\displaystyle\int (\log x)^2 \, dx$

(9) $\displaystyle\int e^{2x} \sin 3x \, dx$ (10) $\displaystyle\int e^{-x} \cos 2x \, dx$

解答

問 16.1 (1) $\dfrac{1}{15}(x^3-1)^5+C$ (2) $-\dfrac{1}{2(e^x+2)^2}+C$

(3) $\log|\sin x+1|+C$ (4) $-\log|e^{-x}-1|+C$

問 16.2 (1) $\dfrac{1}{2}\left\{x\sqrt{9-x^2}+9\sin^{-1}\dfrac{x}{3}\right\}+C$

(2) $\dfrac{1}{2}\left\{x\sqrt{x^2+5}+5\log|x+\sqrt{x^2+5}|\right\}+C$

問 16.3 (1) $-xe^{-x}+C$ (2) $(x+1)\sin x+\cos x+C$

(3) $(x^2+x)\log|x|-\dfrac{1}{2}x^2-x+C$ (4) $\dfrac{1}{3}x^3\log|x|-\dfrac{1}{9}x^3+C$

問 16.4 (1) $(x^2-2)\sin x+2x\cos x+C$ (2) $\dfrac{1}{2}e^x(\sin x-\cos x)+C$

練習問題 16

1. (1) $\dfrac{1}{3}\sqrt{x^2-1}^3+C$ (2) $\dfrac{1}{5}(e^{2x}+e^{-x})^5+C$

(3) $\dfrac{1}{4}\sin^4 x+C$ (4) $\log|\log x|+C$

(5) $\log|e^x-e^{-x}|+C$ (6) $\log|\cos x+\sin x|+C$

(7) $\dfrac{1}{\sqrt{2}}\left\{x\sqrt{x^2+2}+2\log|x+\sqrt{x^2+2}|\right\}+C$

(8) $2\left\{x\sqrt{\dfrac{9}{16}-x^2}+\dfrac{9}{16}\sin^{-1}\dfrac{4}{3}x\right\}+C$

(9) $\dfrac{5}{2}\left\{x\sqrt{x^2-\dfrac{1}{25}}-\dfrac{1}{25}\log\left|x+\sqrt{x^2-\dfrac{1}{25}}\right|\right\}+C$

(10) $-\cot(\sin^{-1}x)-\sin^{-1}x+C$

2. (1) $(x-3)e^x+C$ (2) $-(x+3)\cos x+\sin x+C$

(3) $(x+1)\log|x+1|-x+C$ (4) $x\log|x+\sqrt{x^2-1}|-\sqrt{x^2-1}+C$

(5) $x\sin^{-1}x+\sqrt{1-x^2}+C$ (6) $x\tan^{-1}x-\dfrac{1}{2}\log(x^2+1)+C$

(7) $(2-x^2)\cos x+2x\sin x+C$ (8) $x(\log x)^2-2x(\log x)+2x+C$

(9) $e^{2x}\left(\dfrac{2}{13}\sin 3x-\dfrac{3}{13}\cos 3x\right)+C$

(10) $e^{-x}\left(-\dfrac{1}{5}\cos 2x+\dfrac{2}{5}\sin 2x\right)+C$

§17 有理関数の積分

積分できる関数として有理関数（多項式と分数関数）に注目する．これまで多項式などの積分は求めたので，ここでは分数関数を積分する．

17.1 分母が1次式の積の場合の積分

分母が異なる1次式の積になる分数関数を積分する．

例1 除法を用いて分子の次数を分母よりも下げて積分する．

$$\frac{x^2-3}{x^2-3x+2} = \frac{(x^2-3x+2)1+3x-5}{x^2-3x+2}$$
$$= 1+\frac{3x-5}{x^2-3x+2}$$

$$\begin{array}{r} 1 \\ x^2-3x+2 \overline{\smash{\big)}\ x^2 -3} \\ \underline{x^2-3x+2} \\ 3x-5 \end{array}$$

$$\int \frac{x^2-3}{x^2-3x+2}\,dx = \int \left(1+\frac{3x-5}{x^2-3x+2}\right)dx = x + \int \frac{3x-5}{x^2-3x+2}\,dx$$

例題 17.1 分母を1次式に分解してから，公式13.5を用いて積分を求めよ．

$$\int \frac{3x-5}{x^2-3x+2}\,dx$$

解 分数関数 $\dfrac{a}{x+b}$ の和に分解してから積分する．分子の次数を分母よりも下げて，1次式の分子は定数にする．

$$\frac{3x-5}{x^2-3x+2} = \frac{3x-5}{(x-1)(x-2)} = \frac{a}{x-1}+\frac{b}{x-2}$$

両辺に分母の式 $(x-1)(x-2)$ を掛けると

$$3x-5 = a(x-2)+b(x-1)$$
$$x=1 \text{ ならば } -2=-a, \quad a=2$$
$$x=2 \text{ ならば } 1=b$$

$$\int \frac{3x-5}{x^2-3x+2}\,dx = \int \left(\frac{2}{x-1}+\frac{1}{x-2}\right)dx$$
$$= 2\log|x-1|+\log|x-2|+C \quad \blacksquare$$

問 17.1 分母を1次式に分解してから，公式13.5を用いて積分を求めよ．

(1) $\displaystyle\int \frac{x+2}{x^2+x}\,dx$ 　　(2) $\displaystyle\int \frac{x+8}{x^2+x-2}\,dx$

注意1 未知数 $a,b,c,\cdots$ の個数だけ x に数値を代入する．

注意2 例題17.1の解とは別に両辺の係数を比較して a,b の値を求めることもできる（未定係数法）．

$$3x-5 = a(x-2)+b(x-1) = (a+b)x-2a-b$$

$$\begin{cases} a+b = 3 \\ -2a-b = -5 \end{cases} \text{ならば} \begin{cases} a = 2 \\ b = 1 \end{cases}$$

注意3 分母が3つの1次式の積ならば3つに分解する．

$$\frac{2x^2-2x-2}{x(x-1)(x-2)} = \frac{a}{x} + \frac{b}{x-1} + \frac{c}{x-2}$$

17.2　分母が1次式と2次式の積の場合の積分

分母が異なる1次式と2次式の積になる分数関数を積分する．

まず2次式の分数関数を積分すると，次が成り立つ．

公式 17.1　分数関数の積分，$a > 0$，b は定数

(1) $\displaystyle\int \frac{1}{(x+b)^2+a^2} dx = \frac{1}{a}\tan^{-1}\frac{x+b}{a}+C$

(2) $\displaystyle\int \frac{1}{(x+b)^2-a^2} dx = \frac{1}{2a}\log\left|\frac{x+b-a}{x+b+a}\right|+C$

[解説] 分母が2次式の分数関数 $\dfrac{1}{(x+b)^2\pm a^2}$ を積分すると，$\pm a^2$ の符号により (1) または (2) になる．これは公式14.5で変数 x を $x+b$ とした式の積分である．

例題 17.2　分母を $(x+b)^2 \pm a^2$ に変形してから，公式17.1を用いて積分を求めよ．

(1) $\displaystyle\int \frac{1}{x^2-4x+5} dx$　　(2) $\displaystyle\int \frac{1}{x^2+2x-3} dx$

解　$\pm a^2$ の符号と a の値を計算してから積分する．

(1) $\displaystyle\int \frac{1}{x^2-4x+5} dx = \int \frac{1}{(x-2)^2+1} dx = \tan^{-1}(x-2)+C$

(2) $\displaystyle\int \frac{1}{x^2+2x-3} dx = \int \frac{1}{(x+1)^2-4} dx = \frac{1}{4}\log\left|\frac{x+1-2}{x+1+2}\right|+C$

$\qquad = \dfrac{1}{4}\log\left|\dfrac{x-1}{x+3}\right|+C$

問 17.2　分母を $(x+b)^2 \pm a^2$ に変形してから，公式17.1を用いて積分を求めよ．

(1) $\displaystyle\int \frac{2}{x^2+4x+13} dx$　　(2) $\displaystyle\int \frac{4}{x^2-6x+8} dx$

> **例題 17.3** 分母を1次式と2次式に分解してから，公式 13.5, 16.1, 17.1 を用いて積分を求めよ．
> $$\int \frac{x-5}{(x-3)(x^2-4x+5)}\,dx$$

解 分数関数 $\dfrac{a}{x+b}$ や $\dfrac{cx+d}{x^2+px+q}$ の和に分解してから積分する．分子の次数を分母よりも下げて，2次式の分子は1次式にする．

$$\frac{x-5}{(x-3)(x^2-4x+5)} = \frac{a}{x-3} + \frac{bx+c}{x^2-4x+5}$$

両辺に分母の式 $(x-3)(x^2-4x+5)$ を掛けると

$$x-5 = a(x^2-4x+5) + (bx+c)(x-3)$$
$$x=3 \text{ ならば } -2 = 2a,\ a=-1$$
$$x=0 \text{ ならば } -5 = 5a-3c = -5-3c,\ c=0$$
$$x=1 \text{ ならば } -4 = 2a-2(b+c) = -2-2b,\ b=1$$

$$\int \frac{x-5}{(x-3)(x^2-4x+5)}\,dx = \int \left(\frac{-1}{x-3} + \frac{x}{x^2-4x+5}\right) dx$$

$(x^2-4x+5)' = 2x-4 = 2(x-2)$ より公式 16.1 を用いるために変形すると

$$= \int \left(-\frac{1}{x-3} + \frac{x-2}{x^2-4x+5} + \frac{2}{x^2-4x+5}\right) dx$$
$$= \int \left\{-\frac{1}{x-3} + \frac{(x^2-4x+5)'}{2(x^2-4x+5)} + \frac{2}{(x-2)^2+1}\right\} dx$$
$$= -\log|x-3| + \frac{1}{2}\log|x^2-4x+5| + 2\tan^{-1}(x-2) + C \qquad \blacksquare$$

問 17.3 分母を1次式と2次式に分解してから，公式 13.5, 16.1, 17.1 を用いて積分を求めよ．

(1) $\displaystyle\int \frac{x-1}{(x+1)(x^2+1)}\,dx$ 　　(2) $\displaystyle\int \frac{x+4}{(x-1)(x^2+2x+2)}\,dx$

注意1 例題 17.3 の2次式 x^2-4x+5 は実数の範囲で因数分解できないので，そのまま積分する．$x^2-4x+5 = (x-2)^2+1 > 0$ なので $\log(x^2-4x+5)$ と書いてもよい．

注意2 例題 17.3 の分解の代りに次のようにおくと，積分がうまくいく．

$$\frac{x-5}{(x-3)(x^2-4x+5)} = \frac{a}{x-3} + \frac{b(x-2)+c}{(x-2)^2+1}$$

注意3 分母が2次式の積ならば各2次式に分解する．

$$\frac{2x^3-3x^2+x-3}{(x^2+2x+4)(x^2-4x+5)} = \frac{ax+b}{x^2+2x+4} + \frac{cx+d}{x^2-4x+5}$$

17.3 分母が $(1\text{次式})^n$ を含む場合の積分

分母の因数分解で $(1\text{次式})^n$ が含まれる分数関数を積分する．
このときは分解すると次の式が現れる．

$$\frac{a_1}{1\text{次式}},\ \frac{a_2}{(1\text{次式})^2},\ \cdots,\ \frac{a_n}{(1\text{次式})^n}$$

> **例題 17.4** 分母を $(1\text{次式})^n$ に分解してから，公式 13.1, 13.5 を用いて積分を求めよ．
> $$\int \frac{9}{(x-1)^2(x+2)}\,dx$$

解 分数関数 $\dfrac{a_1}{x+b}$ や $\dfrac{a_2}{(x+b)^2}$ などの和に分解してから積分する．分子の次数を分母よりも下げて，$(1\text{次式})^n$ の分子は定数にする．

$$\frac{9}{(x-1)^2(x+2)} = \frac{a}{x-1} + \frac{b}{(x-1)^2} + \frac{c}{x+2}$$

両辺に分母の式 $(x-1)^2(x+2)$ を掛けると

$$9 = a(x-1)(x+2) + b(x+2) + c(x-1)^2$$

$x=1$ ならば $9=3b$, $b=3$
$x=-2$ ならば $9=9c$, $c=1$
$x=0$ ならば $9=-2a+2b+c=-2a+7$, $a=-1$

$$\begin{aligned}
\int \frac{9}{(x-1)^2(x+2)}\,dx &= \int \left\{ \frac{-1}{x-1} + \frac{3}{(x-1)^2} + \frac{1}{x+2} \right\} dx \\
&= \int \left\{ -\frac{1}{x-1} + 3(x-1)^{-2} + \frac{1}{x+2} \right\} dx \\
&= -\log|x-1| - \frac{3}{x-1} + \log|x+2| + C
\end{aligned}$$

問 17.4 分母を $(1\text{次式})^n$ に分解してから，公式 13.1, 13.5 を用いて積分を求めよ．

(1) $\displaystyle\int \frac{4}{(x+1)^2(x-1)}\,dx$ (2) $\displaystyle\int \frac{1}{(x-1)^2(x-2)^2}\,dx$

注意1 $(1\text{次式})^n$ の分子を多項式にすると，次のように分解できるので必ず定数にする．

$$\frac{ax+b}{(x-1)^2} = \frac{a}{x-1} + \frac{a+b}{(x-1)^2}$$

注意2 分母が $(1\text{次式})^n$ の積ならば各 $(1\text{次式})^n$ に分解する．

$$\frac{2x^4+9x^3+10x^2-x+7}{(x-1)^2(x+2)^3} = \frac{a}{x-1} + \frac{b}{(x-1)^2} + \frac{c}{x+2} + \frac{d}{(x+2)^2} + \frac{e}{(x+2)^3}$$

17.4 分母が $(2\text{次式})^n$ を含む場合の積分

分母の因数分解で $(2\text{次式})^n$ が含まれる分数関数を積分する．
このときは分解すると次の式が現れる．

$$\frac{a_1 x + b_1}{2\text{次式}},\ \frac{a_2 x + b_2}{(2\text{次式})^2},\ \cdots,\ \frac{a_n x + b_n}{(2\text{次式})^n}$$

さらに次の漸化式なども用いると，すべての分数関数が積分できる．

公式 17.2 積分の漸化式，$n \geq 2$

$$\int \frac{1}{(x^2 + a^2)^n} dx$$
$$= \frac{1}{2(n-1)a^2} \left\{ \frac{x}{(x^2+a^2)^{n-1}} + (2n-3) \int \frac{1}{(x^2+a^2)^{n-1}} dx \right\}$$

[解説] 分数関数 $\dfrac{1}{(x^2+a^2)^n}$ は分母の次数を順に下げて積分する．

例 2 分母が $(2\text{次式})^2$ の場合に積分を求める．

例題 17.3 と同様にして

$$\int \frac{x}{(x^2-4x+5)^2} dx$$
$$= \int \left\{ \frac{x-2}{(x^2-4x+5)^2} + \frac{2}{(x^2-4x+5)^2} \right\} dx$$
$$= \frac{1}{2} \int (x^2-4x+5)^{-2}(x^2-4x+5)'\, dx + \int \frac{2}{\{(x-2)^2+1\}^2} dx$$

公式 16.1 (2) および $t = x-2,\ dt = dx$ と置換積分（公式 15.1）して

$$= -\frac{1}{2(x^2-4x+5)} + \int \frac{2}{(t^2+1)^2} dt$$

公式 17.2 ($n=2$) より

$$= -\frac{1}{2(x^2-4x+5)} + \frac{t}{t^2+1} + \int \frac{1}{t^2+1} dt$$

公式 14.5 より

$$= -\frac{1}{2(x^2-4x+5)} + \frac{x-2}{x^2-4x+5} + \tan^{-1} t + C$$
$$= \frac{2x-5}{2(x^2-4x+5)} + \tan^{-1}(x-2) + C$$

練習問題 17

1. 分母を分解してから，公式 13.1, 13.5, 16.1, 17.1, 17.2 を用いて積分せよ．

(1) $\displaystyle\int \frac{8(x+1)}{x^3-4x}\,dx$

(2) $\displaystyle\int \frac{2}{x^3+3x^2+2x}\,dx$

(3) $\displaystyle\int \frac{13x+21}{x^3-7x-6}\,dx$

(4) $\displaystyle\int \frac{-7x+5}{x^3-2x^2-x+2}\,dx$

(5) $\displaystyle\int \frac{2}{x^2+6x+11}\,dx$

(6) $\displaystyle\int \frac{3}{x^2-x+1}\,dx$

(7) $\displaystyle\int \frac{6}{x^2-8x+13}\,dx$

(8) $\displaystyle\int \frac{4}{x^2+3x+2}\,dx$

(9) $\displaystyle\int \frac{3(x+1)}{(x-1)(x^2+x+1)}\,dx$

(10) $\displaystyle\int \frac{x^2}{(x-2)(x^2-2x+4)}\,dx$

(11) $\displaystyle\int \frac{5}{(x+4)(x^2+4x+5)}\,dx$

(12) $\displaystyle\int \frac{x^3}{(x^2+1)(x^2+2)}\,dx$

(13) $\displaystyle\int \frac{x^2}{(x^2+3)(x^2+4)}\,dx$

(14) $\displaystyle\int \frac{2(x-5)}{(x^2+5)(x^2-2x+3)}\,dx$

(15) $\displaystyle\int \frac{7(x^2-6)}{(x^2+3x+6)(x^2-4x+6)}\,dx$

(16) $\displaystyle\int \frac{x^2-24}{(x^2-2x+4)(x^2+4x+6)}\,dx$

(17) $\displaystyle\int \frac{3(2x^2+4x+3)}{(x+2)^3(x-1)}\,dx$

(18) $\displaystyle\int \frac{7x+12}{(x-3)^2(x^2+2)}\,dx$

(19) $\displaystyle\int \frac{16x+10}{x^2(x^2+6x+10)}\,dx$

(20) $\displaystyle\int \frac{x+1}{(x^2-2x+5)^2}\,dx$ （公式 17.2）

解答

問 17.1 (1) $2\log|x|-\log|x+1|+C$ (2) $3\log|x-1|-2\log|x+2|+C$

問 17.2 (1) $\dfrac{2}{3}\tan^{-1}\dfrac{x+2}{3}+C$ (2) $2\log\left|\dfrac{x-4}{x-2}\right|+C$

問 17.3 (1) $-\log|x+1|+\dfrac{1}{2}\log|x^2+1|+C$

(2) $\log|x-1|-\dfrac{1}{2}\log|x^2+2x+2|-\tan^{-1}(x+1)+C$

問 17.4 (1) $-\log|x+1|+\dfrac{2}{x+1}+\log|x-1|+C$

(2) $2\log|x-1|-\dfrac{1}{x-1}-2\log|x-2|-\dfrac{1}{x-2}+C$

練習問題 17

1. (1) $-2\log|x|-\log|x+2|+3\log|x-2|+C$

(2) $\log|x|-2\log|x+1|+\log|x+2|+C$

(3) $-2\log|x+1|-\log|x+2|+3\log|x-3|+C$

(4) $2\log|x+1|+\log|x-1|-3\log|x-2|+C$

(5) $\sqrt{2}\tan^{-1}\dfrac{x+3}{\sqrt{2}}+C$

(6) $2\sqrt{3}\tan^{-1}\dfrac{2x-1}{\sqrt{3}}+C$

(7) $\sqrt{3}\log\left|\dfrac{x-4-\sqrt{3}}{x-4+\sqrt{3}}\right|+C$

(8) $4\log\left|\dfrac{x+1}{x+2}\right|+C$

(9) $2\log|x-1|-\log|x^2+x+1|+C$

(10) $\log|x-2|+\dfrac{2}{\sqrt{3}}\tan^{-1}\dfrac{x-1}{\sqrt{3}}+C$

(11) $\log|x+4|-\dfrac{1}{2}\log|x^2+4x+5|+2\tan^{-1}(x+2)+C$

(12) $-\dfrac{1}{2}\log|x^2+1|+\log|x^2+2|+C$

(13) $-\sqrt{3}\tan^{-1}\dfrac{x}{\sqrt{3}}+2\tan^{-1}\dfrac{x}{2}+C$

(14) $-\dfrac{1}{2}\log|x^2+5|+\dfrac{1}{2}\log|x^2-2x+3|-\dfrac{1}{\sqrt{2}}\tan^{-1}\dfrac{x-1}{\sqrt{2}}+C$

(15) $-\log|x^2+3x+6|+\log|x^2-4x+6|+C$

(16) $\dfrac{1}{2}\log|x^2-2x+4|-\dfrac{1}{\sqrt{3}}\tan^{-1}\dfrac{x-1}{\sqrt{3}}-\dfrac{1}{2}\log|x^2+4x+6|$
$\quad-\dfrac{1}{\sqrt{2}}\tan^{-1}\dfrac{x+2}{\sqrt{2}}+C$

(17) $-\log|x+2|-\dfrac{3}{x+2}+\dfrac{3}{2(x+2)^2}+\log|x-1|+C$

(18) $-\log|x-3|-\dfrac{3}{x-3}+\dfrac{1}{2}\log|x^2+2|+C$

(19) $\log|x|-\dfrac{1}{x}-\dfrac{1}{2}\log|x^2+6x+10|-4\tan^{-1}(x+3)+C$

(20) $\dfrac{x-3}{4(x^2-2x+5)}+\dfrac{1}{8}\tan^{-1}\dfrac{x-1}{2}+C$

§18 いろいろな関数の有理式の積分

有理関数は積分できるので，他の関数でも置換積分して有理関数に変形すれば積分が求められる．ここでは無理関数，指数関数，三角関数の有理式を有理関数に直して積分する．

18.1 無理関数の有理式の積分

無理関数を有理関数に直して積分する．

● 変数 x と $\sqrt[n]{ax+b}$ の有理式の積分

根号の中が 1 次式である無理関数を積分すると，次が成り立つ．

> **公式 18.1　変数 x と $\sqrt[n]{ax+b}$ の有理式の積分，$a \neq 0$**
> $t = \sqrt[n]{ax+b}$ とおけば次のように表され，有理関数の積分になる．
> $$x = \frac{1}{a}(t^n - b), \quad dx = \frac{n}{a} t^{n-1} \, dt$$

[解説] 無理関数 $\sqrt[n]{ax+b}$ が含まれる式を，置換積分（公式 15.1）で有理関数に直してから積分する．

> **例題 18.1**　公式 18.1 を用いて積分を求めよ．
> $$\int \frac{1}{x\sqrt{4-x}} \, dx$$

[解]　$t = \sqrt{4-x}$ と置換し，有理関数に直してから積分する．最後に変数を x に戻す．

$$n = 2, \quad t = \sqrt{4-x}, \quad x = 4 - t^2, \quad dx = -2t \, dt$$

$$\int \frac{1}{x\sqrt{4-x}} \, dx = \int \frac{1}{(4-t^2)t}(-2t) \, dt = 2\int \frac{1}{t^2-4} \, dt$$

公式 14.5 より

$$= \frac{1}{2} \log\left|\frac{t-2}{t+2}\right| + C = \frac{1}{2} \log\left|\frac{\sqrt{4-x}-2}{\sqrt{4-x}+2}\right| + C \quad \blacksquare$$

問 18.1　公式 18.1 を用いて積分を求めよ．

(1) $\displaystyle\int \frac{1}{x+\sqrt{x}} \, dx$　　(2) $\displaystyle\int \frac{1}{(x-1)\sqrt{x-2}} \, dx$

根号の中が分数式である無理関数を積分すると，次が成り立つ．

公式 18.2 変数 x と $\sqrt[n]{\dfrac{ax+b}{cx+d}}$ の有理式の積分，$ad-bc \neq 0$

$t = \sqrt[n]{\dfrac{ax+b}{cx+d}}$ とおけば次のように表され，有理関数の積分になる．

$$x = \dfrac{-dt^n + b}{ct^n - a}, \quad dx = \dfrac{n(ad-bc)t^{n-1}}{(ct^n - a)^2} dt$$

[解説] 無理関数 $\sqrt[n]{\dfrac{ax+b}{cx+d}}$ が含まれる式を，置換積分（公式 15.1）で有理関数に直してから積分する．

● 変数 x と $\sqrt{ax^2 + bx + c}$ の有理式の積分

根号の中が 2 次式である無理関数を積分すると，次が成り立つ．

公式 18.3 無理関数の積分

(1) $\displaystyle\int \dfrac{1}{\sqrt{a^2 - (x+b)^2}} dx = \sin^{-1} \dfrac{x+b}{a} + C \quad (a > 0)$

(2) $\displaystyle\int \dfrac{1}{\sqrt{(x+b)^2 + A}} dx = \log |x+b + \sqrt{(x+b)^2 + A}| + C \quad (A \neq 0)$

[解説] 根号の中が 2 次式の無理関数 $\dfrac{1}{\sqrt{A \pm (x+b)^2}}$ を積分すると，$\pm (x+b)^2$ の符号により (1) または (2) になる．これは公式 14.6 で変数 x を $x+b$ とした式の積分である．

公式 18.4 無理関数の積分

(1) $\displaystyle\int \sqrt{a^2 - (x+b)^2}\, dx$
$= \dfrac{1}{2}\left\{(x+b)\sqrt{a^2 - (x+b)^2} + a^2 \sin^{-1} \dfrac{x+b}{a}\right\} + C \quad (a > 0)$

(2) $\displaystyle\int \sqrt{(x+b)^2 + A}\, dx$
$= \dfrac{1}{2}\left\{(x+b)\sqrt{(x+b)^2 + A} + A \log |x+b + \sqrt{(x+b)^2 + A}|\right\}$
$+ C \quad (A \neq 0)$

[解説] 根号の中が 2 次式の無理関数 $\sqrt{A \pm (x+b)^2}$ を積分すると，$\pm (x+b)^2$ の符号により (1) または (2) になる．これは公式 16.2 で変数 x を $x+b$ とした式の積分である．

例題 18.2 根号の中を $A \pm (x+b)^2$ に変形してから，公式 18.3, 18.4 を用いて積分を求めよ．

(1) $\displaystyle \int \frac{1}{\sqrt{-x^2+4x-3}}\, dx$ 　　(2) $\displaystyle \int \sqrt{x^2+2x+2}\, dx$

解 $\pm(x+b)^2$ の符号と a や A の値を計算してから積分する．

(1) $\displaystyle \int \frac{1}{\sqrt{-x^2+4x-3}}\, dx = \int \frac{1}{\sqrt{1-(x-2)^2}}\, dx = \sin^{-1}(x-2) + C$

(2) $\displaystyle \int \sqrt{x^2+2x+2}\, dx = \int \sqrt{(x+1)^2+1}\, dx$
$\displaystyle \qquad = \frac{1}{2}\left\{(x+1)\sqrt{(x+1)^2+1} + \log\left|x+1+\sqrt{(x+1)^2+1}\right|\right\} + C$

問 18.2 根号の中を $A \pm (x+b)^2$ に変形してから，公式 18.3, 18.4 を用いて積分を求めよ．

(1) $\displaystyle \int \frac{1}{\sqrt{x^2-10x+28}}\, dx$ 　　(2) $\displaystyle \int \frac{1}{\sqrt{-x^2-6x-5}}\, dx$

(3) $\displaystyle \int \sqrt{x^2+4x-1}\, dx$ 　　(4) $\displaystyle \int \sqrt{-x^2+8x-7}\, dx$

さらに一般の場合の積分を考えると，次が成り立つ．

公式 18.5 変数 x と $\sqrt{ax^2+bx+c}$ の有理式の積分，$a \neq 0$

(1) $a > 0$ の場合

$t = \sqrt{ax^2+bx+c} + \sqrt{a}\, x$ とおけば次のように表され，有理関数の積分になる．

$$x = \frac{t^2-c}{2\sqrt{a}\, t+b}, \quad dx = \frac{2(\sqrt{a}\, t^2+bt+\sqrt{a}\, c)}{(2\sqrt{a}\, t+b)^2}\, dt,$$

$$\sqrt{ax^2+bx+c} = \frac{\sqrt{a}\, t^2+bt+\sqrt{a}\, c}{2\sqrt{a}\, t+b}$$

(2) $a < 0$ の場合

$ax^2+bx+c = a(x-\alpha)(x-\beta) = 0$ の実数解 $x = \alpha, \beta$ $(\alpha < \beta)$ に対して $t = \sqrt{\dfrac{x-\alpha}{\beta-x}}$ とおけば次のように表され，有理関数の積分になる．

$$x = \frac{\beta t^2+\alpha}{t^2+1}, \quad dx = \frac{2(\beta-\alpha)t}{(t^2+1)^2}\, dt, \quad \sqrt{ax^2+bx+c} = \frac{\sqrt{|a|}(\beta-\alpha)t}{t^2+1}$$

解説 無理関数 $\sqrt{ax^2+bx+c}$ が含まれる式を置換積分（公式 15.1）で有理関数に直してから積分する．その際に特殊な置換をする．

18.2 指数関数の有理式の積分

指数関数を有理関数に直して積分する．

> **公式 18.6** e^{ax} の有理式の積分，$a \neq 0$
> $t = e^{ax}$ とおけば次のように表され，有理関数の積分になる．
> $$dx = \frac{1}{at} dt$$

[解説] 指数関数 e^{ax} が含まれる式を，置換積分（公式 15.1）で有理関数に直してから積分する．

> **例題 18.3** 公式 18.6 を用いて積分を求めよ．
> $$\int \frac{2}{e^{2x}+2+e^{-2x}} dx$$

[解] $t = e^{2x}$ と置換し，有理関数に直してから積分する．最後に変数を x に戻す．

$$t = e^{2x}, \quad dx = \frac{1}{2t} dt$$

$$\int \frac{2}{e^{2x}+2+e^{-2x}} dx = \int \frac{2}{t+2+t^{-1}} \frac{1}{2t} dt$$
$$= \int \frac{1}{t^2+2t+1} dt$$
$$= \int \frac{1}{(t+1)^2} dt$$

公式 13.1 より

$$= -\frac{1}{t+1} + C = -\frac{1}{e^{2x}+1} + C$$

問 18.3 公式 18.6 を用いて積分を求めよ．

(1) $\int \frac{1}{e^x - e^{-x}} dx$ (2) $\int \frac{2e^{2x}}{e^{4x}+1} dx$

18.3 三角関数の有理式の積分

三角関数を有理関数に直して積分する．

> **公式 18.7** $\sin ax$, $\cos ax$ の有理式の積分，$a \neq 0$
>
> $t = \tan \dfrac{ax}{2}$ とおけば次のように表され，有理関数の積分になる．
>
> $$\sin ax = \frac{2t}{1+t^2}, \quad \cos ax = \frac{1-t^2}{1+t^2}, \quad dx = \frac{2}{a(1+t^2)} dt$$

[解説] 三角関数 $\sin ax$, $\cos ax$ が含まれる式を，置換積分（公式 15.1）で有理関数に直してから積分する．

> **例題 18.4** 公式 18.7 を用いて積分を求めよ．
>
> $$\int \frac{1}{1+\cos 2x} dx$$

[解] $t = \tan x$ と置換し，有理関数に直してから積分する．最後に変数を x に戻す．

$$t = \tan x, \quad \cos 2x = \frac{1-t^2}{1+t^2}, \quad dx = \frac{2}{2(1+t^2)} dt = \frac{1}{1+t^2} dt$$

$$\int \frac{1}{1+\cos 2x} dx = \int \frac{1}{1+\dfrac{1-t^2}{1+t^2}} \frac{1}{1+t^2} dt = \int \frac{1}{1+t^2+1-t^2} dt = \frac{1}{2} \int dt$$

公式 13.1 より

$$= \frac{1}{2} t + C = \frac{1}{2} \tan x + C$$

問 18.4 公式 18.7 を用いて積分を求めよ．

(1) $\displaystyle\int \frac{1}{1-\cos x} dx$ (2) $\displaystyle\int \frac{1}{1-\sin 2x} dx$

練習問題 18

1. 公式 18.1〜18.7 を用いて積分を求めよ．

(1) $\displaystyle\int \frac{\sqrt{x+1}}{x} dx$ (2) $\displaystyle\int \frac{\sqrt[4]{x-1}}{x-2} dx$

(3) $\displaystyle\int \frac{1}{\sqrt{x^2+8x+10}} dx$ (4) $\displaystyle\int \frac{1}{\sqrt{-x^2+2x+8}} dx$

(5) $\displaystyle\int \sqrt{x^2-6x+12}\, dx$ (6) $\displaystyle\int \sqrt{-x^2-10x-9}\, dx$

(7) $\displaystyle\int \frac{1}{x}\sqrt{\frac{x-1}{x+1}}\,dx$ （公式 18.2）

(8) $\displaystyle\int \frac{1}{x-2}\sqrt{\frac{x+1}{-x+1}}\,dx$ （公式 18.2）

(9) $\displaystyle\int \frac{1}{(x-1)\sqrt{x^2-1}}\,dx$ （公式 18.5）

(10) $\displaystyle\int \frac{1}{(x+1)\sqrt{x^2-2}}\,dx$ （公式 18.5）

(11) $\displaystyle\int \frac{1}{(x+1)\sqrt{1-x^2}}\,dx$ （公式 18.5）

(12) $\displaystyle\int \frac{1}{(5-x)\sqrt{9-x^2}}\,dx$ （公式 18.5）

(13) $\displaystyle\int \frac{e^{2x}}{e^x+1}\,dx$ \qquad (14) $\displaystyle\int \frac{2e^{3x}}{e^x+e^{-x}}\,dx$

(15) $\displaystyle\int \frac{1}{e^{2x}+e^x}\,dx$ \qquad (16) $\displaystyle\int \frac{1}{e^{2x}-1}\,dx$

(17) $\displaystyle\int \frac{1}{\sin x - \cos x}\,dx$ \qquad (18) $\displaystyle\int \frac{1}{\sin x + 2\cos x}\,dx$

(19) $\displaystyle\int \frac{1+\sin x}{1+\cos x}\,dx$ \qquad (20) $\displaystyle\int \frac{1-\cos 2x}{1+\cos 2x}\,dx$

【解答】

問 18.1 (1) $2\log|\sqrt{x}+1|+C$ \qquad (2) $2\tan^{-1}\sqrt{x-2}+C$

問 18.2 (1) $\log|x-5+\sqrt{(x-5)^2+3}|+C$ \qquad (2) $\sin^{-1}\dfrac{x+3}{2}+C$

(3) $\dfrac{1}{2}\left\{(x+2)\sqrt{(x+2)^2-5}-5\log|x+2+\sqrt{(x+2)^2-5}|\right\}+C$

(4) $\dfrac{1}{2}\left\{(x-4)\sqrt{9-(x-4)^2}+9\sin^{-1}\dfrac{x-4}{3}\right\}+C$

問 18.3 (1) $\dfrac{1}{2}\log\left|\dfrac{e^x-1}{e^x+1}\right|+C$ \qquad (2) $\tan^{-1}e^{2x}+C$

問 18.4 (1) $-\dfrac{1}{\tan\dfrac{x}{2}}+C = -\cot\dfrac{x}{2}+C$ \qquad (2) $-\dfrac{1}{\tan x - 1}+C$

練習問題 18

1. (1) $2\sqrt{x+1}+\log\left|\dfrac{\sqrt{x+1}-1}{\sqrt{x+1}+1}\right|+C$

(2) $4\sqrt[4]{x-1}+\log\left|\dfrac{\sqrt[4]{x-1}-1}{\sqrt[4]{x-1}+1}\right|-2\tan^{-1}\sqrt[4]{x-1}+C$

(3) $\log|x+4+\sqrt{(x+4)^2-6}|+C$ \qquad (4) $\sin^{-1}\dfrac{x-1}{3}+C$

(5) $\dfrac{1}{2}\left\{(x-3)\sqrt{(x-3)^2+3}+3\log|x-3+\sqrt{(x-3)^2+3}|\right\}+C$

(6) $\dfrac{1}{2}\left\{(x+5)\sqrt{16-(x+5)^2}+16\sin^{-1}\dfrac{x+5}{4}\right\}+C$

(7) $\quad -2\tan^{-1}\sqrt{\dfrac{x-1}{x+1}}-\log\left|\dfrac{\sqrt{\dfrac{x-1}{x+1}}-1}{\sqrt{\dfrac{x-1}{x+1}}+1}\right|+C$

(8) $\quad 2\tan^{-1}\sqrt{\dfrac{x+1}{-x+1}}-2\sqrt{3}\tan^{-1}\sqrt{\dfrac{x+1}{3(-x+1)}}+C$

(9) $\quad -\dfrac{2}{\sqrt{x^2-1}+x-1}+C=-\sqrt{\dfrac{x+1}{x-1}}+C$

(10) $\quad 2\tan^{-1}(\sqrt{x^2-2}+x+1)+C$ 　　(11) $\quad -\sqrt{\dfrac{1-x}{x+1}}+C$

(12) $\quad \dfrac{1}{2}\tan^{-1}\sqrt{\dfrac{x+3}{4(3-x)}}+C$

(13) $\quad e^x-\log|e^x+1|+C$ 　　　　　(14) $\quad e^{2x}-\log|e^{2x}+1|+C$

(15) $\quad -x-e^{-x}+\log|e^x+1|+C$ 　　(16) $\quad \dfrac{1}{2}\log|e^{2x}-1|-x+C$

(17) $\quad \dfrac{1}{\sqrt{2}}\log\left|\dfrac{\tan\dfrac{x}{2}+1-\sqrt{2}}{\tan\dfrac{x}{2}+1+\sqrt{2}}\right|+C$

(18) $\quad -\dfrac{1}{\sqrt{5}}\log\left|\dfrac{2\tan\dfrac{x}{2}-1-\sqrt{5}}{2\tan\dfrac{x}{2}-1+\sqrt{5}}\right|+C$

(19) $\quad \tan\dfrac{x}{2}+\log\left|\tan^2\dfrac{x}{2}+1\right|+C$ 　　(20) $\quad \tan x-x+C$

§19 定積分，n 次関数と分数関数の定積分

積分を用いていろいろな図形の面積を求めるために，ここでは定積分を導入する．そして n 次関数や分数関数を定積分する．§19 での例題や問題の定積分は §13〜18 にある不定積分の式を利用している．

19.1 定積分

不定積分の式を微分する．

例1 関数の不定積分を微分する．

$$\int 2x\, dx = x^2 + C$$

$$2x = (x^2)' = \frac{dx^2}{dx}$$

$$2x\, dx = dx^2$$

拡大すると左辺 $2x\, dx$ は 2 次関数 x^2 の微小変化量（微分）dx^2 に等しい．これを点 $x=1$ から点 $x=2$ までたし合わせれば，点 $y=1$ から点 $y=4$ までの線分の長さ $4-1=3$ が求まる．

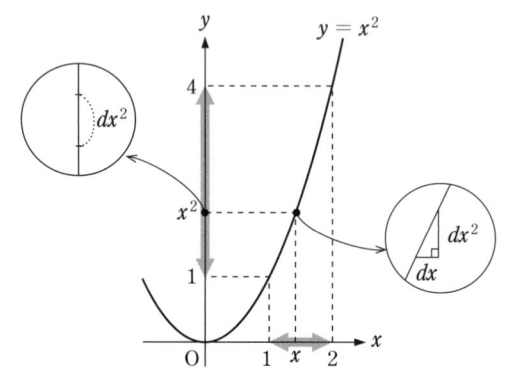

図 19.1 $y = 2x$ の不定積分と線分の長さ．

● 定積分の意味と記号

一般の関数 $y = f(x)$ の不定積分を微分する．

$$\int f(x)\, dx = F(x) + C$$

$$f(x) = F'(x) = \frac{dF}{dx}(x)$$

$$f(x)\, dx = dF(x)$$

拡大すると左辺 $f(x)\, dx$ は関数 $F(x)$ の微小変化量（微分）$dF(x)$ に等しい．これを点 $x = a$ から点 $x = b$ までたし合わせれば，点 $y = F(a)$ から点 $y = F(b)$ までの線分の長さ $F(b) - F(a)$ が求まる．これを関数 $f(x)$ の点 a から点 b までの**定積分**といい，次のように書く．a を**下端**，b を**上端**といい，$a \leq x \leq b$ を**積分区間**という．

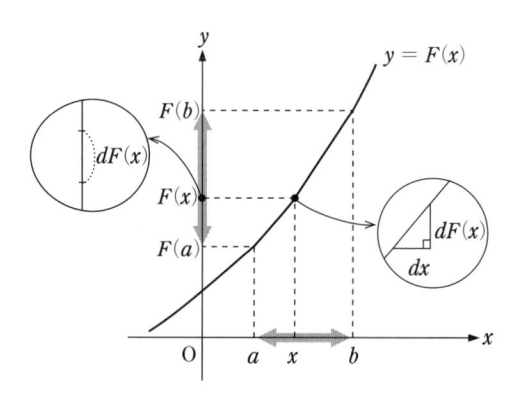

図 19.2 $y = f(x)$ の不定積分と線分の長さ．

$$\int_a^b f(x)\, dx = \int_a^b dF(x) = F(b) - F(a) = \Big[F(x)\Big]_a^b$$

（上端：b，下端：a，a から b までたし合わせる．$F(x)$ の変化量）

以上をまとめておく．

公式 19.1　微積分の基本定理

関数 $f(x)$ の不定積分が $F(x)+C$ ならば
$$\int_a^b f(x)\,dx = \Big[F(x)\Big]_a^b = F(b)-F(a)$$

[解説] 関数 $f(x)$ の点 a から点 b までの定積分は，不定積分 $F(x)+C$ から求める．差 $F(b)-F(a)$ を計算すると定数 C は消える．

例 2 定積分を求める．
$$\int_1^2 2x\,dx = \Big[x^2\Big]_1^2 = 2^2-1^2 = 4-1 = 3$$

[注意] 差を計算するときは，2 つの数値 a, b をそれぞれ $F(x)$ に代入して引く．

(1) $\Big[x^2\Big]_1^2 = 2^2-1^2$ 　◯　　$\Big[x^2\Big]_1^2 = (2-1)^2$ 　✗

(2) $\Big[\dfrac{1}{x}\Big]_2^3 = \dfrac{1}{3}-\dfrac{1}{2}$ 　◯　　$\Big[\dfrac{1}{x}\Big]_2^3 = \dfrac{1}{3-2}$ 　✗

(3) $\Big[\sqrt{x}\Big]_2^5 = \sqrt{5}-\sqrt{2}$ 　◯　　$\Big[\sqrt{x}\Big]_2^5 = \sqrt{5-2}$ 　✗

(4) $\Big[e^x\Big]_1^4 = e^4-e^1$ 　◯　　$\Big[e^x\Big]_1^4 = e^{4-1}$ 　✗

(5) $\Big[\sin x\Big]_{\frac{\pi}{4}}^{\frac{\pi}{2}} = \sin\dfrac{\pi}{2}-\sin\dfrac{\pi}{4}$ 　◯　　$\Big[\sin x\Big]_{\frac{\pi}{4}}^{\frac{\pi}{2}} = \sin\left(\dfrac{\pi}{2}-\dfrac{\pi}{4}\right)$ 　✗

19.2　n 次関数の定積分

n 次関数を定積分する．

例題 19.1 定数か x^n や $(x+b)^n$ に変形してから，公式 13.1, 19.1 を用いて積分を求めよ．

(1) $\displaystyle\int_0^1 5\,dx$ 　　(2) $\displaystyle\int_1^2 dx$ 　　(3) $\displaystyle\int_{-1}^2 x^4\,dx$

(4) $\displaystyle\int_{-2}^{-1} \dfrac{1}{x^2}\,dx$ 　　(5) $\displaystyle\int_2^3 \sqrt{x}\,dx$ 　　(6) $\displaystyle\int_1^4 \dfrac{1}{\sqrt{x}}\,dx$

(7) $\displaystyle\int_0^2 (x+1)^3\,dx$ 　　(8) $\displaystyle\int_2^9 \dfrac{1}{\sqrt[3]{x-1}^2}\,dx$

[解] 例題 13.1 のように公式 13.2, 13.3 を用いて指数 n を計算し，不定積分を求めてから差を計算する．

(1) $\displaystyle\int_0^1 5\,dx = \Big[5x\Big]_0^1 = 5(1-0) = 5$

(2) $\displaystyle\int_1^2 dx = \Big[x\Big]_1^2 = 2-1 = 1$

(3) $\int_{-1}^{2} x^4\, dx = \left[\dfrac{1}{5}x^5\right]_{-1}^{2} = \dfrac{1}{5}(2^5-(-1)^5) = \dfrac{1}{5}(32+1) = \dfrac{33}{5}$

(4) $\int_{-2}^{-1} \dfrac{1}{x^2}\, dx = \left[-\dfrac{1}{x}\right]_{-2}^{-1} = -\left(\dfrac{1}{-1}-\dfrac{1}{-2}\right) = 1-\dfrac{1}{2} = \dfrac{1}{2}$

(5) $\int_{2}^{3} \sqrt{x}\, dx = \left[\dfrac{2}{3}\sqrt{x}^3\right]_{2}^{3} = \dfrac{2}{3}(\sqrt{3}^3-\sqrt{2}^3) = \dfrac{2}{3}(3\sqrt{3}-2\sqrt{2})$

(6) $\int_{1}^{4} \dfrac{1}{\sqrt{x}}\, dx = \left[2\sqrt{x}\right]_{1}^{4} = 2(\sqrt{4}-\sqrt{1}) = 2(2-1) = 2$

(7) $\int_{0}^{2} (x+1)^3\, dx = \left[\dfrac{1}{4}(x+1)^4\right]_{0}^{2} = \dfrac{1}{4}(3^4-1^4) = \dfrac{1}{4}(81-1) = 20$

(8) $\int_{2}^{9} \dfrac{1}{\sqrt[3]{x-1}^2}\, dx = \left[3\sqrt[3]{x-1}\right]_{2}^{9} = 3(\sqrt[3]{8}-\sqrt[3]{1}) = 3(2-1) = 3$

問 19.1 x^n や $(x+b)^n$ に変形してから，公式 13.1, 19.1 を用いて積分を求めよ．

(1) $\int_{-1}^{2} x^2 x^3\, dx$ (2) $\int_{1}^{2} \dfrac{1}{x^4}\, dx$ (3) $\int_{1}^{4} \dfrac{1}{\sqrt{x}^3}\, dx$

(4) $\int_{0}^{1} x\sqrt{x}\, dx$ (5) $\int_{-2}^{2} \dfrac{1}{(x-3)^2}\, dx$ (6) $\int_{-1}^{1} \sqrt[4]{x+2}\, dx$

19.3 関数の定数倍と和や差の定積分，その他の公式

関数に定数を掛けたり，関数をたしたり，引いたりして定積分する．またその他の公式を見ていく．

公式 19.2 関数の定数倍と和の定積分

(1) $\int_{a}^{b} k f(x)\, dx = k \int_{a}^{b} f(x)\, dx$ (k は定数)

(2) $\int_{a}^{b} \{f(x)+g(x)\}\, dx = \int_{a}^{b} f(x)\, dx + \int_{a}^{b} g(x)\, dx$

[解説] (1)では定数を外に出し，(2)では関数の和を分けて定積分する．

例題 19.2 公式 19.1, 19.2 を用いて積分を求めよ．

(1) $\int_{1}^{2} \left(6x^3-3x^2+\dfrac{4}{x^3}\right) dx$ (2) $\int_{0}^{3} \{(2x)^3+\sqrt{3x}\}\, dx$

(3) $\int_{-1}^{1} (x+1)(x^2+1)\, dx$ (4) $\int_{1}^{4} \dfrac{x^4+\sqrt{x}}{x^2}\, dx$

解 例題 13.2 のように公式 13.2, 13.3 を用いて各項を x^n に変形し，公式 13.1 により不定積分を求めてから差を計算する．

(1) $\int_{1}^{2} \left(6x^3-3x^2+\dfrac{4}{x^3}\right) dx = \left[\dfrac{6}{4}x^4-\dfrac{3}{3}x^3-\dfrac{4}{2}\dfrac{1}{x^2}\right]_{1}^{2}$

$$= \frac{3}{2}(2^4-1^4)-(2^3-1^3)-2\left(\frac{1}{2^2}-\frac{1}{1^2}\right)$$
$$= \frac{3}{2}(16-1)-(8-1)-2\left(\frac{1}{4}-1\right) = \frac{45}{2}-7+\frac{3}{2}$$
$$= 17$$

(2) $\displaystyle\int_0^3 \{(2x)^3+\sqrt{3x}\}\,dx = \int_0^3 \left(8x^3+\sqrt{3}\,x^{\frac{1}{2}}\right) dx$
$$= \left[\frac{8}{4}x^4+\frac{2\sqrt{3}}{3}\sqrt{x}^3\right]_0^3 = 2\times 3^4+\frac{2}{\sqrt{3}}\times\sqrt{3}^3$$
$$= 2\times 81+2\times 3 = 162+6 = 168$$

(3) $\displaystyle\int_{-1}^1 (x+1)(x^2+1)\,dx = \int_{-1}^1 (x^3+x^2+x+1)\,dx$
$$= \left[\frac{1}{4}x^4+\frac{1}{3}x^3+\frac{1}{2}x^2+x\right]_{-1}^1$$
$$= \frac{1}{4}\{1^4-(-1)^4\}+\frac{1}{3}\{1^3-(-1)^3\}$$
$$+\frac{1}{2}\{1^2-(-1)^2\}+\{1-(-1)\} = \frac{2}{3}+2 = \frac{8}{3}$$

(4) $\displaystyle\int_1^4 \frac{x^4+\sqrt{x}}{x^2}\,dx = \int_1^4 (x^2+x^{-\frac{3}{2}})\,dx = \left[\frac{1}{3}x^3-\frac{2}{\sqrt{x}}\right]_1^4$
$$= \frac{1}{3}(4^3-1^3)-2\left(\frac{1}{\sqrt{4}}-\frac{1}{\sqrt{1}}\right)$$
$$= \frac{1}{3}(64-1)-2\left(\frac{1}{2}-1\right) = 21+1 = 22$$

問 **19.2** 公式 19.1, 19.2 を用いて積分を求めよ．

(1) $\displaystyle\int_1^2 \left(6x^5+5x^4-\frac{1}{x^2}\right) dx$ \qquad (2) $\displaystyle\int_1^4 \left\{\sqrt{\frac{4}{x^3}}+\frac{1}{\sqrt{2x}}+(3x)^2\right\} dx$

(3) $\displaystyle\int_{-2}^{-1} (x-1)\left(\frac{1}{x^3}+1\right) dx$ \qquad (4) $\displaystyle\int_2^3 \frac{x^2+\sqrt{x}^3-\sqrt{x}}{x}\,dx$

定積分で上端と下端を取りかえると，次が成り立つ．

公式 19.3 上端と下端の交換
$$\int_a^b f(x)\,dx = -\int_b^a f(x)\,dx$$

[解説] 定積分で上端と下端を交換すると，積分の符号が逆になる．

例3 上端と下端を交換する．

(1) $\displaystyle\int_1^2 x^2\,dx = \left[\frac{1}{3}x^3\right]_1^2 = \frac{1}{3}(2^3-1^3) = \frac{1}{3}(8-1) = \frac{7}{3}$

(2) $\int_2^1 x^2\,dx = \left[\dfrac{1}{3}x^3\right]_2^1 = \dfrac{1}{3}(1^3-2^3) = \dfrac{1}{3}(1-8) = -\dfrac{7}{3}$ ∎

定積分で積分区間を分けると，次が成り立つ．

> **公式 19.4　積分区間の分割**
> $$\int_a^b f(x)\,dx = \int_a^c f(x)\,dx + \int_c^b f(x)\,dx$$

[解説]　積分区間を分割すると，各区間での積分の和になる．そのまま積分できないときはこの公式を用いることがある．

例 4　積分区間を分割する．
$$\int_{-1}^{2}|x|\,dx = \int_{-1}^{0}|x|\,dx + \int_{0}^{2}|x|\,dx = \int_{-1}^{0}(-x)\,dx + \int_{0}^{2}x\,dx$$
$$= -\left[\dfrac{1}{2}x^2\right]_{-1}^{0} + \left[\dfrac{1}{2}x^2\right]_{0}^{2}$$
$$= -\dfrac{1}{2}\{0^2-(-1)^2\} + \dfrac{1}{2}(2^2-0^2) = \dfrac{1}{2}+2 = \dfrac{5}{2}$$ ∎

19.4　分数関数の定積分

1次式の分数関数を定積分する．

> **例題 19.3**　公式 13.1, 13.5, 19.1, 19.2 を用いて積分を求めよ．
> (1) $\displaystyle\int_{-3}^{-1}\dfrac{2}{x-1}\,dx$　　(2) $\displaystyle\int_{-1}^{3}\dfrac{1}{2x+4}\,dx$
> (3) $\displaystyle\int_{2}^{3}\dfrac{x^3+2x+3}{x}\,dx$　　(4) $\displaystyle\int_{3}^{4}\dfrac{3x-5}{x^2-3x+2}\,dx$

[解]　例題 13.3, 17.1 のように公式 13.2, 13.3 や分母の分解を用いて各項を x^n や $\dfrac{1}{x+b}$ に変形し，不定積分を求めてから差を計算する．

(1) $\displaystyle\int_{-3}^{-1}\dfrac{2}{x-1}\,dx = 2\Big[\log|x-1|\Big]_{-3}^{-1} = 2(\log|-2|-\log|-4|)$
$$= 2(\log 2 - \log 4) = 2\log\dfrac{1}{2}$$

(2) $\displaystyle\int_{-1}^{3}\dfrac{1}{2x+4}\,dx = \dfrac{1}{2}\int_{-1}^{3}\dfrac{1}{x+2}\,dx = \dfrac{1}{2}\Big[\log|x+2|\Big]_{-1}^{3} = \dfrac{1}{2}(\log 5 - \log 1)$
$$= \dfrac{1}{2}\log 5$$

(3) $\displaystyle\int_{2}^{3}\dfrac{x^3+2x+3}{x}\,dx = \int_{2}^{3}\left(x^2+2+\dfrac{3}{x}\right)dx = \left[\dfrac{1}{3}x^3+2x+3\log|x|\right]_{2}^{3}$
$$= \dfrac{1}{3}(3^3-2^3) + 2(3-2) + 3(\log 3 - \log 2)$$

$$= \frac{1}{3}(27-8) + 2(3-2) + 3(\log 3 - \log 2)$$

$$= \frac{19}{3} + 2 + 3\log\frac{3}{2} = \frac{25}{3} + 3\log\frac{3}{2}$$

(4) $\displaystyle\int_3^4 \frac{3x-5}{x^2-3x+2}dx = \int_3^4 \frac{3x-5}{(x-1)(x-2)}dx$

$\dfrac{3x-5}{(x-1)(x-2)} = \dfrac{a}{x-1} + \dfrac{b}{x-2}$ とおくと $3x-5 = a(x-2) + b(x-1)$ より $a=2, \ b=1$

$$= \int_3^4 \left(\frac{2}{x-1} + \frac{1}{x-2}\right)dx = \Big[2\log|x-1| + \log|x-2|\Big]_3^4$$

$$= 2(\log 3 - \log 2) + (\log 2 - \log 1)$$

$$= 2\log 3 - \log 2 = \log\frac{9}{2}$$

問 19.3 公式 13.1, 13.5, 19.1, 19.2 を用いて積分を求めよ.

(1) $\displaystyle\int_{-2}^2 \frac{3}{x+4}dx$ (2) $\displaystyle\int_0^1 \frac{1}{3x-6}dx$ (3) $\displaystyle\int_1^2 \left(3x^2 + \frac{5}{x} - \frac{2}{x^3}\right)dx$

(4) $\displaystyle\int_1^3 \frac{x^3-x+2}{x^2}dx$ (5) $\displaystyle\int_{-3}^{-2} \frac{x+2}{x^2+x}dx$ (6) $\displaystyle\int_{-1}^0 \frac{x+8}{x^2+x-2}dx$

[注意] 絶対値の中の負の数は正の数に直す.

$|-1|=1, \ |-2|=2, \ |-4|=4, \ |1-\sqrt{2}|=\sqrt{2}-1$

ここで指数と対数についてまとめておく.

公式 19.5 0と負と分数の指数

(1) $a \neq 0$ のとき $a^0 = 1, \ a^{-n} = \dfrac{1}{a^n}$

(2) $a > 0$ のとき $a^{\frac{1}{n}} = \sqrt[n]{a}$ $a^{\frac{m}{n}} = \sqrt[n]{a^m} = \sqrt[n]{a}^m$

公式 19.6 対数の性質

(1) $\log 1 = 0$ (2) $\log e = 1$

(3) $\log a + \log b = \log ab$ (4) $\log a - \log b = \log\dfrac{a}{b}$

(5) $b \log a = \log a^b$ (6) $\log e^a = a$

練習問題 19

1. 公式 13.1, 13.5, 19.1, 19.2 を用いて積分を求めよ.

(1) $\displaystyle\int_1^8 \frac{x}{\sqrt[3]{x}}dx$ (2) $\displaystyle\int_1^2 \frac{1}{x^2\sqrt[5]{x}}dx$ (3) $\displaystyle\int_2^3 (x-4)^6 dx$

(4) $\displaystyle\int_{-4}^{3} \frac{1}{\sqrt[3]{x+5}}\,dx$ (5) $\displaystyle\int_{0}^{2} 7x\sqrt{x}^{3}\,dx$ (6) $\displaystyle\int_{1}^{3} \frac{7x}{\sqrt{x}\sqrt[3]{x}}\,dx$

(7) $\displaystyle\int_{2}^{3} (3x)^{3}\sqrt{\frac{x}{4}}\,dx$ (8) $\displaystyle\int_{1}^{4} \frac{\sqrt[3]{8x^{2}}}{\sqrt{4x^{3}}}\,dx$

(9) $\displaystyle\int_{-3}^{-1} \frac{x^{3}+3x-2}{4}\,dx$ (10) $\displaystyle\int_{1}^{4} \left(\frac{1}{\sqrt{x}^{3}}+\frac{2}{\sqrt[3]{x}}-\frac{3}{\sqrt[4]{x}}\right)dx$

(11) $\displaystyle\int_{1}^{2} \left(x+\frac{1}{x^{2}}\right)(\sqrt{x}+1)\,dx$ (12) $\displaystyle\int_{1}^{4} \frac{5x^{2}-2\sqrt{x}^{3}+\sqrt{x}^{-3}}{\sqrt{x}}\,dx$

(13) $\displaystyle\int_{-2}^{-1} \left(\frac{2}{x}-\frac{3}{x^{2}}-\frac{16}{x^{5}}\right)dx$ (14) $\displaystyle\int_{1}^{3} \frac{x-2\sqrt{x}+4}{\sqrt{x}^{3}}\,dx$

(15) $\displaystyle\int_{0}^{1} \frac{2x-1}{2x+1}\,dx$ (16) $\displaystyle\int_{1}^{2} \frac{x^{2}-3x+4}{x+1}\,dx$

(17) $\displaystyle\int_{\frac{1}{2}}^{1} \frac{8(x+1)}{x^{3}-4x}\,dx$ (18) $\displaystyle\int_{1}^{2} \frac{2}{x^{3}+3x^{2}+2x}\,dx$

(19) $\displaystyle\int_{0}^{2} \frac{13x+21}{x^{3}-7x-6}\,dx$ (20) $\displaystyle\int_{-3}^{-2} \frac{-7x+5}{x^{3}-2x^{2}-x+2}\,dx$

解答

問 19.1 (1) $\dfrac{21}{2}$ (2) $\dfrac{7}{24}$ (3) 1 (4) $\dfrac{2}{5}$ (5) $\dfrac{4}{5}$

(6) $\dfrac{4}{5}(3\sqrt[4]{3}-1)$

問 19.2 (1) $\dfrac{187}{2}$ (2) $191+\sqrt{2}$ (3) $-\dfrac{13}{8}$ (4) $\dfrac{5}{2}+\dfrac{2}{3}\sqrt{2}$

問 19.3 (1) $3\log 3$ (2) $-\dfrac{1}{3}\log 2$ (3) $\dfrac{25}{4}+5\log 2$

(4) $\dfrac{16}{3}-\log 3$ (5) $3\log 2-2\log 3=\log\dfrac{8}{9}$ (6) $-5\log 2$

練習問題 19

1. (1) $\dfrac{93}{5}$ (2) $\dfrac{5}{6}\left(1-\dfrac{1}{2\sqrt[5]{2}}\right)$ (3) $\dfrac{127}{7}$ (4) $\dfrac{9}{2}$

(5) $16\sqrt{2}$ (6) $6(3\sqrt[6]{3}-1)$ (7) $3(81\sqrt{3}-16\sqrt{2})$

(8) $6(\sqrt[3]{2}-1)$ (9) -9 (10) $2+6\sqrt[3]{2}-8\sqrt{2}$

(11) $\dfrac{3\sqrt{2}+18}{5}$ (12) $\dfrac{191}{4}$ (13) $\dfrac{9}{4}-2\log 2$

(14) $6-\dfrac{2}{\sqrt{3}}-2\log 3$ (15) $1-\log 3$ (16) $-\dfrac{5}{2}+8\log\dfrac{3}{2}$

(17) $\log\dfrac{5}{81}$ (18) $\log\dfrac{32}{27}$

(19) $-\log 2\cdot 3^{5}=-\log 486$ (20) $\log\dfrac{3\cdot 5^{3}}{2^{10}}=\log\dfrac{375}{1024}$

§20 いろいろな関数の定積分

いろいろな関数の定積分について調べる．ここでは指数関数や三角関数そして2次式の分数関数や無理関数などを定積分する．§20での例題や問題の定積分は§13〜18にある不定積分の式を利用している．

20.1 指数関数と三角関数の定積分

指数関数と三角関数を定積分する．

例題 20.1 公式 14.1, 19.1 を用いて積分を求めよ．

(1) $\displaystyle\int_{-\frac{1}{5}}^{\frac{2}{5}} e^{-5x}\,dx$ (2) $\displaystyle\int_0^1 e^{2x}(e^x+e^{-x})\,dx$

解 例題 14.1 のように公式 13.2, 13.3 を用いて各項を e^{ax} や a^x に変形し，不定積分を求めてから差を計算する．

(1) $\displaystyle\int_{-\frac{1}{5}}^{\frac{2}{5}} e^{-5x}\,dx = \left[-\frac{1}{5}e^{-5x}\right]_{-\frac{1}{5}}^{\frac{2}{5}} = -\frac{1}{5}(e^{-2}-e^1) = \frac{1}{5}\left(e-\frac{1}{e^2}\right)$

(2) $\displaystyle\int_0^1 e^{2x}(e^x+e^{-x})\,dx = \int_0^1 (e^{3x}+e^x)\,dx = \left[\frac{1}{3}e^{3x}+e^x\right]_0^1$
$= \frac{1}{3}(e^3-e^0)+(e^1-e^0) = \frac{1}{3}e^3+e-\frac{4}{3}$

問 20.1 公式 14.1, 19.1 を用いて積分を求めよ．

(1) $\displaystyle\int_1^2 \sqrt{e^{6x}}\,dx$ (2) $\displaystyle\int_0^1 (e^{3x}-1)(e^{-x}+2)\,dx$

例題 20.2 公式 14.2, 14.3, 19.1 を用いて積分を求めよ．

(1) $\displaystyle\int_0^{\frac{\pi}{2}} \left(\sin\frac{x}{2}+2\cos 3x\right)dx$ (2) $\displaystyle\int_{\frac{\pi}{4}}^{\frac{3}{4}\pi} \frac{\operatorname{cosec} x+\cos x}{\sin x}\,dx$

解 例題 14.2, 14.3 のように公式 14.3, 14.4 を用いて各項を $\sin ax$, $\cos ax$ などに変形し，不定積分を求めてから差を計算する．

(1) $\displaystyle\int_0^{\frac{\pi}{2}} \left(\sin\frac{x}{2}+2\cos 3x\right)dx = \left[-2\cos\frac{x}{2}+\frac{2}{3}\sin 3x\right]_0^{\frac{\pi}{2}}$
$= -2\left(\cos\frac{\pi}{4}-\cos 0\right)+\frac{2}{3}\left(\sin\frac{3}{2}\pi-\sin 0\right)$
$= -2\left(\frac{1}{\sqrt{2}}-1\right)+\frac{2}{3}(-1-0) = \frac{4}{3}-\sqrt{2}$

(2) $\displaystyle\int_{\frac{\pi}{4}}^{\frac{3}{4}\pi} \frac{\operatorname{cosec} x+\cos x}{\sin x}\,dx = \int_{\frac{\pi}{4}}^{\frac{3}{4}\pi} \left(\frac{1}{\sin^2 x}+\cot x\right)dx$

$$= \Big[-\cot x + \log|\sin x| \Big]_{\frac{\pi}{4}}^{\frac{3}{4}\pi}$$

$$= -\left(\cot \frac{3}{4}\pi - \cot \frac{\pi}{4}\right) + \log\left|\sin \frac{3}{4}\pi\right| - \log\left|\sin \frac{\pi}{4}\right|$$

$$= -(-1-1) + \log \frac{1}{\sqrt{2}} - \log \frac{1}{\sqrt{2}} = 2$$

問 20.2 公式 14.2，14.3，19.1 を用いて積分を求めよ．

(1) $\displaystyle\int_{\frac{\pi}{3}}^{\frac{\pi}{2}} \left(\cos \frac{x}{2} - 6\sin 3x\right) dx$ (2) $\displaystyle\int_{\frac{\pi}{6}}^{\frac{\pi}{3}} (\csc x + \tan x)\cos x \, dx$

20.2 分数関数の定積分

分母が 2 次式の分数関数を定積分する．

例題 20.3 公式 14.5，19.1 を用いて積分を求めよ．

(1) $\displaystyle\int_{3}^{3\sqrt{3}} \frac{6}{x^2+9} dx$ (2) $\displaystyle\int_{-1}^{0} \frac{2}{x^2-4} dx$

解 例題 14.4 のように $\pm a^2$ の符号と a の値より，不定積分を求めてから差を計算する．

(1) $\displaystyle\int_{3}^{3\sqrt{3}} \frac{6}{x^2+9} dx = \frac{6}{3}\left[\tan^{-1}\frac{x}{3}\right]_{3}^{3\sqrt{3}} = 2(\tan^{-1}\sqrt{3} - \tan^{-1} 1)$

$$= 2\left(\frac{\pi}{3} - \frac{\pi}{4}\right) = \frac{\pi}{6}$$

(2) $\displaystyle\int_{-1}^{0} \frac{2}{x^2-4} dx = \frac{2}{4}\left[\log\left|\frac{x-2}{x+2}\right|\right]_{-1}^{0} = \frac{1}{2}\left(\log\left|\frac{-2}{2}\right| - \log\left|\frac{-3}{1}\right|\right)$

$$= \frac{1}{2}(\log 1 - \log 3) = -\frac{1}{2}\log 3$$

問 20.3 公式 14.5，19.1 を用いて積分を求めよ．

(1) $\displaystyle\int_{-2}^{2} \frac{2}{x^2+4} dx$ (2) $\displaystyle\int_{0}^{2} \frac{8}{x^2-16} dx$

例題 20.4 分母を $(x+b)^2 \pm a^2$ に変形してから，公式 17.1，19.1 を用いて積分を求めよ．

(1) $\displaystyle\int_{1}^{3} \frac{1}{x^2-4x+5} dx$ (2) $\displaystyle\int_{-2}^{0} \frac{1}{x^2+2x-3} dx$

解 例題 17.2 のように $\pm a^2$ の符号と a の値より，不定積分を求めてから差を計算する．

(1) $\displaystyle\int_{1}^{3} \frac{1}{x^2-4x+5} dx = \int_{1}^{3} \frac{1}{(x-2)^2+1} dx = \Big[\tan^{-1}(x-2)\Big]_{1}^{3}$

$$= \tan^{-1} 1 - \tan^{-1}(-1) = \frac{\pi}{4} + \frac{\pi}{4} = \frac{\pi}{2}$$

(2) $\displaystyle\int_{-2}^{0} \frac{1}{x^2+2x-3}\,dx = \int_{-2}^{0} \frac{1}{(x+1)^2-4}\,dx = \frac{1}{4}\left[\log\left|\frac{x+1-2}{x+1+2}\right|\right]_{-2}^{0}$

$$= \frac{1}{4}\left[\log\left|\frac{x-1}{x+3}\right|\right]_{-2}^{0} = \frac{1}{4}\left(\log\left|\frac{-1}{3}\right| - \log\left|\frac{-3}{1}\right|\right)$$

$$= \frac{1}{4}\left(\log\frac{1}{3} - \log 3\right) = -\frac{1}{2}\log 3$$

問 20.4 分母を $(x+b)^2 \pm a^2$ に変形してから，公式 17.1，19.1 を用いて積分を求めよ．

(1) $\displaystyle\int_{-5}^{-2} \frac{2}{x^2+4x+13}\,dx$ (2) $\displaystyle\int_{5}^{6} \frac{4}{x^2-6x+8}\,dx$

20.3 無理関数の定積分

根号の中が 2 次式の無理関数を定積分する．

> **例題 20.5** 公式 14.6，16.2，19.1 を用いて積分を求めよ．
>
> (1) $\displaystyle\int_{-1}^{1} \frac{3}{\sqrt{x^2+2}}\,dx$ (2) $\displaystyle\int_{0}^{2} \sqrt{4-x^2}\,dx$

解 例題 14.5，16.2 のように $\pm x^2$ の符号と a や A の値より，不定積分を求めてから差を計算する．

(1) $\displaystyle\int_{-1}^{1} \frac{3}{\sqrt{x^2+2}}\,dx = 3\left[\log\left|x+\sqrt{x^2+2}\right|\right]_{-1}^{1}$

$$= 3(\log|1+\sqrt{3}| - \log|-1+\sqrt{3}|) = 3\log\frac{\sqrt{3}+1}{\sqrt{3}-1}$$

(2) $\displaystyle\int_{0}^{2} \sqrt{4-x^2}\,dx = \frac{1}{2}\left[x\sqrt{4-x^2}+4\sin^{-1}\frac{x}{2}\right]_{0}^{2} = \frac{1}{2}(4\sin^{-1} 1 - 4\sin^{-1} 0)$

$$= \pi$$

問 20.5 公式 14.6，16.2，19.1 を用いて積分を求めよ．

(1) $\displaystyle\int_{\frac{3}{2}}^{\frac{3}{\sqrt{2}}} \frac{6}{\sqrt{9-x^2}}\,dx$ (2) $\displaystyle\int_{0}^{2} \sqrt{x^2+5}\,dx$

> **例題 20.6** 根号の中を $A \pm (x+b)^2$ に変形してから，公式 18.3，18.4，19.1 を用いて積分を求めよ．
>
> (1) $\displaystyle\int_{2}^{\frac{5}{2}} \frac{1}{\sqrt{-x^2+4x-3}}\,dx$ (2) $\displaystyle\int_{-1}^{0} \sqrt{x^2+2x+2}\,dx$

解 例題 18.2 のように $\pm(x+b)^2$ の符号と a や A の値より，不定積分を求めてから差を計算する．

(1) $\displaystyle\int_2^{\frac{5}{2}} \frac{1}{\sqrt{-x^2+4x-3}}\,dx = \int_2^{\frac{5}{2}} \frac{1}{\sqrt{1-(x-2)^2}}\,dx = \left[\sin^{-1}(x-2)\right]_2^{\frac{5}{2}}$

$\displaystyle\qquad\qquad\qquad\qquad = \sin^{-1}\frac{1}{2} - \sin^{-1} 0 = \frac{\pi}{6}$

(2) $\displaystyle\int_{-1}^{0} \sqrt{x^2+2x+2}\,dx$

$\displaystyle\quad = \int_{-1}^{0} \sqrt{(x+1)^2+1}\,dx$

$\displaystyle\quad = \frac{1}{2}\left[(x+1)\sqrt{(x+1)^2+1} + \log|x+1+\sqrt{(x+1)^2+1}|\right]_{-1}^{0}$

$\displaystyle\quad = \frac{1}{2}\{\sqrt{2} + \log(1+\sqrt{2}) - \log 1\}$

$\displaystyle\quad = \frac{1}{2}\{\sqrt{2} + \log(1+\sqrt{2})\}$

問 20.6 根号の中を $A\pm(x+b)^2$ に変形してから，公式 18.3, 18.4, 19.1 を用いて積分を求めよ．

(1) $\displaystyle\int_5^6 \frac{1}{\sqrt{x^2-10x+28}}\,dx$ (2) $\displaystyle\int_4^7 \sqrt{-x^2+8x-7}\,dx$

ここで指数，対数と三角関数，逆三角関数についてまとめておく．

公式 20.1 指数，対数と三角関数，逆三角関数の性質
(1) $e^0 = 1$ (2) $e^{b\log a} = a^b$
(3) $\sin(-\theta) = -\sin\theta$ (4) $\cos(-\theta) = \cos\theta$
(5) $\tan(-\theta) = -\tan\theta$ (6) $\cot(-\theta) = -\cot\theta$
(7) $\sin^{-1}(-x) = -\sin^{-1}x$ (8) $\tan^{-1}(-x) = -\tan^{-1}x$

表 20.1 三角関数の値．

x	0	$\frac{\pi}{6}$	$\frac{\pi}{4}$	$\frac{\pi}{3}$	$\frac{\pi}{2}$	$\frac{2}{3}\pi$	$\frac{3}{4}\pi$	$\frac{5}{6}\pi$	π	$\frac{7}{6}\pi$	$\frac{5}{4}\pi$	$\frac{4}{3}\pi$	$\frac{3}{2}\pi$	$\frac{5}{3}\pi$	$\frac{7}{4}\pi$	$\frac{11}{6}\pi$	2π
$\sin x$	0	$\frac{1}{2}$	$\frac{1}{\sqrt{2}}$	$\frac{\sqrt{3}}{2}$	1	$\frac{\sqrt{3}}{2}$	$\frac{1}{\sqrt{2}}$	$\frac{1}{2}$	0	$-\frac{1}{2}$	$-\frac{1}{\sqrt{2}}$	$-\frac{\sqrt{3}}{2}$	-1	$-\frac{\sqrt{3}}{2}$	$-\frac{1}{\sqrt{2}}$	$-\frac{1}{2}$	0
$\cos x$	1	$\frac{\sqrt{3}}{2}$	$\frac{1}{\sqrt{2}}$	$\frac{1}{2}$	0	$-\frac{1}{2}$	$-\frac{1}{\sqrt{2}}$	$-\frac{\sqrt{3}}{2}$	-1	$-\frac{\sqrt{3}}{2}$	$-\frac{1}{\sqrt{2}}$	$-\frac{1}{2}$	0	$\frac{1}{2}$	$\frac{1}{\sqrt{2}}$	$\frac{\sqrt{3}}{2}$	1
$\tan x$	0	$\frac{1}{\sqrt{3}}$	1	$\sqrt{3}$	$\pm\infty$	$-\sqrt{3}$	-1	$-\frac{1}{\sqrt{3}}$	0	$\frac{1}{\sqrt{3}}$	1	$\sqrt{3}$	$\pm\infty$	$-\sqrt{3}$	-1	$-\frac{1}{\sqrt{3}}$	0
$\cot x$	$\pm\infty$	$\sqrt{3}$	1	$\frac{1}{\sqrt{3}}$	0	$-\frac{1}{\sqrt{3}}$	-1	$-\sqrt{3}$	$\pm\infty$	$\sqrt{3}$	1	$\frac{1}{\sqrt{3}}$	0	$-\frac{1}{\sqrt{3}}$	-1	$-\sqrt{3}$	$\pm\infty$

表 20.2 逆三角関数の値.

x	-1	$-\frac{\sqrt{3}}{2}$	$-\frac{1}{\sqrt{2}}$	$-\frac{1}{2}$	0	$\frac{1}{2}$	$\frac{1}{\sqrt{2}}$	$\frac{\sqrt{3}}{2}$	1
$\sin^{-1} x$	$-\frac{\pi}{2}$	$-\frac{\pi}{3}$	$-\frac{\pi}{4}$	$-\frac{\pi}{6}$	0	$\frac{\pi}{6}$	$\frac{\pi}{4}$	$\frac{\pi}{3}$	$\frac{\pi}{2}$

x	$-\infty$	$-\sqrt{3}$	-1	$-\frac{1}{\sqrt{3}}$	0	$\frac{1}{\sqrt{3}}$	1	$\sqrt{3}$	∞
$\tan^{-1} x$	$-\frac{\pi}{2}$	$-\frac{\pi}{3}$	$-\frac{\pi}{4}$	$-\frac{\pi}{6}$	0	$\frac{\pi}{6}$	$\frac{\pi}{4}$	$\frac{\pi}{3}$	$\frac{\pi}{2}$

練習問題 20

1. 公式 14.1〜14.6, 16.2, 17.1, 18.3, 18.4, 19.1 を用いて積分を求めよ.

(1) $\displaystyle\int_{-1}^{0} 2^x 3^x \, dx$

(2) $\displaystyle\int_{0}^{\log 2} \frac{e^{4x}+3e^{2x}-e^x}{e^{2x}} \, dx$

(3) $\displaystyle\int_{0}^{\log 3} (e^{2x}+e^{-x})^2 \, dx$

(4) $\displaystyle\int_{0}^{1} \left(\frac{1}{e^x}+e^{2x}\right)(e^x+e^{3x}) \, dx$

(5) $\displaystyle\int_{\frac{\pi}{4}}^{\frac{\pi}{3}} (\cos x - \operatorname{cosec} x) \tan x \, dx$

(6) $\displaystyle\int_{0}^{\frac{\pi}{6}} \frac{\sin x + \sec x}{\cos x} \, dx$

(7) $\displaystyle\int_{\frac{\pi}{4}}^{\frac{\pi}{2}} (1+\cos 2x)^2 \, dx$

(8) $\displaystyle\int_{-\frac{\pi}{2}}^{\frac{\pi}{2}} \sin x (\sin x - \sin 2x) \, dx$

(9) $\displaystyle\int_{1}^{2} \frac{3}{9x^2-4} \, dx$

(10) $\displaystyle\int_{-2}^{2} \frac{x^2+3}{x^2-9} \, dx$

(11) $\displaystyle\int_{1}^{2} \frac{3}{x^2-x+1} \, dx$

(12) $\displaystyle\int_{0}^{1} \frac{4}{x^2+3x+2} \, dx$

(13) $\displaystyle\int_{0}^{2} \frac{2}{\sqrt{4x^2+9}} \, dx$

(14) $\displaystyle\int_{1}^{\sqrt{2}} \frac{6}{\sqrt{12-3x^2}} \, dx$

(15) $\displaystyle\int_{\frac{1}{5}}^{\frac{1}{\sqrt{5}}} \sqrt{25x^2-1} \, dx$

(16) $\displaystyle\int_{-\frac{3}{4}}^{\frac{3}{4}} \sqrt{9-16x^2} \, dx$

(17) $\displaystyle\int_{-1}^{0} \frac{1}{\sqrt{x^2+8x+10}} \, dx$

(18) $\displaystyle\int_{-4}^{-2} \frac{1}{\sqrt{-x^2-6x-5}} \, dx$

(19) $\displaystyle\int_{1}^{3} \sqrt{x^2+4x-1} \, dx$

(20) $\displaystyle\int_{-9}^{-5} \sqrt{-x^2-10x-9} \, dx$

解答

問 **20.1** (1) $\dfrac{1}{3}(e^6-e^3)$ (2) $\dfrac{e^2}{2}+\dfrac{1}{e}+\dfrac{2}{3}e^3-\dfrac{25}{6}$

問 **20.2** (1) $\sqrt{2}+1$ (2) $\log\sqrt{3}+\dfrac{\sqrt{3}-1}{2}$

問 20.3　(1) $\dfrac{\pi}{2}$　(2) $\log\dfrac{1}{3}$

問 20.4　(1) $\dfrac{\pi}{6}$　(2) $2\log\dfrac{3}{2}$

問 20.5　(1) $\dfrac{\pi}{2}$　(2) $3+\dfrac{5}{2}\log\sqrt{5}$

問 20.6　(1) $\log\sqrt{3}$　(2) $\dfrac{9}{4}\pi$

練習問題 20

1. (1) $\dfrac{5}{6\log 6}$　(2) $1+3\log 2$　(3) $\dfrac{220}{9}$

(4) $\dfrac{e^2}{2}+\dfrac{e^3}{3}+\dfrac{e^5}{5}-\dfrac{1}{30}$　(5) $\dfrac{1}{\sqrt{2}}-\dfrac{1}{2}-\log(2+\sqrt{3})(\sqrt{2}-1)$

(6) $\dfrac{1}{\sqrt{3}}-\log\dfrac{\sqrt{3}}{2}$　(7) $\dfrac{3}{8}\pi-1$　(8) $\dfrac{\pi}{2}-\dfrac{4}{3}$

(9) $\dfrac{1}{4}\log\dfrac{5}{2}$　(10) $4-4\log 5$　(11) $\dfrac{\pi}{\sqrt{3}}$

(12) $4\log\dfrac{4}{3}$　(13) $\log 3$　(14) $\dfrac{\pi}{2\sqrt{3}}$

(15) $\dfrac{1}{\sqrt{5}}-\dfrac{1}{10}\log(\sqrt{5}+2)$　(16) $\dfrac{9}{8}\pi$

(17) $\log\dfrac{4+\sqrt{10}}{3+\sqrt{3}}$　(18) $\dfrac{\pi}{3}$

(19) $5\sqrt{5}-3-\dfrac{5}{2}\log\left(1+\dfrac{2}{\sqrt{5}}\right)$　(20) 4π

§21 置換積分，部分積分，広義積分

複雑な関数や関数の積そして無限大がかかわる関数の積分を考える．ここでは定積分で置換積分，部分積分，広義積分を求める．§21 での例題や問題の定積分は §13〜18 にある不定積分の式を利用している．

21.1 置換積分

定積分で置換積分を考えると，次が成り立つ．

> **公式 21.1 置換積分，定積分の変数変換**
> 関数 $y = f(x)$ で $x = g(t)$ とし，下端が $a = g(\alpha)$, 上端が $b = g(\beta)$ ならば
> $$\int_a^b f(x)\,dx = \int_\alpha^\beta f(g(t))\frac{dx}{dt}\,dt = \int_\alpha^\beta f(g(t))g'(t)\,dt$$

[解説] 変数 x と dx の式から変数 t と dt の式に書きかえる．上端と下端も変数 x の区間から変数 t の区間に書きかえる．

例1 変数を x から t に置換する．

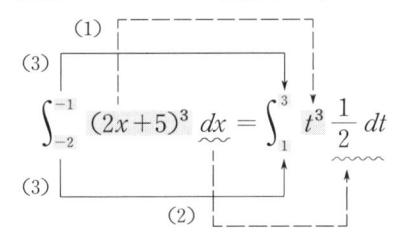

$$\int_{-2}^{-1}(2x+5)^3\,dx = \int_1^3 t^3 \frac{1}{2}\,dt$$

(1) $t = (x \text{ の式})$ とおく．

$t = 2x+5$

(2) 微分して $dt = (x \text{ の式})'\,dx$ を求める．

$dt = (2x+5)'\,dx = 2\,dx$ より $\dfrac{1}{2}dt = dx$

(3) 上端と下端を書きかえる．

$\begin{cases} t = 2\times(-1)+5 = 3 & \text{(上端)} \\ t = 2\times(-2)+5 = 1 & \text{(下端)} \end{cases}$

例題 21.1 公式 15.2, 19.1, 21.1 を用いて積分を求めよ．

(1) $\displaystyle\int_{-2}^{-1}(2x+5)^3\,dx$ (2) $\displaystyle\int_0^1 4x(2x-1)^3\,dx$

(3) $\displaystyle\int_1^2 6xe^{x^2}\,dx$

解 (1) では例題 15.1 のように変数 x から t に置換する．または例題 15.2 のように 1 次式の関数を外側から積分して $-\dfrac{1}{3}$ を掛け，不定積分を求めてから差を計算する．(2)，(3) では例題 15.3，15.4 のように変数を x から t に置換して，不定積分を求めてから差を計算する．

(1)　$t = 2x+5,\ dt = 2\,dx$ より $\dfrac{1}{2}dt = dx,$ $\begin{cases} t = 2\times(-1)+5 = 3 & \text{(上端)} \\ t = 2\times(-2)+5 = 1 & \text{(下端)} \end{cases}$

$$\int_{-2}^{-1}(2x+5)^3\,dx = \int_{1}^{3} t^3 \dfrac{1}{2}dt = \dfrac{1}{2}\int_{1}^{3} t^3\,dt$$

公式 13.1 より

$$= \dfrac{1}{2}\left[\dfrac{1}{4}t^4\right]_{1}^{3} = \dfrac{1}{8}(3^4 - 1^4) = 10$$

または公式 13.1, 15.2 より

$$\int_{-2}^{-1}(2x+5)^3\,dx = \dfrac{1}{2}\left[\dfrac{1}{4}(2x+5)^4\right]_{-2}^{-1} = \dfrac{1}{8}(3^4 - 1^4) = 10$$

(2)　$t = 2x-1,\ dt = 2\,dx$ より $\dfrac{1}{2}dt = dx,\ x = \dfrac{t+1}{2}$

$\begin{cases} t = 2\times 1-1 = 1 & \text{(上端)} \\ t = 2\times 0-1 = -1 & \text{(下端)} \end{cases}$

$$\int_{0}^{1} 4x(2x-1)^3\,dx = \int_{-1}^{1} 4\dfrac{t+1}{2}t^3\dfrac{1}{2}dt = \int_{-1}^{1}(t^4+t^3)\,dt$$

公式 13.1 より

$$= \left[\dfrac{1}{5}t^5 + \dfrac{1}{4}t^4\right]_{-1}^{1} = \dfrac{1}{5}\{1^5 - (-1)^5\} + \dfrac{1}{4}\{1^4 - (-1)^4\} = \dfrac{2}{5}$$

(3)　$t = x^2,\ dt = 2x\,dx$ より $\dfrac{1}{2}dt = x\,dx,$ $\begin{cases} t = 2^2 = 4 & \text{(上端)} \\ t = 1^2 = 1 & \text{(下端)} \end{cases}$

$$\int_{1}^{2} 6xe^{x^2}\,dx = \int_{1}^{4} 6e^t \dfrac{1}{2}dt = 3\int_{1}^{4} e^t\,dt$$

公式 14.1 より

$$= 3\left[e^t\right]_{1}^{4} = 3(e^4 - e)$$

問 21.1 公式 15.2, 19.1, 21.1 を用いて積分を求めよ．

(1) $\displaystyle\int_{0}^{\frac{1}{2}} e^{1-4x}\,dx$　　(2) $\displaystyle\int_{0}^{\frac{\pi}{2}} \cos\left(x - \dfrac{\pi}{4}\right)dx$

(3) $\displaystyle\int_{1}^{3} \dfrac{x+2}{(4-x)^3}\,dx$　　(4) $\displaystyle\int_{-2}^{0} (x-1)\sqrt{x+2}\,dx$

(5) $\displaystyle\int_{0}^{\sqrt{3}} \dfrac{x}{\sqrt{x^2+1}}\,dx$　　(6) $\displaystyle\int_{0}^{\sqrt[3]{\pi}} x^2 \sin(x^3+\pi)\,dx$

注意 変数を x から t に置換したら，上端と下端の数値も書きかえる．正しくは例題 21.1(1) を見よ．

$$\int_{-2}^{-1}(2x+5)^3\,dx = \int_{-2}^{-1} t^3 \frac{1}{2}\,dt \quad \text{✗}$$

また変数を混ぜて書かない．正しくは例題 21.1 (1) を見よ．

$$\int_{-2}^{-1}(2x+5)^3\,dx = \int_{1}^{3} t^3\,dx \quad \text{✗}$$

例題 21.2 公式 16.1，19.1 を用いて積分を求めよ．

(1) $\displaystyle\int_0^{\frac{\pi}{2}} \cos^2 x \sin x\,dx$ (2) $\displaystyle\int_1^2 \frac{x^2+1}{x^3+3x}\,dx$

解 例題 16.1 のように微分の式 $f'(x)$ を作り，不定積分を求めてから差を計算する．

(1) $(\cos x)' = -\sin x$ より $-(\cos x)' = \sin x$

$$\int_0^{\frac{\pi}{2}} \cos^2 x \sin x\,dx = -\int_0^{\frac{\pi}{2}} \cos^2 x (\cos x)'\,dx = -\frac{1}{3}\Big[\cos^3 x\Big]_0^{\frac{\pi}{2}}$$
$$= -\frac{1}{3}\left(\cos^3 \frac{\pi}{2} - \cos^3 0\right) = -\frac{1}{3}(0-1) = \frac{1}{3}$$

(2) $(x^3+3x)' = 3x^2+3 = 3(x^2+1)$ より $\dfrac{1}{3}(x^3+3x)' = x^2+1$

$$\int_1^2 \frac{x^2+1}{x^3+3x}\,dx = \frac{1}{3}\int_1^2 \frac{(x^3+3x)'}{x^3+3x}\,dx = \frac{1}{3}\Big[\log|x^3+3x|\Big]_1^2$$
$$= \frac{1}{3}(\log 14 - \log 4) = \frac{1}{3}\log \frac{7}{2}$$

問 21.2 公式 16.1，19.1 を用いて積分を求めよ．

(1) $\displaystyle\int_0^1 (x^3-1)^4 x^2\,dx$ (2) $\displaystyle\int_{-2}^{-1} \frac{e^{-x}}{e^{-x}-1}\,dx$

[注意] 公式 21.1 を用いると次のようになる．例題 21.2 と比較せよ．

(1) $t = \cos x$, $dt = -\sin x\,dx$ より $-dt = \sin x\,dx$

$$\begin{cases} t = \cos \dfrac{\pi}{2} = 0 \quad \text{（上端）} \\ t = \cos 0 = 1 \quad \text{（下端）} \end{cases}$$

$$\int_0^{\frac{\pi}{2}} \cos^2 x \sin x\,dx = \int_1^0 t^2(-dt) = -\int_1^0 t^2\,dx = -\frac{1}{3}\Big[t^3\Big]_1^0$$
$$= -\frac{1}{3}(0-1) = \frac{1}{3}$$

(2) $t = x^3+3x$, $dt = 3(x^2+1)\,dx$ より $\dfrac{1}{3}dt = (x^2+1)\,dx$

$$\begin{cases} t = 2^3+6 = 14 \quad \text{（上端）} \\ t = 1^3+3 = 4 \quad \text{（下端）} \end{cases}$$

$$\int_1^2 \frac{x^2+1}{x^3+3x}\,dx = \int_4^{14} \frac{1}{t}\frac{1}{3}\,dt = \frac{1}{3}\int_4^{14}\frac{1}{t}\,dt = \frac{1}{3}\Big[\log|t|\Big]_4^{14}$$

$$= \frac{1}{3}(\log 14 - \log 4) = \frac{1}{3}\log\frac{7}{2}$$

21.2 部分積分

定積分で部分積分を考えると，次が成り立つ．

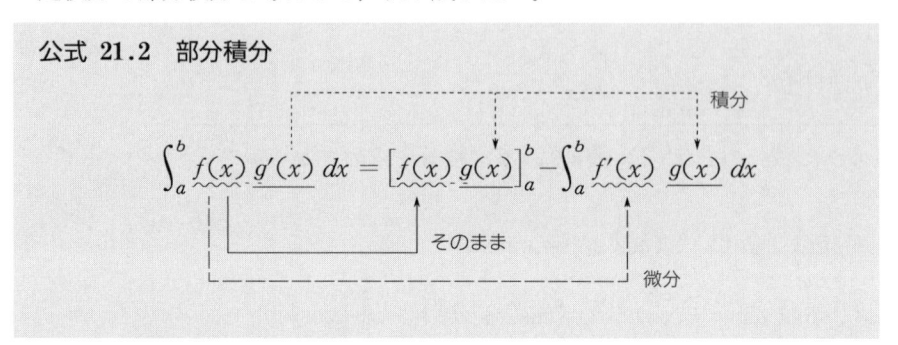

公式 21.2 部分積分

$$\int_a^b f(x)\,g'(x)\,dx = \Big[f(x)\,g(x)\Big]_a^b - \int_a^b f'(x)\,g(x)\,dx$$

（そのまま／積分／微分）

[解説] 2つの関数の積を積分するときはこの公式を用いる．一方の関数を積分し，他方を微分してもう1つの積分の式を作る．

例 2 2つの関数の積に分けて一方を積分し，他方を微分する．

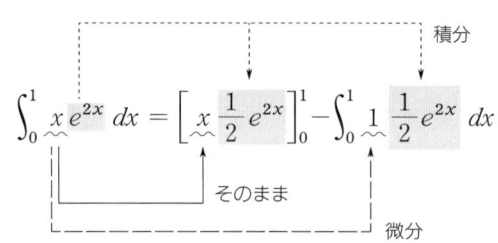

$$\int_0^1 x\,e^{2x}\,dx = \Big[x\cdot\frac{1}{2}e^{2x}\Big]_0^1 - \int_0^1 \frac{1}{2}e^{2x}\,dx$$

（そのまま／積分／微分）

例題 21.3 公式 19.1, 21.2 を用いて積分を求めよ．

(1) $\displaystyle\int_0^1 xe^{2x}\,dx$ (2) $\displaystyle\int_1^2 \log|x|\,dx$

[解] 例題 16.3 のように2つの関数の一方を積分し，他方を微分する．対数関数 $\log|x|$ は $1\cdot\log|x|$ と考える．

(1) 公式 14.1 より

$$\int_0^1 x\,e^{2x}\,dx = \Big[x\frac{1}{2}e^{2x}\Big]_0^1 - \int_0^1 \frac{1}{2}e^{2x}\,dx = \frac{1}{2}e^2 - \frac{1}{4}\Big[e^{2x}\Big]_0^1$$

（微分／積分）

$$= \frac{1}{2}e^2 - \frac{1}{4}(e^2-1) = \frac{1}{4}(e^2+1)$$

(2) 公式 13.1 より

$$\int_1^2 1 \cdot \log|x|\,dx = \Big[x\log|x|\Big]_1^2 - \int_1^2 x\frac{1}{x}\,dx$$
$$ = 2\log 2 - \log 1 - \int_1^2 dx$$
$$ = 2\log 2 - \Big[x\Big]_1^2 = \log 4 - (2-1) = \log 4 - 1$$

（↑積分 ↑微分）

問 21.3 公式 19.1, 21.2 を用いて積分を求めよ．

(1) $\displaystyle\int_0^1 (x-1)e^{-x}\,dx$ 　　(2) $\displaystyle\int_0^\pi (x+1)\cos x\,dx$

(3) $\displaystyle\int_1^2 (2x+1)\log|x|\,dx$ 　　(4) $\displaystyle\int_1^e x^2 \log|x|\,dx$

注意 積分する関数と微分する関数をうまく選ばないと逆に複雑になる．正しくは例題 21.3(1) を見よ．

$$\int_0^1 x\,e^{2x}\,dx = \Big[\frac{1}{2}x^2 e^{2x}\Big]_0^1 - \int_0^1 x^2 e^{2x}\,dx \quad \times$$

（↑積分 ↑微分）

21.3　広義積分

無限大が現れる積分を考える．

関数値や上端，下端が無限大になるとき**広義積分**という．

● 関数値が無限大になる積分

関数値が無限大になる積分を考えると，次の 3 つの場合がある．

(1) 積分区間の上端で関数値が無限大になる．
(2) 積分区間の下端で関数値が無限大になる．
(3) 積分区間の途中で関数値が無限大になる．

例題 21.4 代入や極限を用いて広義積分を求めよ．

(1) $\displaystyle\int_0^1 \frac{1}{\sqrt{x}}\,dx$ 　　(2) $\displaystyle\int_0^2 \frac{1}{\sqrt[3]{x-1}^2}\,dx$

解 例題 13.1 のように不定積分を求めてから差を計算する．その際に極限を用いることもある．

(1) 関数 $y = \dfrac{1}{\sqrt{x}}$ の値が点 $x = 0$（下端）で無限大になる．

公式 13.1 より

$$\int_0^1 \frac{1}{\sqrt{x}}\,dx = 2\Big[\sqrt{x}\Big]_0^1 = 2(\sqrt{1}-\sqrt{0})$$
$$\phantom{\int_0^1 \frac{1}{\sqrt{x}}\,dx} = 2(1-0) = 2$$

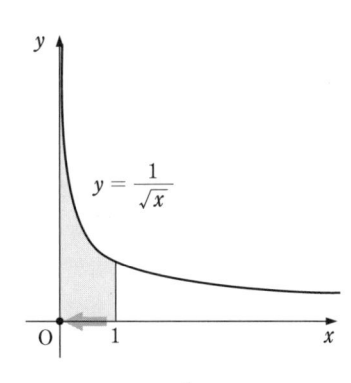

図 21.1 $y = \dfrac{1}{\sqrt{x}}$ を $0 \leq x \leq 1$ で積分する．

(2) 関数 $y = \dfrac{1}{\sqrt[3]{x-1}^2}$ の値が点 $x=1$（途中）で無限大になる．そこで積分区間を分ける．

$$\int_0^2 \dfrac{1}{\sqrt[3]{x-1}^2}\,dx$$
$$= \int_0^1 \dfrac{1}{\sqrt[3]{x-1}^2}\,dx + \int_1^2 \dfrac{1}{\sqrt[3]{x-1}^2}\,dx$$

公式 13.1 より

$$= 3\left[\sqrt[3]{x-1}\right]_0^1 + 3\left[\sqrt[3]{x-1}\right]_1^2$$
$$= 3(\sqrt[3]{0} - \sqrt[3]{-1}) + 3(\sqrt[3]{1} - \sqrt[3]{0})$$
$$= 3\{0-(-1)\} + 3(1-0) = 6$$

図 21.2　$y = \dfrac{1}{\sqrt[3]{x-1}^2}$ を $0 \le x \le 2$ で積分する．

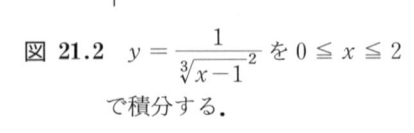

問 21.4　代入や極限を用いて広義積分を求めよ．

(1) $\displaystyle\int_{-1}^0 \dfrac{\sqrt[3]{x^2}}{x}\,dx$　　(2) $\displaystyle\int_{-3}^3 \dfrac{6}{\sqrt{9-x^2}}\,dx$　（公式 14.6）

[注意]　積分区間の途中で関数値が無限大になるときは，必ずそこで区間を分ける．

関数 $y = \dfrac{1}{x^2}$ は点 $x=0$ で無限大になるから，次のように分ける．

$$\int_{-1}^1 \dfrac{1}{x^2}\,dx = \int_{-1}^0 \dfrac{1}{x^2}\,dx + \int_0^1 \dfrac{1}{x^2}\,dx$$
$$= -\left[\dfrac{1}{x}\right]_{-1}^{-0} - \left[\dfrac{1}{x}\right]_{+0}^1$$
$$= -\left(\dfrac{1}{-0} - (-1)\right) - \left(1 - \dfrac{1}{+0}\right)$$
$$= -(-\infty + 1) - (1 - \infty) = \infty$$

そのまま積分すると，答が合わない．

$$\int_{-1}^1 \dfrac{1}{x^2}\,dx = -\left[\dfrac{1}{x}\right]_{-1}^1 = -(1-(-1)) = -2 \quad \mathsf{X}$$

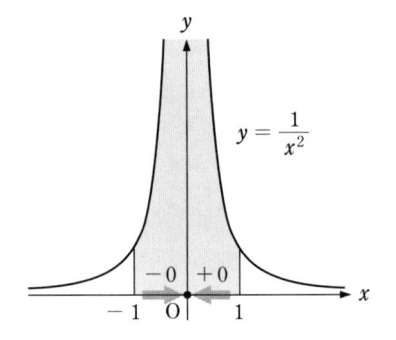

図 21.3　$y = \dfrac{1}{x^2}$ を $-1 \le x \le 1$ で積分する．

● 上端や下端が無限大になる積分

上端や下端が無限大になる積分を考えると，次の 3 つの場合がある．

(1) 積分区間の上端が正の無限大になる．
(2) 積分区間の下端が負の無限大になる．
(3) 積分区間の上端が正の無限大に，下端が負の無限大になる．

例題 21.5 代入や極限を用いて広義積分を求めよ．

(1) $\int_1^\infty \frac{1}{x^2}\,dx$ (2) $\int_{-\infty}^\infty \frac{6}{x^2+9}\,dx$

解 例題 13.1, 14.4 のように不定積分を求めてから差を計算する．その際に極限を用いることもある．

(1) 公式 13.1 より
$$\int_1^\infty \frac{1}{x^2}\,dx = -\left[\frac{1}{x}\right]_1^\infty$$
$$= -\left(\frac{1}{\infty}-1\right) = -(0-1)$$
$$= 1$$

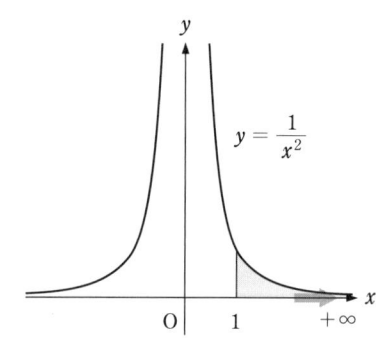

図 21.4 $y = \frac{1}{x^2}$ を $1 \leq x < \infty$ で積分する．

(2) 公式 14.5 より
$$\int_{-\infty}^\infty \frac{6}{x^2+9}\,dx = \frac{6}{3}\left[\tan^{-1}\frac{x}{3}\right]_{-\infty}^\infty$$
$$= 2(\tan^{-1}\infty - \tan^{-1}(-\infty))$$
$$= 2\left(\frac{\pi}{2}+\frac{\pi}{2}\right) = 2\pi$$

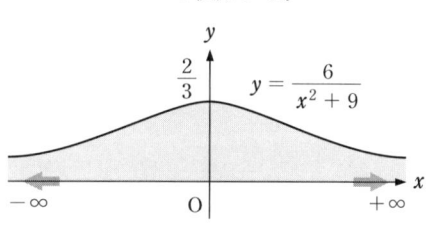

図 21.5 $y = \frac{6}{x^2+9}$ を $-\infty < x < \infty$ で積分する．

問 21.5 代入や極限を用いて広義積分を求めよ．

(1) $\int_{-\infty}^{-1} \frac{1}{x^4}\,dx$ (2) $\int_{-\infty}^\infty \frac{2}{x^2+4}\,dx$

練習問題 21

1. 公式 15.2, 16.1, 19.1, 21.1 を用いて積分を求めよ．

(1) $\int_{-2}^{-1} (x+1)(2x+3)^2\,dx$ (2) $\int_{-1}^0 \frac{3x}{\sqrt{1-3x}}\,dx$ (3) $\int_{\frac{1}{2}}^1 \frac{e^{\frac{1}{x}}}{x^2}\,dx$

(4) $\int_{\frac{\pi^2}{16}}^{\frac{\pi^2}{9}} \frac{\sec^2\sqrt{x}}{\sqrt{x}}\,dx$ (5) $\int_0^{\log 4} \frac{e^x}{(e^x+2)^3}\,dx$

(6) $\int_0^{\frac{\pi}{2}} \frac{\cos x}{\sin x + 1}\,dx$ (7) $\int_{\log 2}^{\log 4} \frac{1}{\sqrt{e^x-1}}\,dx \quad (t = \sqrt{e^x-1})$

(8) $\int_{\frac{\pi}{6}}^{\frac{\pi}{2}} \dfrac{\cos^3 x}{\sin^2 x}\, dx$ $(t = \sin x)$

2. 公式 19.1, 21.2 を用いて積分を求めよ．

(1) $\int_1^2 (x-2)e^x\, dx$ （2） $\int_0^{\frac{\pi}{2}} (x+3)\sin x\, dx$

(3) $\int_0^1 \log|x+1|\, dx$ （4） $\int_{-1}^0 \tan^{-1} x\, dx$

(5) $\int_{-\frac{\pi}{2}}^{\frac{\pi}{2}} x^2 \cos x\, dx$ （6） $\int_0^{\pi} e^x \sin x\, dx$

3. 代入や極限を用いて広義積分を求めよ．

(1) $\int_{\sqrt{3}}^{2} \dfrac{2}{\sqrt{x^2-3}}\, dx$ （2） $\int_{-1}^{3} \dfrac{1}{\sqrt{3-x}}\, dx$

(3) $\int_{-1}^{1} (2x+1)\log|x|\, dx$ （4） $\int_{1}^{\infty} \dfrac{1}{\sqrt{x}^3}\, dx$

(5) $\int_{-\infty}^{0} (x-2)e^x\, dx$ （6） $\int_{-\infty}^{\infty} \dfrac{2}{4x^2+3}\, dx$

4. 積分を求めよ．

(1) $\int_0^{\infty} \dfrac{e^{-\sqrt{x}}}{\sqrt{x}}\, dx$ （公式 21.1）

(2) $\int_{\log 2}^{\log 3} \dfrac{1}{e^x - e^{-x}}\, dx$ （公式 18.6）

(3) $\int_0^{\frac{\pi}{8}} \cos 5x \cos 3x\, dx$ （公式 14.4）

(4) $\int_{\frac{\pi}{3}}^{\frac{\pi}{2}} \dfrac{1}{1-\sin 2x}\, dx$ （公式 18.7）

(5) $\int_0^{\infty} \dfrac{x^2}{(x^2+3)(x^2+4)}\, dx$ （分母を分解）

(6) $\int_1^9 \dfrac{1}{x+\sqrt{x}}\, dx$ （公式 18.1）

(7) $\int_0^1 \sin^{-1} x\, dx$ （公式 21.2）

(8) $\int_1^e (\log x)^2\, dx$ （公式 21.2）

解答

問 21.1 （1） $\dfrac{1}{4}\left(e - \dfrac{1}{e}\right)$ （2） $\sqrt{2}$ （3） 2

（4） $-\dfrac{12}{5}\sqrt{2}$ （5） 1 （6） $-\dfrac{2}{3}$

問 21.2　(1) $\dfrac{1}{15}$　　(2) $\log \dfrac{e^2-1}{e-1} = \log(e+1)$

問 21.3　(1) $-\dfrac{1}{e}$　　(2) -2　　(3) $6\log 2 - \dfrac{5}{2}$　　(4) $\dfrac{2}{9}e^3 + \dfrac{1}{9}$

問 21.4　(1) $-\dfrac{3}{2}$　　(2) 6π

問 21.5　(1) $\dfrac{1}{3}$　　(2) π

練習問題 21

1. (1) $-\dfrac{1}{6}$　　(2) $-\dfrac{8}{9}$　　(3) $e^2 - e$　　(4) $2(\sqrt{3}-1)$

　　(5) $\dfrac{1}{24}$　　(6) $\log 2$　　(7) $\dfrac{\pi}{6}$　　(8) $\dfrac{1}{2}$

2. (1) $2e - e^2$　　(2) 4　　(3) $\log 4 - 1$　　(4) $-\dfrac{\pi}{4} + \dfrac{1}{2}\log 2$

　　(5) $\dfrac{\pi^2}{2} - 4$　　(6) $\dfrac{e^\pi + 1}{2}$

3. (1) $\log 3$　　(2) 4　　(3) -2　　(4) 2　　(5) -3

　　(6) $\dfrac{\pi}{\sqrt{3}}$

4. (1) 2　　(2) $\dfrac{1}{2}\log \dfrac{3}{2}$　　(3) $\dfrac{1}{4\sqrt{2}}$　　(4) $\dfrac{1}{\sqrt{3}-1}$

　　(5) $\left(1 - \dfrac{\sqrt{3}}{2}\right)\pi$　　(6) $\log 4$　　(7) $\dfrac{\pi}{2} - 1$　　(8) $e - 2$

§22 図形の面積

積分の目的は関数を用いて図形の面積などを計算することである．ここでは定積分を用いて図形の面積を求める．

22.1 定積分と面積

定積分を用いて直線や曲線に囲まれた図形の**面積**を求める．

例1 定積分を用いて三角形の面積を求める．

区間 $0 \leqq x \leqq 1$ で直線 $y = 2x$ と x 軸に囲まれた三角形の面積 S は

$$S = \frac{1}{2} \times 1 \times 2 = 1$$

一方，y 軸に平行で底辺が $\varDelta x$，高さが $2x$ の長方形を作ると，面積は $2x\, \varDelta x$ となる．$\varDelta x \to 0$ として拡大すると底辺は dx になり，面積は $2x\, dx$ となる．これを点 $x = 0$ から点 $x = 1$ までたし合わせれば定積分になり，面積 S が求まる．公式 13.1 より

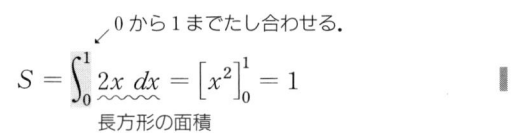

$$S = \int_0^1 \underbrace{2x\, dx}_{\text{長方形の面積}} = \left[x^2\right]_0^1 = 1$$

（0から1までたし合わせる．）

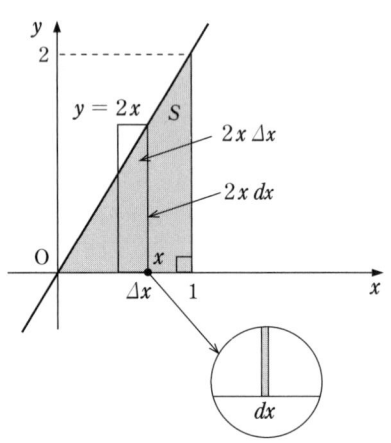

図 **22.1** 三角形（$0 \leqq x \leqq 1$ で直線 $y = 2x$ と x 軸に囲まれた図形）の面積と定積分．

● **曲線と面積**

定積分を用いて曲線と x 軸に囲まれた図形の面積を求めると，次の3つの場合がある．

区間 $a \leqq x \leqq b$ で曲線 $y = f(x)$ と x 軸に囲まれた図形の面積を S とする．

(1) $f(x) \geqq 0$ の場合

底辺が dx，高さが $f(x)$ の長方形の面積は $f(x)\, dx$ となる．これを点 $x = a$ から点 $x = b$ までたし合わせれば定積分になり，面積 S が求まる．

$$S = \int_a^b \underbrace{f(x)\, dx}_{\text{長方形の面積}}$$

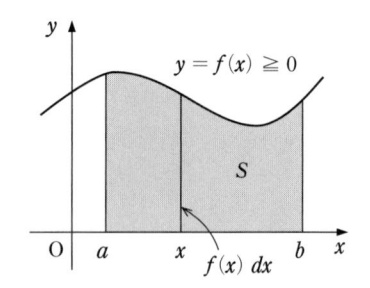

（a から b までたし合わせる．）

図 **22.2** $a \leqq x \leqq b$ で曲線 $y = f(x) \geqq 0$ と x 軸に囲まれた図形の面積と定積分．

(2) $f(x) \leqq 0$ の場合

底辺が dx, 高さが $|f(x)| = -f(x)$ の長方形の面積は $-f(x)\,dx$ となる．これを点 $x = a$ から点 $x = b$ までたし合わせれば定積分になり，面積 S が求まる．

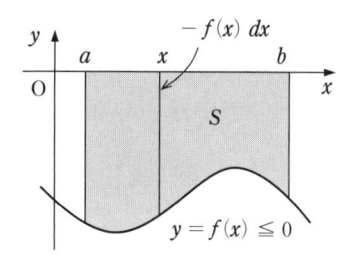

$$S = \int_a^b \underbrace{|f(x)|\,dx}_{\text{長方形の面積}} = -\int_a^b f(x)\,dx$$

（a から b までたし合わせる．）

図 22.3 $a \leqq x \leqq b$ で曲線 $y = f(x) \leqq 0$ と x 軸に囲まれた図形の面積と定積分．

(3) $f(x)$ の符号が変化する場合

符号が一定になるように積分区間を分ける．

$$S = \int_a^b |f(x)|\,dx$$
$$= \int_a^c f(x)\,dx - \int_c^d f(x)\,dx + \int_d^b f(x)\,dx$$
$$= S_1 + S_2 + S_3$$

以上をまとめておく．

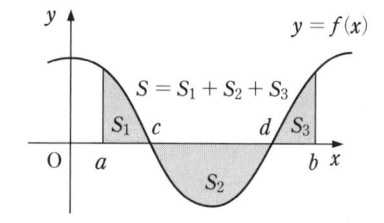

図 22.4 $a \leqq x \leqq b$ で曲線 $y = f(x)$ と x 軸に囲まれた図形の面積と定積分．

公式 22.1 曲線と x 軸に囲まれた図形の面積

区間 $a \leqq x \leqq b$ で曲線 $y = f(x)$ と x 軸に囲まれた図形の面積 S は

$$S = \int_a^b |y|\,dx = \int_a^b |f(x)|\,dx$$

[解説] 関数 $f(x)$ の符号は変化するので絶対値 $|f(x)|$ を積分すると面積が求まる．実際には積分区間を分けて符号を一定にする．

22.2 曲線と図形の面積

曲線と x 軸に囲まれた図形の面積を求める．

例題 22.1 公式 22.1 を用いて面積を求めよ．
区間 $0 \leqq x \leqq 2$ で曲線 $y = x^3 + 1$ と x 軸に囲まれた図形．

[解] 変数 y の符号を調べてから積分する．

区間 $0 \leqq x \leqq 2$ で曲線 $y = x^3 + 1$ と x 軸に囲まれた図形の面積を S とする．

区間 $0 \leqq x \leqq 2$ で $y \geqq 0$ となる．公式 13.1 より

$$S = \int_0^2 (x^3 + 1)\,dx = \left[\frac{1}{4}x^4 + x\right]_0^2 = \frac{16}{4} + 2 = 6$$

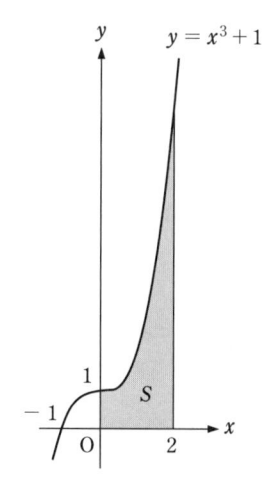

図 22.5 $0 \leqq x \leqq 1$ で曲線 $y = x^3 + 1$ と x 軸に囲まれた図形の面積．

問 22.1 公式 22.1 を用いて面積を求めよ．
(1) 区間 $0 \leqq x \leqq 1$ で曲線 $y = x^3 - 3x + 3$ （$y \geqq 0$）と x 軸に囲まれた図形．
(2) 区間 $-1 \leqq x \leqq 1$ で曲線 $y = 2x^3 - 3x^2 - 1$ （$y \leqq 0$）と x 軸に囲まれた図形．

例題 22.2 公式 22.1 を用いて面積を求めよ．
曲線 $y = x^3 - 3x^2 + 2x$ と x 軸に囲まれた図形．

解 変数 y の符号が変化するので，積分区間を分けて符号を一定にしてから積分する．

曲線 $y = x^3 - 3x^2 + 2x$ と x 軸に囲まれた図形の面積を S とする．
$$y = x^3 - 3x^2 + 2x = 0$$
とおくと $x(x-1)(x-2) = 0$, $x = 0, 1, 2$
これより変数 y の符号の表を書く（表 22.1）．公式 13.1 より

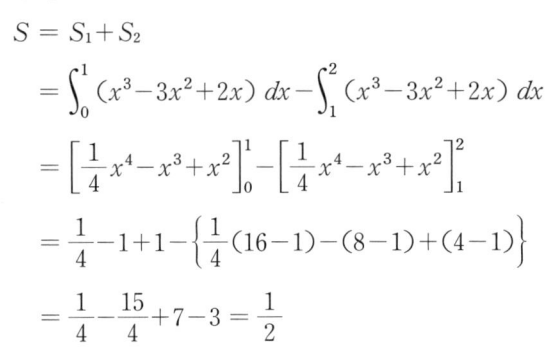

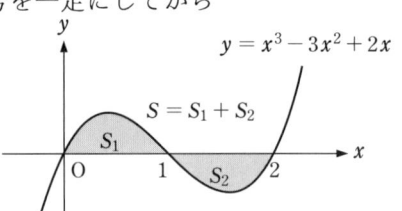

$$\begin{aligned}
S &= S_1 + S_2 \\
&= \int_0^1 (x^3 - 3x^2 + 2x)\, dx - \int_1^2 (x^3 - 3x^2 + 2x)\, dx \\
&= \left[\frac{1}{4}x^4 - x^3 + x^2\right]_0^1 - \left[\frac{1}{4}x^4 - x^3 + x^2\right]_1^2 \\
&= \frac{1}{4} - 1 + 1 - \left\{\frac{1}{4}(16-1) - (8-1) + (4-1)\right\} \\
&= \frac{1}{4} - \frac{15}{4} + 7 - 3 = \frac{1}{2}
\end{aligned}$$

図 22.6 曲線 $y = x^3 - 3x^2 + 2x$ と x 軸に囲まれた図形の面積．

表 22.1 $y = x^3 - 3x^2 + 2x$ の符号．

x	$\cdots$	0	$\cdots$	1	$\cdots$	2	$\cdots$
y	$-$	0	$+$	0	$-$	0	$+$

問 22.2 公式 22.1 を用いて面積を求めよ．
(1) 曲線 $y = x^3 + 3x^2 + 2x$ と x 軸に囲まれた図形．
(2) 曲線 $y = x^4 - x^2$ と x 軸に囲まれた図形．

[注意] 変数 y の符号は点 $x = a$ で $y = 0$ ならば 0 をはさんで＋と－が隣り合う．ただし，y の式を因数分解して偶数乗 $(x-a)^2$, $(x-a)^4$, $(x-a)^6$, $\cdots$ があれば＋と＋，－と－が隣り合う．

22.3　2 曲線と図形の面積

2 曲線に囲まれた図形の面積を求める．

区間 $a \leqq x \leqq b$ で 2 曲線 $y = f(x)$ と $y = g(x)$ に囲まれた図形の面積を S とする．

底辺が dx, 高さが $|f(x) - g(x)|$ の長方形の面積は $|f(x) - g(x)|\, dx$ となる．これを点 $x = a$ から点 $x = b$ までたし合わせれば定積分になり，面積 S が求まる．

$$S = \overbrace{\int_a^b |f(x)-g(x)|\,dx}^{a \text{ から } b \text{ までたし合わせる．}}$$
$$\underbrace{}_{\text{長方形の面積}}$$
$$= \int_a^c (f(x)-g(x))\,dx$$
$$\quad - \int_c^b (f(x)-g(x))\,dx$$
$$= S_1 + S_2$$

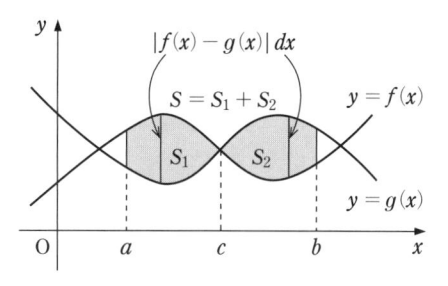

図 22.7 $a \leq x \leq b$ で 2 曲線 $y = f(x)$ と $y = g(x)$ に囲まれた図形の面積と定積分．

これをまとめておく．

公式 22.2　2 曲線に囲まれた図形の面積

区間 $a \leq x \leq b$ で 2 曲線 $y = f(x)$ と $y = g(x)$ に囲まれた図形の面積 S は $z = f(x) - g(x)$ として
$$S = \int_a^b |z|\,dx = \int_a^b |f(x)-g(x)|\,dx$$

[解説] 関数 $f(x) - g(x)$ の符号は変化するので絶対値 $|f(x)-g(x)|$ を積分すると面積が求まる．実際には積分区間を分けて符号を一定にする．

例題 22.3　公式 22.2 を用いて面積を求めよ．
曲線 $y = x^2$ と直線 $y = 2x$ に囲まれた図形．

[解]　関数 $z = x^2 - 2x$ の符号を調べてから積分する．

曲線 $y = x^2$ と直線 $y = 2x$ に囲まれた図形の面積を S とする．
$$z = x^2 - 2x = 0$$
とおくと $x(x-2) = 0$, $x = 0, 2$
これより変数 z の符号の表を書く（表 22.2）．公式 13.1 より
$$S = -\int_0^2 (x^2 - 2x)\,dx = -\left[\frac{1}{3}x^3 - x^2\right]_0^2$$
$$= -\left(\frac{8}{3} - 4\right) = \frac{4}{3}$$

表 22.2　$z = x^2 - 2x$ の符号．

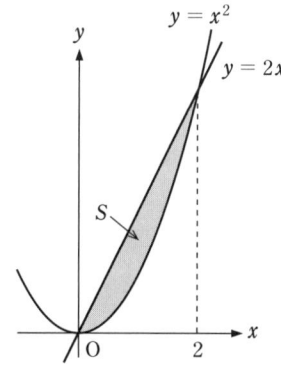

x	$\cdots$	0	$\cdots$	2	$\cdots$
z	+	0	−	0	+

図 22.8　曲線 $y = x^2$ と直線 $y = 2x$ に囲まれた図形の面積．

問 22.3　公式 22.2 を用いて面積を求めよ．
(1) 曲線 $y = x^2 - 2x + 1$ と直線 $y = x - 1$ に囲まれた図形．
(2) 曲線 $y = x^2 - 3x - 1$ と直線 $y = -2x + 1$ に囲まれた図形．

例題 22.4 公式 22.2 を用いて面積を求めよ.
  2 曲線 $y = x^3 - 2x$ と $y = x^2$ に囲まれた図形.

解 関数 $z = (x^3 - 2x) - x^2$ の符号が変化するので,積分区間を分けて符号を一定にしてから積分する.

2 曲線 $y = x^3 - 2x$ と $y = x^2$ に囲まれた図形の面積を S とする.
$$z = x^3 - x^2 - 2x = 0$$
とおくと $x(x+1)(x-2) = 0$, $x = 0, -1, 2$
これより変数 z の符号の表を書く(表 22.3). 公式 13.1 より
$$\begin{aligned}
S &= S_1 + S_2 \\
&= \int_{-1}^{0} (x^3 - x^2 - 2x)\, dx - \int_{0}^{2} (x^3 - x^2 - 2x)\, dx \\
&= \left[\frac{1}{4}x^4 - \frac{1}{3}x^3 - x^2\right]_{-1}^{0} - \left[\frac{1}{4}x^4 - \frac{1}{3}x^3 - x^2\right]_{0}^{2} \\
&= -\left(\frac{1}{4} + \frac{1}{3} - 1\right) - \left(4 - \frac{8}{3} - 4\right) \\
&= \frac{5}{12} + \frac{8}{3} = \frac{37}{12}
\end{aligned}$$

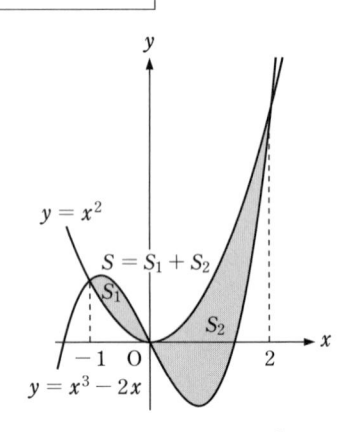

図 22.9 2 曲線 $y = x^3 - 2x$ と $y = x^2$ に囲まれた図形の面積.

表 22.3 $z = x^3 - x^2 - 2x$ の符号.

x	$\cdots$	-1	$\cdots$	0	$\cdots$	2	$\cdots$
z	$-$	0	$+$	0	$-$	0	$+$

問 22.4 公式 22.2 を用いて面積を求めよ.
 (1) 2 曲線 $y = x^3 + x^2 - x$ と $y = x^2$ に囲まれた図形.
 (2) 2 曲線 $y = x^3 - x$ と $y = -x^2 + x$ に囲まれた図形.

練 習 問 題 22

1. 公式 22.1, 22.2 を用いて面積を求めよ.
 (1) 区間 $1 \leqq x \leqq 2$ で曲線 $y = x^4 + x^2 - x + 1$ ($y \geqq 0$) と x 軸に囲まれた図形.
 (2) 区間 $-1 \leqq x \leqq 1$ で曲線 $y = x^4 - x^3 - 2$ ($y \leqq 0$) と x 軸に囲まれた図形.
 (3) 区間 $0 \leqq x \leqq 1$ で曲線 $y = e^x - 1$ ($y \geqq 0$) と x 軸に囲まれた図形.
 (4) 区間 $0 \leqq x \leqq \frac{\pi}{2}$ で曲線 $y = 1 - \cos x$ ($y \geqq 0$) と x 軸に囲まれた図形.
 (5) 区間 $\frac{1}{e} \leqq x \leqq 1$ で曲線 $y = \log x$ ($y \leqq 0$) と x 軸に囲まれた図形.

(6) 区間 $-\dfrac{\pi}{4} \leqq x \leqq 0$ で曲線 $y = \tan x$ （$y \leqq 0$）と x 軸に囲まれた図形．

(7) 曲線 $y = x^4 - x^3 - x^2 + x$ と x 軸に囲まれた図形．

(8) 曲線 $y = x^4 + x^3 - x^2 - x$ と x 軸に囲まれた図形．

(9) 曲線 $y = x^3 - 4x^2$ と直線 $y = -3x$ に囲まれた図形．

(10) 曲線 $y = x^3 - 2$ と直線 $y = 3x$ に囲まれた図形．

(11) 2曲線 $y = x^3 + 4$ と $y = 3x^2$ に囲まれた図形．

(12) 2曲線 $y = x^4 - x^2$ と $y = 2x^3 - 2x$ に囲まれた図形．

解答

問 22.1　(1) $\dfrac{7}{4}$　(2) 4

問 22.2　(1) $\dfrac{1}{2}$　(2) $\dfrac{4}{15}$

問 22.3　(1) $\dfrac{1}{6}$　(2) $\dfrac{9}{2}$

問 22.4　(1) $\dfrac{1}{2}$　(2) $\dfrac{37}{12}$

練習問題 22

1. (1) $\dfrac{241}{30}$　(2) $\dfrac{18}{5}$　(3) $e-2$　(4) $\dfrac{\pi}{2}-1$

(5) $1-\dfrac{2}{e}$　(6) $\log\sqrt{2}$　(7) $\dfrac{1}{2}$　(8) $\dfrac{1}{2}$

(9) $\dfrac{37}{12}$　(10) $\dfrac{27}{4}$　(11) $\dfrac{27}{4}$　(12) $\dfrac{49}{30}$

§23 図形の面積と曲線の長さ

これまでは従属変数が独立変数の式で表された図形の面積を求めたが，ここでは媒介変数で表された図形の面積を求める．また定積分を用いて曲線の長さを求める．

23.1 媒介変数と図形の面積

媒介変数で表された曲線が囲む図形の面積を求める．

区間 $a \leq x \leq b$ で曲線 $y = F(x) \geq 0$ と x 軸に囲まれた図形の面積を S とする．

曲線 $y = F(x)$ が媒介変数 t で $x = f(t)$, $y = g(t)$ ($\alpha \leq t \leq \beta$) と表されるとする．

公式 22.1 より

$$S = \int_a^b y\, dx = \int_a^b F(x)\, dx$$

これを媒介変数で書きかえると，$a = f(\alpha)$, $b = f(\beta)$ ならば

$$S = \int_\alpha^\beta y \frac{dx}{dt}\, dt = \int_\alpha^\beta g(t) f'(t)\, dt$$

さらに，次が成り立つ．

> **公式 23.1 媒介変数で表された図形の面積**
>
> 媒介変数 t で表された曲線 $x = f(t)$, $y = g(t)$ ($\alpha \leq t \leq \beta$) が $t = \alpha$ のとき点 A を通り $a = f(\alpha)$，$t = \beta$ のとき点 B を通り $b = f(\beta)$ とする．曲線と x 軸と線分 Aa，Bb に囲まれた図形の面積 S は
>
> $$S = \pm \int_\alpha^\beta y \frac{dx}{dt}\, dt = \pm \int_\alpha^\beta g(t) f'(t)\, dt$$
>
> 符号は図形を囲む曲線の向きが時計回り（右回り）ならば＋，反時計回り（左回り）ならば－とする．

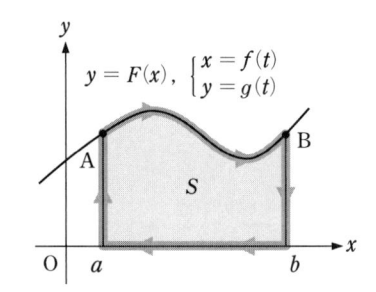

図 23.1 媒介変数で表された曲線（時計回り）に囲まれた図形の面積と定積分．

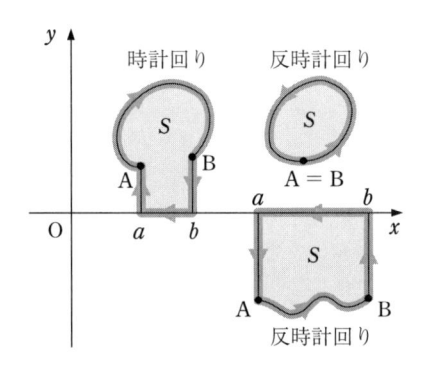

図 23.2 媒介変数で表された曲線に囲まれた図形の面積と定積分．

[解説] 媒介変数で表された曲線の回る方向により，符号を決めてから積分すると面積が求まる．

例題 23.1 公式 23.1 を用いて面積を求めよ．

(1) 曲線 $\begin{cases} x = -t \\ y = 2-t^2 \end{cases}$ $(-1 \leq t \leq 1)$ と x 軸に囲まれた図形．

(2) 曲線 $\begin{cases} x = r(t-\sin t) \\ y = r(1-\cos t) \end{cases}$ $(0 \leq t \leq 2\pi)$ と x 軸に囲まれた図形（サイクロイド）．

解 図形をかいて曲線の回る方向を調べてから積分する．

(1) 曲線と x 軸に囲まれた図形の面積を S とする．図より反時計回りなので

$$S = -\int_{-1}^{1} (2-t^2)(-t)'\, dt = \int_{-1}^{1} (2-t^2)\, dt$$

公式 13.1 より

$$= \left[2t - \frac{1}{3}t^3\right]_{-1}^{1}$$

$$= 2(1-(-1)) - \frac{1}{3}(1-(-1)) = 4 - \frac{2}{3} = \frac{10}{3}$$

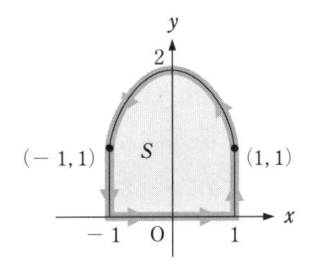

図 23.3 曲線（反時計回り）と x 軸に囲まれた図形の面積

(2) 直線上をころがる半径 r の円周上の 1 点の動きを表す曲線をサイクロイドという．サイクロイドと x 軸に囲まれた図形の面積を S とする．図より時計回りなので

$$S = \int_{0}^{2\pi} r(1-\cos t) r(t-\sin t)'\, dt$$

$$= r^2 \int_{0}^{2\pi} (1-\cos t)(1-\cos t)\, dt$$

$$= r^2 \int_{0}^{2\pi} (1-2\cos t + \cos^2 t)\, dt$$

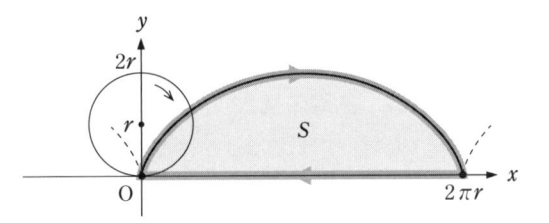

図 23.4 サイクロイド（時計回り）と x 軸に囲まれた図形の面積．

公式 14.4(III)(2) より $\cos^2 t = \frac{1}{2}(1+\cos 2t)$ となるから，公式 13.1, 14.2 より

$$= r^2 \int_{0}^{2\pi} \left(1 - 2\cos t + \frac{1}{2} + \frac{\cos 2t}{2}\right) dt$$

$$= r^2 \left[t - 2\sin t + \frac{t}{2} + \frac{\sin 2t}{4}\right]_{0}^{2\pi}$$

$$= r^2 \left\{2\pi - 2(\sin 2\pi - \sin 0) + \frac{2\pi}{2} + \frac{\sin 4\pi - \sin 0}{4}\right\} = 3\pi r^2$$

問 23.1 公式 23.1 を用いて面積を求めよ．

(1) 曲線 $\begin{cases} x = -t \\ y = -1-t^2 \end{cases}$ $(-1 \leq t \leq 1)$ と x 軸に囲まれた図形．

(2) 曲線 $\begin{cases} x = r\cos t \\ y = r\sin t \end{cases}$ $(0 \leqq t \leqq 2\pi)$ に囲まれた図形（中心 O，半径 r の円，公式 14.4(III)）．

23.2 平面曲線の長さ

平面曲線の長さを求める．

区間 $a \leqq x \leqq b$ での曲線の長さを s とする．

底辺が $\varDelta x$，高さが $\varDelta y$ の直角三角形を作ると，斜辺は $\sqrt{\varDelta x^2 + \varDelta y^2}$ となる．$\varDelta x \to 0$ として拡大すると曲線の各部分は，長さ $\sqrt{dx^2 + dy^2}$ の線分とみなせる．これを点 $x = a$ から点 $x = b$ までたし合わせれば定積分になり，曲線の長さ s が求まる．

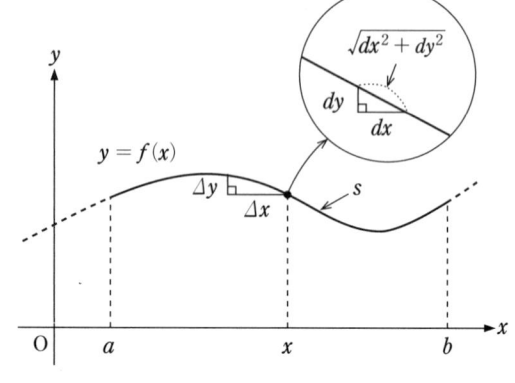

$$s = \underbrace{\int_a^b}_{a \text{から} b \text{までたし合わせる．}} \underbrace{\sqrt{dx^2 + dy^2}}_{\text{線分の長さ}}$$

図 23.5 曲線 $y = f(x)$ の長さ定積分．

これより次が成り立つ．

公式 23.2 曲線の長さ

曲線の長さ s は次のようになる．

(1) 曲線 $y = f(x)$ $(a \leqq x \leqq b)$ の場合

$$s = \int_a^b \sqrt{1 + \left(\frac{dy}{dx}\right)^2}\, dx = \int_a^b \sqrt{1 + (y')^2}\, dx = \int_a^b \sqrt{1 + f'(x)^2}\, dx$$

(2) 曲線 $x = f(t),\ y = g(t)$ $(\alpha \leqq t \leqq \beta)$ の場合

$$s = \int_\alpha^\beta \sqrt{\left(\frac{dx}{dt}\right)^2 + \left(\frac{dy}{dt}\right)^2}\, dt = \int_\alpha^\beta \sqrt{x_t^2 + y_t^2}\, dt$$
$$= \int_\alpha^\beta \sqrt{f'(t)^2 + g'(t)^2}\, dt$$

ただし，x_t, y_t は変数 x, y を媒介変数 t で微分した式である．

[解説] 式 $\sqrt{dx^2 + dy^2}$ を各曲線の式に応じて変形し，積分すると曲線の長さが求まる．(1) では導関数 $\dfrac{dy}{dx}$ の式になる．

$$\sqrt{dx^2 + dy^2} = \sqrt{\left(1 + \frac{dy^2}{dx^2}\right) dx^2} = \sqrt{1 + \left(\frac{dy}{dx}\right)^2}\, dx$$

(2) では導関数 $\dfrac{dx}{dt}, \dfrac{dy}{dt}$ の式になる．

$$\sqrt{dx^2 + dy^2} = \sqrt{\left(\frac{dx^2}{dt^2} + \frac{dy^2}{dt^2}\right) dt^2} = \sqrt{\left(\frac{dx}{dt}\right)^2 + \left(\frac{dy}{dt}\right)^2}\, dt$$

例題 23.2 公式 23.2 を用いて曲線の長さを求めよ．

(1) 曲線 $y = \dfrac{1}{2}x^2$ $(0 \leqq x \leqq 1)$ （放物線）

(2) 曲線 $\begin{cases} x = r(t-\sin t) \\ y = r(1-\cos t) \end{cases}$ $(0 \leqq t \leqq 2\pi)$ （サイクロイド）

解 式 $\sqrt{dx^2+dy^2}$ を計算してから積分する．

(1) 放物線の長さを s とする．

$$y' = \left(\dfrac{1}{2}x^2\right)' = x,$$
$$\sqrt{1+(y')^2} = \sqrt{1+x^2}$$

となるから，公式 16.2 より

$$s = \int_0^1 \sqrt{x^2+1}\, dx$$
$$= \dfrac{1}{2}\left[x\sqrt{x^2+1}+\log|x+\sqrt{x^2+1}|\right]_0^1$$
$$= \dfrac{1}{2}\left\{\sqrt{2}+\log(1+\sqrt{2})-\log 1\right\} = \dfrac{1}{2}\left\{\sqrt{2}+\log(1+\sqrt{2})\right\}$$

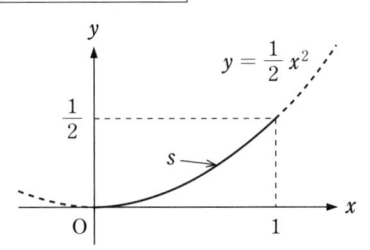

図 23.6 放物線 $y = \dfrac{1}{2}x^2$ の長さ．

(2) サイクロイドの長さを s とする．

$$\begin{cases} x_t = r(t-\sin t)' = r(1-\cos t) \\ y_t = r(1-\cos t)' = r\sin t \end{cases}$$

$$\sqrt{x_t^2+y_t^2} = \sqrt{r^2(1-\cos t)^2+r^2\sin^2 t}$$
$$= r\sqrt{1-2\cos t+\cos^2 t+\sin^2 t}$$
$$= r\sqrt{2(1-\cos t)}$$

公式 14.4 (III)(1) より $\sin^2\dfrac{t}{2} = \dfrac{1}{2}(1-\cos t)$ となるから

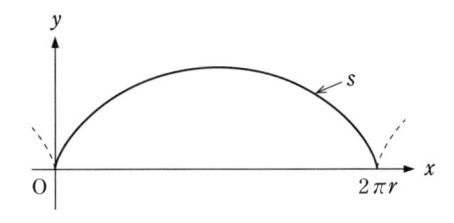

$$= r\sqrt{4\sin^2\dfrac{t}{2}} = 2r\sin\dfrac{t}{2}$$

図 23.7 サイクロイドの長さ．

公式 14.2 より

$$s = \int_0^{2\pi} 2r\sin\dfrac{t}{2}\, dt = -4r\left[\cos\dfrac{t}{2}\right]_0^{2\pi}$$
$$= -4r(\cos\pi-\cos 0) = 8r$$

問 23.2 公式 23.2 を用いて曲線の長さを求めよ．

(1) 曲線 $y = \dfrac{2}{3}\sqrt{x}^3$ $(0 \leqq x \leqq 3)$

(2) 曲線 $\begin{cases} x = r\cos t \\ y = r\sin t \end{cases}$ $(0 \leqq t \leqq 2\pi)$

（中心 O，半径 r の円周，公式 14.4（I））

23.2 平面曲線の長さ

練習問題 23

1. 公式 23.1 を用いて面積を求めよ．

(1) 曲線 $\begin{cases} x = t \\ y = t^2 \end{cases}$ $(-1 \leqq t \leqq 1)$ と x 軸に囲まれた図形．

(2) 曲線 $\begin{cases} x = t \\ y = t^2 - 1 \end{cases}$ $(-1 \leqq t \leqq 1)$ と x 軸に囲まれた図形．

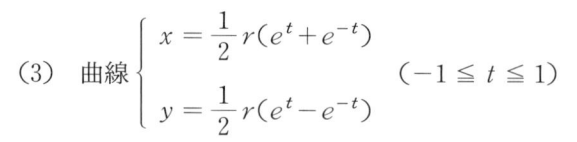

(3) 曲線 $\begin{cases} x = \dfrac{1}{2} r(e^t + e^{-t}) \\ y = \dfrac{1}{2} r(e^t - e^{-t}) \end{cases}$ $(-1 \leqq t \leqq 1)$

と直線に囲まれた図形（直角双曲線）．

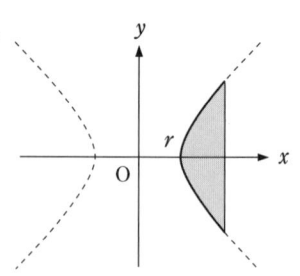

(4) 曲線 $\begin{cases} x = a \cos t \\ y = b \sin t \end{cases}$ $(0 \leqq t \leqq 2\pi)$

に囲まれた図形（中心 O，半径 a, b の楕円）．

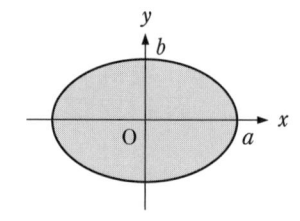

2. 公式 23.2 を用いて曲線の長さを求めよ．

(1) 曲線 $y = 2\sqrt{x}$ $(0 \leqq x \leqq 4)$ $(t = \sqrt{x}$ として置換積分，公式 21.1$)$

(2) 曲線 $y = \dfrac{e^x + e^{-x}}{2}$ $(0 \leqq x \leqq 1)$

(3) 曲線 $\begin{cases} x = r \cos^3 t \\ y = r \sin^3 t \end{cases}$ $\left(0 \leqq t \leqq \dfrac{\pi}{2} \right)$

(4) 曲線 $\begin{cases} x = re^{-t} \cos t \\ y = re^{-t} \sin t \end{cases}$ $(0 \leqq t < \infty)$

解答

問 23.1 (1) $\dfrac{8}{3}$　　(2) πr^2

問 23.2 (1) $\dfrac{14}{3}$　　(2) $2\pi r$

練習問題 23

1. (1) $\dfrac{2}{3}$　　(2) $\dfrac{4}{3}$　　(3) $\dfrac{1}{4} r^2 \left(e^2 - \dfrac{1}{e^2} - 4 \right)$　　(4) πab

2. (1) $2\sqrt{5} + \log(2 + \sqrt{5})$　　(2) $\dfrac{1}{2} \left(e - \dfrac{1}{e} \right)$　　(3) $\dfrac{3}{2} r$

(4) $\sqrt{2}\, r$

§24 立体の体積と表面積

これまでは平面図形の面積を求めたが，ここでは立体図形の体積や表面積を求める．

24.1 立体の体積

曲面に囲まれた立体の**体積**を求める．

区間 $a \leqq x \leqq b$ での立体の体積を V とする．

x 軸に垂直で厚さが Δx，切り口の面積が $S(x)$ の薄板を作ると，体積は $S(x)\Delta x$ となる．$\Delta x \to 0$ として拡大すると厚さは dx になり，体積は $S(x)\,dx$ となる．これを点 $x=a$ から点 $x=b$ までたし合わせれば定積分になり，体積 V が求まる．

$$V = \int_a^b \underbrace{S(x)\,dx}_{\text{薄板の体積}}$$

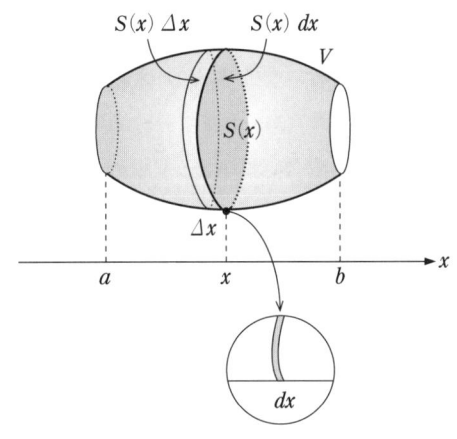

(a から b までたし合わせる．)

図 24.1 立体の体積と定積分．

これをまとめておく．

公式 24.1 立体の体積

立体を x 軸に垂直な平面で切り，切り口の面積を $S(x)\ (a \leqq x \leqq b)$ とするとき，立体の体積 V は

$$V = \int_a^b S(x)\,dx$$

[解説] 切り口の面積を計算してから積分すると，体積が求まる．

例題 24.1 公式 24.1 を用いて体積を求めよ．
底面は底辺と高さが a の直角 2 等辺三角形で，高さが h の三角錐．

[解] 相似な三角形を用いて切り口の面積 $S(x)$ を計算してから積分する．

三角錐の体積を V とする．点 x での切り口の底辺と高さを y とすると，

$$\frac{y}{x} = \frac{a}{h} \quad \text{より} \quad y = \frac{a}{h}x$$

よって

$$S(x) = \frac{1}{2}y^2 = \frac{a^2}{2h^2}x^2 \quad (0 \leqq x \leqq h)$$

となるから，公式 13.1 より

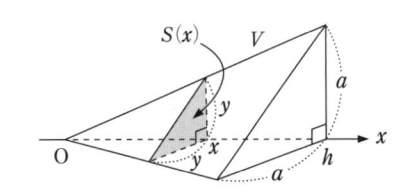

図 24.2 三角錐の体積．

$$V = \int_0^h \frac{a^2}{2h^2} x^2\, dx = \frac{a^2}{2h^2} \int_0^h x^2\, dx = \frac{a^2}{2h^2} \left[\frac{1}{3} x^3\right]_0^h = \frac{a^2}{6h^2} h^3 = \frac{1}{6} a^2 h$$

> **問 24.1** 公式 24.1 を用いて体積を求めよ．
> (1) 底面の半径 r，高さ h の円錐．
> (2) 底面が 1 辺の長さ a の正方形で高さ h の正四角錐．

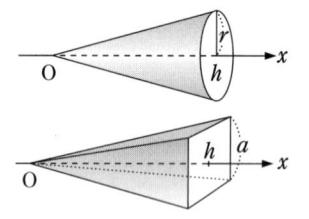

24.2 回転体の体積

曲線から作った**回転体の体積**を求める．

曲線 $y = f(x)$ $(a \leqq x \leqq b)$ を x 軸のまわりに回転してできる立体の体積を V とする．

厚さが dx，切り口（半径 y の円）の面積が πy^2 の円板の体積は $\pi y^2\, dx$ である．これを点 $x = a$ から点 $x = b$ までたし合わせれば定積分になり，体積 V が求まる．

$$V = \int_a^b \underbrace{\pi y^2\, dx}_{\text{円板の体積}}$$

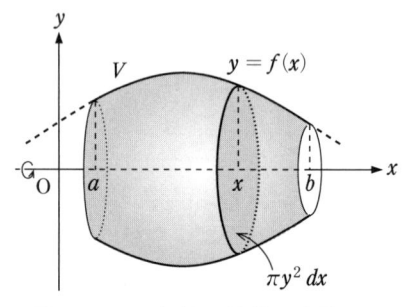

（a から b までたし合わせる．）

図 24.3 回転体の体積と定積分．

これより次が成り立つ．

> **公式 24.2 回転体の体積**
> 曲線を x 軸のまわりに回転するとき，回転体の体積 V は次のようになる．
> (1) 曲線 $y = f(x)$ $(a \leqq x \leqq b)$ の場合
> $$V = \pi \int_a^b y^2\, dx = \pi \int_a^b f(x)^2\, dx$$
> (2) 曲線 $x = f(t), y = g(t)$ $(\alpha \leqq t \leqq \beta)$ の場合
> $$V = \pi \int_\alpha^\beta y^2 \frac{dx}{dt}\, dt = \pi \int_\alpha^\beta g(t)^2\, f'(t)\, dt$$

[解説] 曲線の方程式を用いて式 $y^2\, dx$ を計算してから積分すると，体積が求まる．

> **例題 24.2** 公式 24.2 を用いて体積を求めよ．
> 曲線 $y = x^2 + 1$ $(0 \leqq x \leqq 1)$ を x 軸のまわりに回転してできる立体．

解 曲線の方程式を用いて式 $y^2\,dx$ を計算してから積分する．回転体の体積を V とする．公式 13.1 より

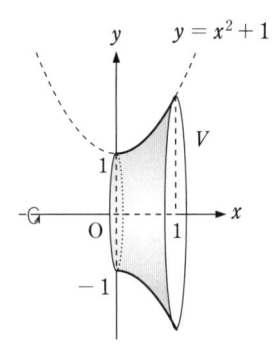

$$V = \pi\int_0^1 (x^2+1)^2\,dx = \pi\int_0^1 (x^4+2x^2+1)\,dx$$
$$= \pi\left[\frac{1}{5}x^5+\frac{2}{3}x^3+x\right]_0^1 = \pi\left(\frac{1}{5}+\frac{2}{3}+1\right)$$
$$= \frac{28}{15}\pi$$

図 24.4 $y = x^2+1$ から作った回転体の体積．

問 24.2 公式 24.2 を用いて体積を求めよ．
(1) 曲線 $y = \sqrt{x}$ （$0 \leqq x \leqq 2$）を x 軸のまわりに回転してできる立体．
(2) 曲線（中心 O, 半径 r の上半円）$y = \sqrt{r^2-x^2}$ （$-r \leqq x \leqq r$）を x 軸のまわりに回転してできる立体（半径 r の球）．

24.3 回転面の表面積

曲線から作った**回転面の表面積**を求める．

曲線 $y = f(x)$ （$a \leqq x \leqq b$）を x 軸のまわりに回転してできる曲面の表面積を S とする．

幅が $\sqrt{\Delta x^2+\Delta y^2}$, 切り口（半径 y の円周）の長さが $2\pi y$ の円周の帯を作ると，面積はおよそ $2\pi y\sqrt{\Delta x^2+\Delta y^2}$ となる．$\Delta x \to 0$ として拡大すると幅は $\sqrt{dx^2+dy^2}$ になり，面積は $2\pi y\sqrt{dx^2+dy^2}$ となる．これを点 $x = a$ から点 $x = b$ までたし合わせれば定積分になり，表面積 S が求まる．

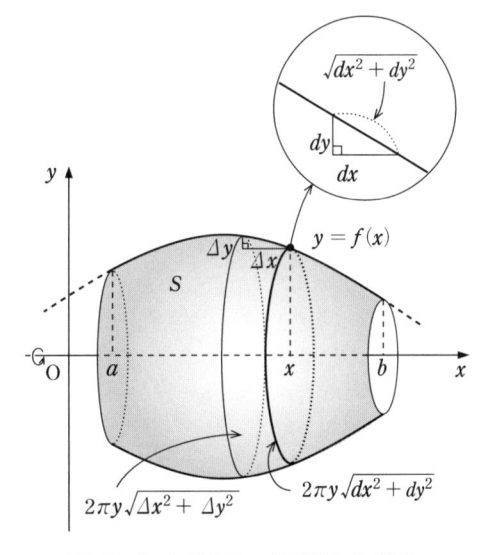

$$S = \int_a^b \underbrace{2\pi y\sqrt{dx^2+dy^2}}_{\text{円周の帯の面積}}$$
（a から b までたし合わせる）

図 24.5 回転面の表面積と定積分．

これより次が成り立つ．

公式 24.3 回転面の表面積

曲線を x 軸のまわりに回転するとき，回転面の表面積 S は次のようになる．
(1) 曲線 $y = f(x)$ （$a \leqq x \leqq b$）の場合
$$S = 2\pi\int_a^b y\sqrt{1+\left(\frac{dy}{dx}\right)^2}\,dx = 2\pi\int_a^b y\sqrt{1+(y')^2}\,dx$$

$$= 2\pi \int_a^b f(x)\sqrt{1+f'(x)^2}\, dx$$

(2) 曲線 $x = f(t)$, $y = g(t)$ ($\alpha \leqq t \leqq \beta$) の場合

$$S = 2\pi \int_\alpha^\beta y\sqrt{\left(\frac{dx}{dt}\right)^2 + \left(\frac{dy}{dt}\right)^2}\, dt = 2\pi \int_\alpha^\beta y\sqrt{x_t^2 + y_t^2}\, dt$$

$$= 2\pi \int_\alpha^\beta g(t)\sqrt{f'(t)^2 + g'(t)^2}\, dt$$

[解説] 曲線の方程式を用いて式 $y\sqrt{dx^2+dy^2}$ を計算してから積分すると，表面積が求まる．式 $\sqrt{dx^2+dy^2}$ は曲線の長さ（公式 23.2）のときと同様に変形する．

例題 24.3 公式 24.3 を用いて表面積を求めよ．

曲線 $y = 2\sqrt{x}$ ($0 \leqq x \leqq 3$) を x 軸のまわりに回転してできる曲面．

[解] 曲線の方程式を用いて式 $y\sqrt{dx^2+dy^2}$ を計算してから積分する．

回転面の表面積を S とする．

$$y' = (2\sqrt{x})' = \frac{1}{\sqrt{x}},$$

$$\sqrt{1+(y')^2} = \sqrt{1+\frac{1}{x}}$$

となるから，公式 13.1 より

$$S = 2\pi \int_0^3 2\sqrt{x}\sqrt{1+\frac{1}{x}}\, dx = 4\pi \int_0^3 \sqrt{x+1}\, dx$$

$$= 4\pi \cdot \frac{2}{3}\left[\sqrt{x+1}^3\right]_0^3 = \frac{8}{3}\pi(\sqrt{4}^3 - \sqrt{1}^3)$$

$$= \frac{8}{3}\pi(8-1) = \frac{56}{3}\pi$$

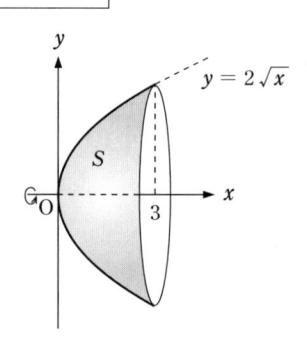

図 24.6 $y = 2\sqrt{x}$ から作った回転面の表面積．

問 24.3 公式 24.3 を用いて表面積を求めよ．

(1) 直線 $y = \frac{r}{h}x$ ($0 \leqq x \leqq h$) を x 軸のまわりに回転してできる曲面（底面の半径 r，高さ h の円錐面）．

(2) 曲線（中心 O，半径 r の上半円） $y = \sqrt{r^2-x^2}$ ($-r \leqq x \leqq r$) を x 軸のまわりに回転してできる曲面（半径 r の球面）．

練習問題 24

1. 公式 24.1 を用いて体積を求めよ．

(1) 原点 O と 3 点 A$(a,0,0)$，B$(0,b,0)$，C$(0,0,c)$ を頂点とする四面体 $\left(x\text{ 軸に垂直な平面による切り口は直角三角形で，底辺は }(a-x)\dfrac{b}{a}\text{，高さは }(a-x)\dfrac{c}{a}\right)$．

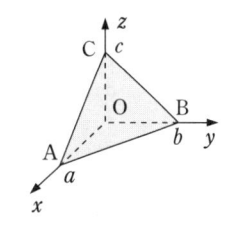

(2) 半径 a,b,c の楕円体 $\left(x\text{ 軸に垂直な平面による切り口は楕円で，面積は }\pi\left(1-\dfrac{x^2}{a^2}\right)bc\right)$．

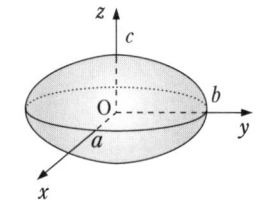

(3) 上底面が 1 辺の長さ a の正三角形，下底面が 1 辺の長さ b の正三角形，高さ h の正三角錐台 $\left(\text{底面に平行で高さ }x\text{ の平面による切り口は正三角形で，1 辺の長さは }b-(b-a)\dfrac{x}{h}\right)$．

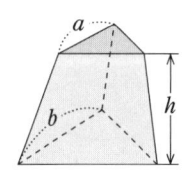

(4) 底面が 2 辺の長さ a,b の長方形，上の辺の長さ c，高さ h の屋根形の立体 $\left(\text{底面に平行で高さ }x\text{ の平面による切り口は長方形で，2 辺の長さは }(h-x)\dfrac{a}{h},\ b-(b-c)\dfrac{x}{h}\right)$．

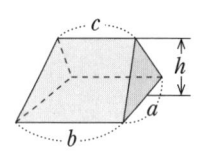

2. 公式 24.2 を用いて体積を求めよ．

(1) 直線 $y=\dfrac{R-r}{h}x+r$ $(0\leqq x\leqq h)$ を x 軸のまわりに回転してできる立体（上底面が半径 r の円，下底面が半径 R の円，高さ h の円錐台）．

(2) 曲線 $y=e^{-x}$ $(0\leqq x<\infty)$ を x 軸のまわりに回転してできる立体．

(3) 曲線（中心 $(0,1)$，半径 1 の円）$x^2+(y-1)^2=1$ を x 軸のまわりに回転してできる立体．

(4) 曲線（サイクロイド）$\begin{cases} x=r(t-\sin t) \\ y=r(1-\cos t) \end{cases}$ $(0\leqq t\leqq 2\pi)$ を x 軸のまわりに回転してできる立体．

3. 公式 24.3 を用いて表面積を求めよ．

(1) 直線 $y=\dfrac{R-r}{h}x+r$ $(0\leqq x\leqq h)$ を x 軸のまわりに回転してできる曲面（上底面が半径 r の円，下底面が半径 R の円，高さ h の円錐台の側面）．

(2) 曲線 $y = e^{-x}$ $(0 \leqq x < \infty)$ を x 軸のまわりに回転してできる曲面 ($t = e^{-x}$ として置換積分, 公式 21.1).

(3) 曲線 (中心 $(0,1)$, 半径 1 の円) $x^2 + (y-1)^2 = 1$ を x 軸のまわりに回転してできる曲面.

(4) 曲線 (サイクロイド) $\begin{cases} x = r(t - \sin t) \\ y = r(1 - \cos t) \end{cases}$ $(0 \leqq t \leqq 2\pi)$ を x 軸のまわりにできる曲面.

解答

問 24.1　(1) $\dfrac{1}{3}\pi r^2 h$　　(2) $\dfrac{1}{3}a^2 h$

問 24.2　(1) 2π　　(2) $\dfrac{4}{3}\pi r^3$

問 24.3　(1) $\pi r \sqrt{h^2 + r^2}$　　(2) $4\pi r^2$

練習問題 24

1. (1) $\dfrac{1}{6}abc$　　(2) $\dfrac{4}{3}\pi abc$
   (3) $\dfrac{1}{4\sqrt{3}}(a^2 + ab + b^2)h$　　(4) $\dfrac{1}{6}a(2b+c)h$
2. (1) $\dfrac{1}{3}\pi(R^2 + Rr + r^2)h$　　(2) $\dfrac{\pi}{2}$
   (3) $2\pi^2$　　(4) $5\pi^2 r^3$
3. (1) $\pi(R+r)\sqrt{h^2 + (R-r)^2}$　　(2) $\pi\{\sqrt{2} + \log(1+\sqrt{2})\}$
   (3) $4\pi^2$　　(4) $\dfrac{64}{3}\pi r^2$

索　引

あ 行

1 次関数	3
一般角	37
一般項	21
陰関数	55
上に凸	79
n 次関数	3, **12**, 93, 133
n 次導関数	**58**, 86, 87
オイラーの公式	24

か 行

開区間	3
階乗	86
回転体	166
回転体の体積	166
回転面	167
回転面の表面積	167, 168
角	37, 38, 46
下端	**132**, 145
加法定理	40
関数	**2**, 3
逆関数	45
逆三角関数	**46**, 47
逆数	**10**, 51
極限	**5**, 21, 62, 64, 149, 151
極限値	**5**, 21
極小	76
極小値	76
極小点	76
曲線の長さ	162
極大	76
極大値	76
極大点	76
虚数	24
虚数単位	24
区間	3
グラフ	**2**, 76, 80
減少	75
広義積分	149
高次関数	3
高次導関数	**58**, 86, 87
合成関数	18

弧度	37
根号	**10**, 104, 113, 125, 126

さ 行

サイクロイド	**57**, 161
三角関数	**38**, 40, 41, 100, 129, 139
指数	**10**, **21**
指数関数	**23**, 25, 99, 128, 139
指数法則	**11**, **22**
自然対数	28
自然対数の底	**21**, 28
下に凸	79
実関数	3
周期	40
収束	**5**, 21, 66
従属変数	**2**, 45, 55, 57
主値	48
上端	**132**, 145
常用対数	29
初項	21
真数	28
数列	21
積分	93
積分区間	132
積分定数	93
接線	**9**, **84**
漸近線	**23**, 31, 40, 50
増加	75
双曲線関数	24
増減凹凸表	80
増減表	76
増分	9

た 行

対数	25, **28**, 72, 99
対数関数	**30**, 31
代数関数	3
対数微分法	34
対数法則	29
体積	165

代入	**2**, 5, 18, 62, 66, 118, 133
多項式	3
単位円	37
端点	3
値域	4
置換積分	**107**, 145
超越関数	3
底	**21**, 28
定義域	4
定数	2
定数関数	**3**, **12**, 93
定積分	132
テーラー級数展開	87
展開	86
導関数	**9**, 58, 75, 76, 81, 84, 86, 87
独立変数	**2**, 45, 55, 57

な 行

2 次関数	3
2 次導関数	**58**, 79, 80, 81, 86, 87
2 変数関数	**55**, 56

は 行

媒介変数	**57**, 160, 162, 166, 168
パラメタ	57
半開区間	3
微積分の基本定理	133
ピタゴラスの定理	38
左極限	**66**, 150
左極限値	66
左連続	66
微分	**9**, 92, 107, 112, 114, 132, 145, 148, 160, 162, 166, 168
微分係数	9
微分する	**9**, 56, 57, 58, 69, 87
表	2
表面積	167
複素関数	3

不定形	69
不定積分	93
負の角	37, 38
部分積分	**114**, 148
不連続	6
不連続点	**6**, 63
分数関数	**3**, 96, 103, 119, 122, 136, 140
閉区間	3
べき	**21**, 86
べき級数	86
べき級数展開	86
変曲点	80
変数	2
偏導関数	55
辺の比	38, 46
偏微分	55
法線	84
方程式	2

ま 行

マクローリン級数展開	86
右極限	31, **66**, 150
右極限値	66
右連続	66
未定係数法	118
無限大	**4**, 64, 149, 150
無理関数	**3**, 104, 113, 125, 126, 127, 141
面積	**92**, 154

や 行

有理関数	**3**, 118, 125, 128, 129
陽関数	55

ら 行

ラジアン	37
累乗	**21**, 28
連続	**5**, 62
ロピタルの定理	69

記 号 索 引

関 数

$f(x)$	**2**, 55
$f^{-1}(x),\ f^{-1}(y)$	45
$f(ax+b)$	108
$f(f(x))$	2
$f(g(x))$	18
$f(g(t))$	**107**, 145
$F(x,y)$	55
$x=f(t),\ y=g(t)$	57
a_n	21

根 号

$\sqrt{a}$	11
$\sqrt{\sqrt{a}}$	11
$\sqrt{\sqrt{\sqrt{a}}}$	11
$\sqrt[2]{a}$	11
$\sqrt[n]{a}$	**10**, 22, 94, 137
$\sqrt[n]{a^m}$	**10**, 22, 94, 137
$\sqrt[n]{a}^{\,m}$	**10**, 22, 94, 137

n 次関数

x	12
x^n	12

指数関数

a^0	**10**, 22, 94, 137
a^n	**10**, 22, 94, 137
a^{-n}	**10**, 22, 94, 137
$\dfrac{1}{a^n}$	**10**, 22, 94, 137
$a^{\frac{1}{n}}$	**10**, 22, 94, 137
$a^{\frac{m}{n}}$	**10**, 22, 94, 137
a^p	11, **21**
a^x	23
e	**21**, 28
e^x	24
e^{ix}	24
$\exp x$	24

双曲線関数

$\sinh x$	24
$\cosh x$	24
$\tanh x$	24
$\coth x$	24
$\operatorname{sech} x$	24
$\operatorname{cosech} x$	24
$\sinh^2 x$	24
$\cosh^3 x$	24

対数関数

$\log a$	25
$\log x$	**29**, 31
$\log|x|$	31
$\log_{10} x$	29
$\log_a x,\ \log_a y$	**28**, 30
$\log_a |x|$	30
$\log_e x$	29
$\ln x$	**29**, 31
$\mathrm{lc}\, x$	29

三角関数

$\sin x,\ \sin \theta$	38
$\cos x,\ \cos \theta$	38
$\tan x,\ \tan \theta$	38
$\cot x,\ \cot \theta$	38
$\sec x,\ \sec \theta$	38
$\operatorname{cosec} x,\ \operatorname{cosec} \theta$	38
$\sin^2 x,\ \sin^2 \theta$	38
$\cos^3 x,\ \cos^3 \theta$	38
$\tan^4 x,\ \tan^4 \theta$	38

逆三角関数

$\sin^{-1} x,\ \sin^{-1} y$	47
$\cos^{-1} x,\ \cos^{-1} y$	47
$\tan^{-1} x,\ \tan^{-1} y$	47
$\operatorname{Sin}^{-1} x$	48
$\operatorname{Cos}^{-1} x$	48
$\operatorname{Tan}^{-1} x$	48
$\arcsin x,\ \arcsin y$	47
$\arccos x,\ \arccos y$	47
$\arctan x,\ \arctan y$	47

極 限

$+0,\ -0$	150
$\infty,\ +\infty,\ -\infty$	4, 77, 80, 151
$\dfrac{1}{\infty},\ \dfrac{1}{-\infty}$	64
$\dfrac{1}{+0},\ \dfrac{1}{-0}$	67
$\dfrac{0}{0}$	69
$\dfrac{\infty}{\infty}$	69
$\infty - \infty$	69
$0 \times \infty$	69
1^∞	69
∞^0	69
0^0	69
$x \to a$	5
$x \to a+0,\ x \to a-0$	66
$x \to +0,\ x \to -0$	31, **66**
$x \to \infty,\ x \to -\infty$	64
$n \to \infty$	21
$f(x) \to b$	**5**, 66
$a_n \to b$	21
$\lim\limits_{x \to a} f(x)$	**5**, 62
$\lim\limits_{x \to a+0} f(x),\ \lim\limits_{x \to a-0} f(x)$	66
$\lim\limits_{x \to +0} f(x),\ \lim\limits_{x \to -0} f(x)$	31, **66**
$\lim\limits_{x \to \infty} f(x),\ \lim\limits_{x \to -\infty} f(x)$	23, **64**
$\lim\limits_{n \to \infty} a_n$	21

微 分

d	93
$\Delta x,\ \Delta y$	9
$dx,\ dy$	9
$\dfrac{\Delta y}{\Delta x}$	9
$\dfrac{dy}{dx}$	9
$\dfrac{dx}{dt},\ \dfrac{dy}{dt}$	57, 107, 145
$\dfrac{d^2 y}{dx^2},\ \dfrac{d^3 y}{dx^3},\ \dfrac{d^4 y}{dx^4}$	58
$\dfrac{d^n y}{dx^n}$	58
y'	9
$y'',\ y''',\ y^{(4)}$	58
$y^{(n)}$	58
$f'(x),\ g'(x)$	9, 107, 112, 114, 145, 148
$f''(x),\ f'''(x),\ f^{(4)}(x)$	86
$f^{(n)}(x)$	86
$z_x,\ z_y$	55
$(\ )_x,\ (\ )_y$	55
$F_x,\ F_y$	56
$x_t,\ y_t$	57

不定積分

$\int$	93
$\int dF(x)$	93
$\int f(x)\, dx$	93
$\int f(g(t)) \dfrac{dx}{dt}\, dt$	107
$\int f(g(t)) g'(t)\, dt$	107
$\int f(ax+b)\, dx$	108
$\int \{f(x)\}^n f'(x)\, dx$	112
$\int \dfrac{f'(x)}{f(x)}\, dx$	112
$\int f(x) g'(x)\, dx$	114

定積分

$\int_a^b$	132
$\int_a^b dF(x)$	132
$\int_a^b f(x)\, dx$	132
$\int_\alpha^\beta f(g(t)) \dfrac{dx}{dt}\, dt$	145
$\int_\alpha^\beta f(g(t)) g'(t)\, dt$	145
$\int_a^b f(x) g'(x)\, dx$	148
$\int_a^\infty f(x)\, dx$	151
$\int_{-\infty}^b f(x)\, dx$	151
$\int_{-\infty}^\infty f(x)\, dx$	151
$\left[F(x)\right]_a^b$	132

その他

$\pi,\ 2\pi$	37
rad	37
$c,\ k$	**12**, 93
C	93
i	24
$0!,\ n!$	86
$\nearrow,\ \searrow$	76
$⌢,\ ⌣,\ ⌢,\ ⌣$	80

佐 野 公 朗
　　1958 年 1 月　東京都に生まれる
　　1981 年　　　　早稲田大学理工学部数学科卒業
　　現　　在　　　八戸工業大学名誉教授
　　　　　　　　　博士（理学）

計算力が身に付く　微分積分

| 2004 年 10 月 30 日 | 第 1 版　第 1 刷　発行 |
| 2023 年 2 月 10 日 | 第 1 版　第 11 刷　発行 |

　　著　者　　佐野公朗（きのきみろう）
　　発行者　　発田和子
　　発行所　　株式会社 学術図書出版社
　　　　　　　〒113-0033　東京都文京区本郷 5-4-6
　　　　　　　TEL 03-3811-0889　振替 00110-4-28454
　　　　　　　印刷　中央印刷（株）

本書の一部または全部を無断で複写（コピー）・複製・転載することは，著作権法で認められた場合を除き，著作者および出版社の権利の侵害となります．あらかじめ小社に許諾を求めてください．

Ⓒ 2004　K. SANO Printed in Japan

ISBN 978-4-87361-281-2

公式集 II （括弧内は記載ページ）

不定積分

$\int kf(x)\,dx = k\int f(x)\,dx$　（k は定数）　(p. 95)

$\int \{f(x)+g(x)\}\,dx = \int f(x)\,dx + \int g(x)\,dx$　(p. 95)

$\int k\,dx = kx + C$　（k は定数）　(p. 93)

$\int x^n\,dx = \dfrac{1}{n+1}x^{n+1} + C$　($n \neq -1$)　(p. 93)

$\int (x+b)^n\,dx = \dfrac{1}{n+1}(x+b)^{n+1} + C$　($n \neq -1$)　(p. 93)

$\int \dfrac{1}{x}\,dx = \int x^{-1}\,dx = \log|x| + C$　(p. 96)

$\int \dfrac{1}{x+b}\,dx = \int (x+b)^{-1}\,dx = \log|x+b| + C$　(p. 96)

$\int e^{ax}\,dx = \dfrac{1}{a}e^{ax} + C$　(p. 99)

$\int a^x\,dx = \dfrac{1}{\log a}a^x + C$　(p. 99)

$\int \sin ax\,dx = -\dfrac{1}{a}\cos ax + C$　(p. 100)

$\int \cos ax\,dx = \dfrac{1}{a}\sin ax + C$　(p. 100)

$\int \tan ax\,dx = \int \dfrac{\sin ax}{\cos ax}\,dx = -\dfrac{1}{a}\log|\cos ax| + C$　(p. 100)

$\int \cot ax\,dx = \int \dfrac{1}{\tan ax}\,dx = \int \dfrac{\cos ax}{\sin ax}\,dx = \dfrac{1}{a}\log|\sin ax| + C$　(p. 100)

$\int \operatorname{cosec} ax\,dx = \int \dfrac{1}{\sin ax}\,dx = -\dfrac{1}{2a}\log\dfrac{1+\cos ax}{1-\cos ax} + C$　(p. 100)

$\int \sec ax\,dx = \int \dfrac{1}{\cos ax}\,dx = \dfrac{1}{2a}\log\dfrac{1+\sin ax}{1-\sin ax} + C$　(p. 100)

$\int \operatorname{cosec}^2 ax\,dx = \int \dfrac{1}{\sin^2 ax}\,dx = -\dfrac{1}{a}\cot ax + C$　(p. 100)

$\int \sec^2 ax\,dx = \int \dfrac{1}{\cos^2 ax}\,dx = \dfrac{1}{a}\tan ax + C$　(p. 100)

$\int \sinh ax\,dx = \dfrac{1}{a}\cosh x + C$　(p. 114)

$\int \cosh ax\,dx = \dfrac{1}{a}\sinh x + C$　(p. 114)

$\int \dfrac{1}{x^2+a^2}\,dx = \dfrac{1}{a}\tan^{-1}\dfrac{x}{a} + C$　(p. 103)

$\int \dfrac{1}{x^2-a^2}\,dx = \dfrac{1}{2a}\log\left|\dfrac{x-a}{x+a}\right| + C$　(p. 103)

$\int \dfrac{1}{(x+b)^2+a^2}\,dx = \dfrac{1}{a}\tan^{-1}\dfrac{x+b}{a} + C$　(p. 119)

$$\int \frac{1}{(x+b)^2 - a^2} \, dx = \frac{1}{2a} \log \left| \frac{x+b-a}{x+b+a} \right| + C \quad \text{(p. 119)}$$

$$\int \frac{1}{\sqrt{a^2 - x^2}} \, dx = \sin^{-1} \frac{x}{a} + C \quad (a > 0) \quad \text{(p. 104)}$$

$$\int \frac{1}{\sqrt{x^2 + A}} \, dx = \log |x + \sqrt{x^2 + A}| + C \quad \text{(p. 104)}$$

$$\int \sqrt{a^2 - x^2} \, dx = \frac{1}{2} \left\{ x\sqrt{a^2 - x^2} + a^2 \sin^{-1} \frac{x}{a} \right\} + C \quad (a > 0) \quad \text{(p. 113)}$$

$$\int \sqrt{x^2 + A} \, dx = \frac{1}{2} \left\{ x\sqrt{x^2 + A} + A \log |x + \sqrt{x^2 + A}| \right\} + C \quad \text{(p. 113)}$$

$$\int \frac{1}{\sqrt{a^2 - (x+b)^2}} \, dx = \sin^{-1} \frac{x+b}{a} + C \quad (a > 0) \quad \text{(p. 126)}$$

$$\int \frac{1}{\sqrt{(x+b)^2 + A}} \, dx = \log |x + b + \sqrt{(x+b)^2 + A}| + C \quad \text{(p. 126)}$$

$$\int \sqrt{a^2 - (x+b)^2} \, dx = \frac{1}{2} \left\{ (x+b)\sqrt{a^2 - (x+b)^2} + a^2 \sin^{-1} \frac{x+b}{a} \right\} + C \quad (a > 0) \quad \text{(p. 126)}$$

$$\int \sqrt{(x+b)^2 + A} \, dx = \frac{1}{2} \left\{ (x+b)\sqrt{(x+b)^2 + A} + A \log |x + b + \sqrt{(x+b)^2 + A}| \right\} + C \quad \text{(p. 126)}$$

$y = f(x)$ で $x = g(t)$ ならば

$$\int f(x) \, dx = \int f(g(t))g'(t) \, dt \quad \text{(置換積分, p. 107)}$$

$\int f(x) \, dx = F(x) + C$ ならば

$$\int f(ax+b) \, dx = \frac{1}{a} F(ax+b) + C \quad \text{(p. 108)}$$

$$\int (ax+b)^n \, dx = \frac{1}{a(n+1)} (ax+b)^{n+1} + C \quad \text{(p. 108)}$$

$$\int \{f(x)\}^n f'(x) \, dx = \frac{1}{n+1} \{f(x)\}^{n+1} + C \quad (n \neq -1) \quad \text{(p. 112)}$$

$$\int \frac{f'(x)}{f(x)} \, dx = \log |f(x)| + C \quad \text{(p. 112)}$$

$$\int f(x)g'(x) \, dx = f(x)g(x) - \int f'(x)g(x) \, dx \quad \text{(部分積分, p. 114)}$$

定積分

$F'(x) = f(x)$ ならば

$$\int_a^b f(x) \, dx = \Big[F(x) \Big]_a^b = F(b) - F(a) \quad \text{(p. 133)}$$

$$\int_a^b kf(x) \, dx = k \int_a^b f(x) \, dx \quad (k \text{ は定数}) \quad \text{(p. 134)}$$

$$\int_a^b \{f(x) + g(x)\} \, dx = \int_a^b f(x) \, dx + \int_a^b g(x) \, dx \quad \text{(p. 134)}$$

$y = f(x)$ で $x = g(t)$, $a = g(\alpha)$, $b = g(\beta)$ ならば

$$\int_a^b f(x) \, dx = \int_\alpha^\beta f(g(t))g'(t) \, dt \quad \text{(置換積分, p. 145)}$$

$$\int_a^b f(x)g'(x) \, dx = \Big[f(x)g(x) \Big]_a^b - \int_a^b f'(x)g(x) \, dx \quad \text{(部分積分, p. 148)}$$